工程软件应用精解

U0118761

ANSYS Workbench
中文版 超级学习手册

仿真联盟 编著

人民邮电出版社

北京

图书在版编目（CIP）数据

ANSYS Workbench 中文版超级学习手册 / 仿真联盟
编著. -- 北京：人民邮电出版社，2023.12
ISBN 978-7-115-61687-6

Ⅰ. ①A… Ⅱ. ①仿… Ⅲ. ①有限元分析－应用软件
Ⅳ. ①O241.82-39

中国国家版本馆CIP数据核字(2023)第076547号

内 容 提 要

本书详细介绍了 ANSYS 公司的有限元分析平台 Workbench 2022 R2 的功能及应用。通过学习本书，读者不仅能掌握软件的操作方法，还能掌握解决相关工程领域实际问题的思路与方法，并能自如地解决本领域所出现的问题。

全书共 14 章，第 1～4 章以各个分析模块为基础，介绍 ANSYS Workbench 2022 及其与其他软件的集成、几何建模、网格划分、结果后处理等内容。第 5～14 章以项目实例为指导，主要讲解 Workbench 在结构静力学分析、结构动力学分析、热力学分析、接触分析、电磁场分析、线性屈曲分析、结构优化分析、流体动力学分析、多物理场耦合分析及疲劳分析中的应用等内容，其中电磁分析模块（Maxwell）及疲劳分析模块（nCode）需要读者单独安装。

本书工程实例丰富、讲解详尽，内容安排循序渐进、深入浅出，适合理工院校土木工程、机械工程、力学、电子工程等相关专业的高年级本科生、研究生及教师使用，同时也可以作为相关工程技术人员从事工程研究的参考书。

◆ 编　著　仿真联盟
　　责任编辑　胡俊英
　　责任印制　王　郁　焦志炜

◆ 人民邮电出版社出版发行　　北京市丰台区成寿寺路 11 号
　邮编　100164　电子邮件　315@ptpress.com.cn
　网址　https://www.ptpress.com.cn
　三河市君旺印务有限公司印刷

◆ 开本：787×1092　1/16
　印张：27.75　　　　　　　2023 年 12 月第 1 版
　字数：654 千字　　　　　2023 年 12 月河北第 1 次印刷

定价：99.80 元

读者服务热线：(010)81055410　印装质量热线：(010)81055316
反盗版热线：(010)81055315
广告经营许可证：京东市监广登字 20170147 号

前　言

随着现代化先进制造技术的突飞猛进，工程界对以有限元技术为主的 CAE 技术的认识不断提高，各行各业纷纷引进先进的 CAE 软件，以提升产品的研发水平。ANSYS Workbench 就是在这种背景下诞生的有限元分析软件。

目前，ANSYS 公司的 ANSYS Workbench 2022 R2 所提供的 CAD 双向参数链接互动、项目数据自动更新机制、全面的参数管理、无缝集成的优化设计工具等新功能，使 ANSYS 在"仿真驱动产品设计"方面达到了前所未有的高度。

作为业界领先的工程仿真技术集成平台，ANSYS Workbench 具有强大的结构、流体、热、电磁及其相互耦合分析的功能，其全新的项目视图功能可将整个仿真流程更加紧密地组合在一起，通过简单的拖曳操作即可完成复杂的多物理场分析流程。

本书在必要的理论概述的基础上，通过大量的典型实例对 ANSYS Workbench 分析平台中的模块进行详细介绍，并结合实际工程与生活中的常见问题进行详细讲解，全书内容简洁、明晰，给人耳目一新的感觉。

全书所有实例均以 ANSYS Workbench 2022 R2 作为讲解平台，不仅介绍了 Workbench 平台的基本分析模块，还介绍了当前使用比较广泛的已经被集成到 Workbench 平台上的其他软件，如 Maxwell 电磁场计算模块及 nCode 疲劳分析模块。由于篇幅所限，本书并未深入讲解这些模块，只简单介绍了其一般的操作方法及步骤。

本书内容丰富、结构清晰，所有实例均经过精心设计与筛选，代表性强，并且每个实例都通过用户图形交互界面进行全过程操作。同时作者紧跟 ANSYS 软件的发展，对 ANSYS Workbench 2022 R2 软件的新功能进行了简单介绍与实例分析，希望对新入门以及有经验的读者均有所帮助。

虽然作者在本书的编写过程中力求叙述准确、完善，但由于水平有限，书中欠妥之处在所难免，希望读者能够及时指出，共同促进本书质量的提高。

为了进一步提升大家的阅读体验，本书配套提供所有案例素材资源，读者可到异步社区网站免费获取。此外，读者还可扫描书中的二维码，观看与特定章节内容及实例操作相匹配的讲解视频，以更好地巩固所学知识。

如果读者在学习过程中遇到与本书有关的问题，可访问"仿真技术"公众号获取帮助，也可在公众号回复"61687"获取配套资源并加入交流群。

编者

资源与支持

资源获取

本书提供如下资源：

- 本书案例素材文件；
- 书中彩图文件；
- 本书思维导图；
- 异步社区 7 天 VIP 会员。

要获得以上资源，您可以扫描下方二维码，根据指引领取。

提交勘误

作者和编辑尽最大努力来确保书中内容的准确性，但难免会存在疏漏。欢迎您将发现的问题反馈给我们，帮助我们提升图书的质量。

当您发现错误时，请登录异步社区（https://www.epubit.com），按书名搜索，进入本书页面，点击"发表勘误"，输入勘误信息，点击"提交勘误"按钮即可（见下图）。本书的作者和编辑会对您提交的勘误进行审核，确认并接受后，您将获赠异步社区的 100 积分。积分可用于在异步社区兑换优惠券、样书或奖品。

与我们联系

我们的联系邮箱是 contact@epubit.com.cn。

如果您对本书有任何疑问或建议，请您发邮件给我们，并请在邮件标题中注明本书书名，以便我们更高效地做出反馈。

如果您有兴趣出版图书、录制教学视频，或者参与图书翻译、技术审校等工作，可以发邮件给我们。

如果您所在的学校、培训机构或企业，想批量购买本书或异步社区出版的其他图书，也可以发邮件给我们。

如果您在网上发现有针对异步社区出品图书的各种形式的盗版行为，包括对图书全部或部分内容的非授权传播，请您将怀疑有侵权行为的链接发邮件给我们。您的这一举动是对作者权益的保护，也是我们持续为您提供有价值的内容的动力之源。

关于异步社区和异步图书

"**异步社区**"(www.epubit.com)是由人民邮电出版社创办的 IT 专业图书社区，于 2015年 8 月上线运营，致力于优质内容的出版和分享，为读者提供高品质的学习内容，为作译者提供专业的出版服务，实现作者与读者在线交流互动，以及传统出版与数字出版的融合发展。

"**异步图书**"是异步社区策划出版的精品 IT 图书的品牌，依托于人民邮电出版社在计算机图书领域 30 余年的发展与积淀。异步图书面向 IT 行业以及各行业使用 IT 技术的用户。

目　　录

第 1 章　Workbench 概述

本章从总体上对 ANSYS Workbench 2022 自带软件（包括结构力学模块、流体力学模块等）进行概述，同时对 ANSYS Workbench 2022 整合的其他模块（包括低频电磁场分析模块 Ansoft Maxwell、多领域机电系统设计与仿真分析模块 Ansoft Simplorer、疲劳分析模块 nCode 及复合材料建模与后处理模块 ACP 等）进行简单介绍。本章还简单介绍了 Workbench 与常见的 CAD 软件进行集成的方法。

扫码观看
配套视频

第 1 章 Workbench
概述

学习目标：

（1）了解 ANSYS Workbench 软件各模块的功能；

（2）掌握 ANSYS Workbench 软件的常规设置，包括单位设置、外观颜色设置等；

（3）掌握 ANSYS Workbench 软件与其他软件的集成设置。

1.1　ANSYS 软件简介

ANSYS 软件是融结构、流体、电场、磁场、声场分析于一体的大型通用有限元分析软件。由美国 ANSYS 公司开发，它能与多数 CAD 软件集成，实现数据的共享和交换。ANSYS 提供广泛的工程仿真解决方案，这些方案可以对设计过程要求的任何场进行工程虚拟仿真。

该软件主要包括 3 个部分——前处理模块、分析计算模块和后处理模块。

（1）前处理模块提供了一个强大的实体建模及网格划分工具，用户可以方便地构造有限元模型。

（2）分析计算模块包括结构分析（线性分析、非线性分析和高度非线性分析）、流体动力学分析、电磁场分析、声场分析、压电分析以及多物理场的耦合分析，可模拟多种物理介质的相互作用，具有灵敏度分析及优化分析能力。

（3）后处理模块可将计算结果以彩色等值线显示、梯度显示、矢量显示、粒子流迹显示、立体切片显示、透明及半透明显示（可看到结构内部）等图形方式显示出来，也可将计算结果以图表、曲线形式显示或输出。

ANSYS 的特色功能如下。

（1）前后处理。

①双向参数互动的 CAD 接口。

②智能网格生成器。

③各种结果的数据处理。

④各种结果的图形及动画显示。

⑤全自动生成计算报告。

（2）结构静力分析（线性/非线性）。

（3）叠层复合材料（非线性叠层壳单元、高阶叠层实体单元、Tsai-Wu 失效准则、图形化）。

①非线性分析能力。

②几何非线性（大变形、大应变、应力强化、旋转软化、压力载荷强化）。

③材料非线性（近 70 种非线性材料本构模型，含弹塑性、蠕变、黏塑性、黏弹性、超弹性、非线性弹性、岩土和混凝土、膨胀材料、垫片材料、铸铁材料等）。

④单元（或称边界/状态）非线性。

⑤高级接触单元（点对点接触、点对面接触、刚对柔面接触、柔对柔面面接触、线性接触等，支持大滑移和多种摩擦模型，支持多场耦合接触）。

（4）其他非线性单元（旋转铰接单元、弹簧—阻尼器单元、膜壳单元等）。

（5）动力学分析。

①模态分析（自然模态分析、预应力模态分析、循环对称模态、阻尼复模态、模态综合分析）。

②谐响应分析。

③瞬态分析（线性/非线性、多种算法）。

④响应谱和随机振动分析（单点谱、多点谱、功率谱）。

⑤转子动力学分析。

（6）屈曲分析（线性屈曲、非线性屈曲、循环对称屈曲分析）。

（7）高级对称分析（循环对称模态分析、循环对称结构静力分析、轴对称、平面对称和反对称）。

（8）断裂力学分析（应力强度因子、J 积分、裂纹尖端能量释放率）。

（9）结构热分析部分。

①稳态温度场（热传导、热对流、热辐射）。

②瞬态温度场（热传导、热对流、热辐射、相变）。

③管流热耦合。

④支持复杂热载荷和边界条件。

⑤非线性特性（接触传热、非线性材料）。

（10）耦合场分析部分及其他功能。

①静流体分析（流固耦合静动力分析）。

②声学分析（声波在各种声学介质中的传播、远场声波的反射和吸收）。

③耦合场分析。

（11）设计优化：多种优化算法、多种辅助工具。

（12）拓扑优化：拓扑形状优化、拓扑频率优化。

（13）概率设计系统（PDS）。

①10 种概率输入参数。

②参数的相关性。

③两种概率计算方法——蒙特卡罗法、响应面法。

④支持分布式并行计算。

⑤可视化概率设计结果。

（14）其他实用技术。

①P 单元、子结构、子模型分析技术。

②单元生死分析技术。

③专用单元（螺栓单元、真实截面梁单元、表面效应单元、轴对称谐波单元等）。

（15）求解器：包括直接求解器、多种迭代求解器和特征值求解器。

（16）并行求解器。

①分布式 ANSYS 求解器：包括两个稀疏矩阵求解器[Sparse 和 Distributed Sparse（直接求解器）]、一个 PCG 求解器和一个 JCG 求解器。

②代数多重网格求解器（AMG）：支持多达 8 个 CPU 的共享式并行机（CPU 每增加一倍，求解速度提高 80%，对病态矩阵的处理性能优越）。

1.2　Workbench 软件及模块

ANSYS Workbench 2022 R2 软件的启动如图 1-1 所示，此时可以单击 Workbench 2022 R2 启动 Workbench。

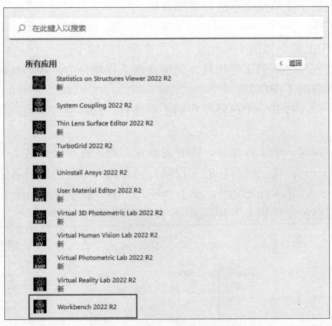

图 1-1　Workbench 启动路径

1.2.1　Workbench 软件界面

启动后的 Workbench 软件界面如图 1-2 所示，由菜单栏、工具栏、工具箱、"项目原理图"窗口等组成。

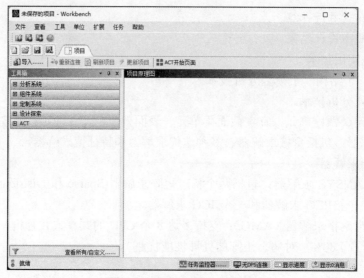

图 1-2 Workbench 软件界面

1.2.2 菜单栏

菜单栏包括"文件""查看""工具""单位""扩展""任务"及"帮助"共 7 个菜单。下面对菜单中的主要子菜单及命令进行详细介绍。

1. "文件"菜单

"文件"菜单中的命令如图 1-3 所示,常用命令介绍如下。

(1)"新":建立一个新的工程项目,在建立新工程项目前,Workbench 软件会提示用户是否需要保存当前的工程项目。

(2)"打开……":打开一个已经存在的工程项目,同样会提示用户是否需要保存当前工程项目。

(3)"保存":保存一个工程项目,同时为新建立的工程项目命名。

(4)"另存为……":将已经存在的工程项目另存为一个新的项目名称。

(5)"导入……":导入外部文件,单击"导入……"命令会弹出图 1-4 所示的"导入"对话框,在该对话框的文件类型下拉列表中可以选择多种文件类型。

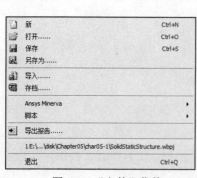

图 1-3 "文件"菜单

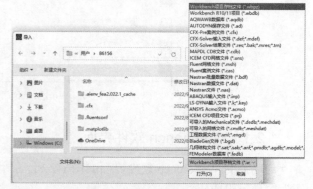

图 1-4 导入支持的文件类型

提示：文件类型中的 Maxwell Project File（*.mxwl）和 Simplorer Project File（*.asmp）两种文件需要安装 Ansoft Maxwell 和 Ansoft Simplorer 两个软件才会出现。

（6）"存档……"：将工程文件存档，单击"存档……"命令后，弹出图 1-5 所示的"保存存档"对话框，单击"保存"命令，弹出图 1-6 所示的"存档选项"对话框，选中所有复选框，并单击"存档"按钮将工程文件存档。

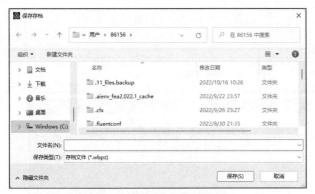

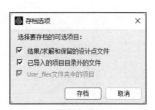

图 1-5 "保存存档"对话框　　　　　　　　图 1-6 "存档选项"对话框

2. "查看"菜单

"查看"菜单中相关命令如图 1-7 所示，常用命令介绍如下。

（1）"重置工作空间"：将 Workbench 复原到初始状态。

（2）"重置窗口布局"：将 Workbench 窗口布局复原到初始状态。

（3）"工具箱"：单击"工具箱"命令显示/隐藏工具箱。

（4）"工具箱自定义"：单击此命令，弹出图 1-8 所示的"工具箱自定义"窗口，用户可通过选中或取消选中各个模块前面的复选框在"工具箱"中显示/隐藏模块。

图 1-7 "查看"菜单　　　　　　　　　　图 1-8 "工具箱自定义"窗口

（5）"项目原理图"：单击此命令显示/隐藏"项目原理图"窗口，如图 1-9 所示。

（6）"文件"：单击此命令会在 Workbench 软件界面下方弹出图 1-10 所示的"文件"窗口，窗口中显示了本工程项目中所有的文件及文件重要信息。

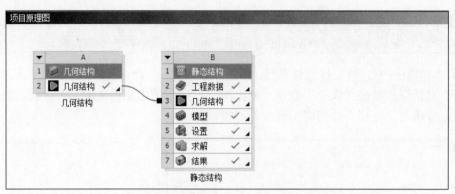

图 1-9　"项目原理图"窗口

	A	B	C	D	E
1	名称	单...	尺寸	类型	修改日期
2	char05-01.wbpj		68 KB	Workbench项目文件	2022/3/2 16:28:11
3	Geom.agdb	A2,B3	2 MB	几何结构文件	2022/3/2 16:01:57
4	char05-01.iges	A2,B3		几何结构文件	
5	act.dat		259 KB	ACT Database	2022/3/2 16:28:08
6	EngineeringData.xml	B2	50 KB	工程数据文件	2022/3/2 16:28:09
7	material.engd	B2	50 KB	工程数据文件	2022/3/2 14:40:24
8	SYS.engd	B4	50 KB	工程数据文件	2022/3/2 14:40:24
9	SYS.mechdb	B4	12 MB	Mechanical数据库文件	2022/3/2 16:27:38
10	CAERep.xml	B1	15 KB	CAERep文件	2022/3/2 16:23:30

图 1-10　"文件"窗口

（7）"属性"：单击此命令后再单击 "B7 结果"表格，此时会在 Workbench 软件界面右侧弹出图 1-11 所示的"属性　原理图 B7：结果"窗口，里面显示的是"B7 结果"栏中的相关信息。

3．"工具"菜单

"工具"菜单中的命令如图 1-12 所示，常用命令介绍如下。

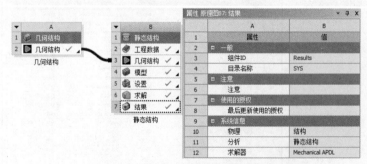

图 1-11　"属性　原理图 B7：结果"窗口　　　　图 1-12　"工具"菜单

（1）"刷新项目"：当上行数据中的内容发生变化时，需要刷新板块（更新也会刷新板块）。

（2）"更新项目"：数据已更改，必须重新生成板块的数据输出。

（3）"选项……"：单击此命令，弹出图 1-13 所示的"选项"对话框，对话框中主要包括以下选项卡。

①"项目管理"选项卡：在"项目管理"选项卡（弹出的"选项"对话框中默认为此选项卡）中可以设置 Workbench 启动的默认目录、临时文件的位置和压缩大小等参数。

②"外观"选项卡：在图 1-14 所示的"外观"选项卡中可对软件的背景颜色、文本颜色、几何图形的边缘颜色等进行设置。

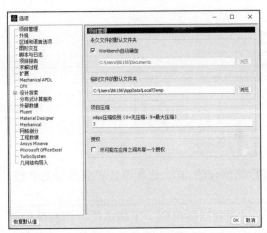

图 1-13　"选项"对话框

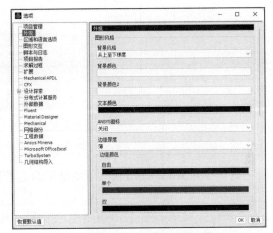

图 1-14　"外观"选项卡

③"区域和语言选项"选项卡：通过图 1-15 所示的"区域和语言选项"选项卡可以设置 Workbench 的语言，如修改语言为中文。

④"图形交互"选项卡：在图 1-16 所示的"图形交互"选项卡中可以设置鼠标对图形的操作，如平移、旋转、放大、缩小、多选等。

图 1-15　"区域和语言选项"选项卡

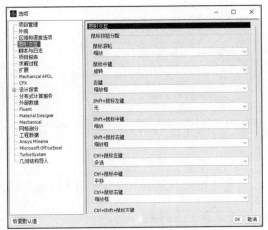

图 1-16　"图形交互"选项卡

⑤"脚本与日志"选项卡：在图 1-17 所示的"脚本与日志"选项卡中可以设置脚本文件和日志文件的存储位置、保存天数等。

图 1-17 "脚本与日志"选项卡

这里仅对 Workbench 软件一些常用的选项进行简单介绍，其余选项请读者参考帮助文档。

4. "单位"菜单

"单位"菜单如图 1-18 所示，在此菜单中可以设置国际单位、米制单位、美制单位及用户自定义单位，单击"单位系统……"，在弹出的图 1-19 所示的"单位系统"对话框中可以设置用户喜欢的单位格式。

图 1-18 "单位"菜单

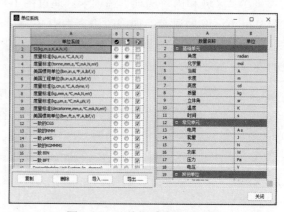

图 1-19 "单位系统"对话框

5. "帮助"菜单

在"帮助"菜单中，软件可实时地为用户提供软件操作及理论上的帮助。

1.2.3 工具栏

Workbench 的"工具栏"按钮的功能已经在前面菜单中出现，这里不再赘述。

1.2.4 工具箱

"工具箱"（如图 1-20 所示）位于 Workbench 软件界面的左侧，包括"分析系统""组件系统"等，下面针对主要模块进行简要介绍。

图 1-20　工具箱

1. 分析系统

"分析系统"包括不同的分析类型，如静力分析、热分析、流体分析等，同时模块中也包括用不同求解器求解相同分析的类型，如静力分析就包括用 ANSYS 求解器分析和用 Samcef 求解器分析两种。分析系统包括的模块如图 1-21 所示。

> **提示：**在"分析系统"中需要单独安装的分析模块有 Maxwell 2D（二维电磁场分析模块）、Maxwell 3D（三维电磁场分析模块）、RMxprt（电机分析模块）、Simplorer（多领域系统分析模块）及 nCode（疲劳分析模块）。

2. 组件系统

"组件系统"包括应用于各种领域的几何建模工具及性能评估工具。组件系统包括的模块如图 1-22 所示。

图 1-21　分析系统

图 1-22　组件系统

3. 定制系统

"定制系统"如图 1-23 所示。除了软件默认的几个多物理场耦合分析工具，Workbench 还允许用户自己定义常用的多物理场耦合分析模块。

4. 设计探索

图 1-24 所示为"设计探索"模块。在该模块中，用户可以用工具对零件产品的目标值进行优化设计及分析。

图 1-23　定制系统

图 1-24　设计探索

下面用一个简单的实例来说明如何在用户自定义系统中建立用户自己的分析流程图表模板。

步骤 1　启动 Workbench 后，单击左侧"工具箱"→"分析系统"中的"流体流动（Fluent）"模块不放，直接拖曳到"项目原理图"窗口中，如图 1-25 所示，此时会在"项目原理图"窗口中生成一个如同 Excel 表格一样的"流体流动（Fluent）"分析流程图表。

> **提示：**"流体流动（Fluent）"分析流程图表显示了执行"流体流动（Fluent）"分析的工作流程，其中每个单元格命令代表一个分析流程步骤。根据"流体流动（Fluent）"分析流程图表从上往下执行每个单元格命令，就可以完成流体的数值模拟工作。具体流程为由 A2"几何结构"得到模型几何数据，然后在 A3"网格"中进行网格的控制与划分，将划分完成的网格传递给 A4"设置"进行边界条件的设定与载荷的施加，然后将设定好的边界条件和激励的网格模型传递给 A5"求解"进行分析计算，最后将计算结果在A6"结果"中进行后处理显示，包括流体流速、压力等结果。

步骤 2　双击"分析系统"中的"静态结构"分析模块，此时会在"项目原理图"窗口中的项目 A 下面生成项目 B，如图 1-26 所示。

图 1-25　创建"流体流动"分析项目

图 1-26　创建"静态结构"分析项目

步骤 3　双击"组件系统"中的"系统耦合"模块，此时会在"项目原理图"窗口中的项目 B 下面生成项目 C。

步骤 4　创建好 3 个项目后，单击 A2"几何结构"不放，直接拖曳到 B3"几何结构"中。

步骤 5 同样操作，将 B5 "设置"拖曳到 C2 "设置"，将 A4 "设置"拖曳到 C2 "设置"，操作完成后项目连接形式如图 1-27 所示，此时在项目 A 和项目 B 中的"求解"表中的图标变成了，即实现了工程数据传递。

> **提示**：在工程分析流程图表之间如果存在 ◥◣（一端是小正方形），表示实现数据共享；如果存在 ◢（一端是小圆点），表示实现数据传递。

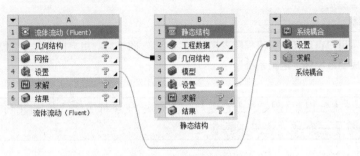

图 1-27 工程数据传递

步骤 6 在 Workbench 的"项目原理图"窗口中右击，在弹出的图 1-28 所示的快捷菜单中选择"添加到定制"。

步骤 7 在弹出的图 1-29 所示的"添加项目模板"对话框中输入名字为 FLUENT<->Static Structural 并单击"OK"按钮。

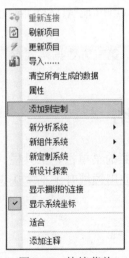

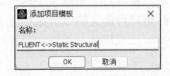

图 1-28 快捷菜单　　　　图 1-29 "添加项目模板"对话框

步骤 8 完成用户自定义分析流程图表模板的添加后，单击 Workbench 左侧"工具箱"中的"定制系统"，如图 1-30 所示，刚才定义的分析流程图表模板已被成功添加到"定制系统"中。

步骤 9 双击"工具箱"→"定制系统"→FLUENT<->Static Structural 模板，此时会在"项目原理图"窗口中创建图 1-31 所示的分析流程图表。

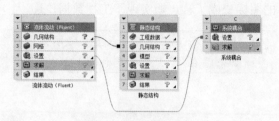

图 1-30　用户自定义分析流程图表模板　　　　图 1-31　用户自定义分析流程图表
成功添加到"定制系统"

> 提示：分析流程图表模板建立完成后，要想进行分析还需要添加几何文件及边界条件等，以后章节一一介绍，这里不再赘述。

1.3　Workbench 与其他软件集成设置

ANSYS Workbench 软件能与大多数 CAD 软件（如 PTC 公司的 Pro/E（CREO）、Siemens PLM Software 公司的 UG 和 SolidEdge、Autodesk 公司的 Auto CAD 和 Inventor、Dassault Systèmes 公司的 CATIA 和 SolidWorks 软件等）实现数据共享和交换。

除此之外，ANSYS Workbench 还能与主流的 CAE 软件（如 ABAQUS、NX、NASTRAN、I-DEAS 及 ALGOR 等）进行数据交换。

ANSYS Workbench 支持第三方数据格式的导入，第三方数据格式有 ACIS（SAT）、IGS/IGES、x_t/x_b、Stp/Step 等。

1.4　本章小结

通过本章的学习，读者应该对 Workbench 软件界面的菜单栏、工具栏、工具箱等有了基本的了解，并对各个系统中不同模块的基本功能及应用领域有了基本认识；同时读者应该初步掌握用户自定义的分析流程图表模板的创建。

第 2 章　几何建模

在有限元分析之前，重要的工作就是几何建模，几何建模的好坏直接影响计算结果的正确性。一般在整个有限元分析的过程中，几何建模的工作占据了非常多的时间，同时也是非常重要的过程。本章将着重讲述利用 ANSYS Workbench 自带的几何建模工具——DesignModeler 进行几何建模，同时也简单介绍 Creo 及 SolidWorks 软件的几何数据导入方法及操作步骤。

学习目标：

（1）熟练掌握 DesignModeler 平台零件几何建模的方法与步骤；

（2）熟练掌握 DesignModeler 平台外部几何的导入方法；

（3）熟练掌握 DesignModeler 平台装配体及复杂几何的建模方法。

2.1　DesignModeler 平台概述

DesignModeler 是 ANSYS Workbench 的几何建模平台，DesignModeler 与大多数 CAD 软件有相似之处，但是也有一些 CAD 软件所不具备的功能。

DesignModeler 主要是为有限元分析服务的几何建模平台，所以有许多功能是 CAD 软件所不具备的，如梁单元建模（Beam）、包围（Enclose）、填充（Fill）、点焊（Spot Welds）等。

2.1.1　DesignModeler 平台界面

图 2-1 所示为刚启动的 DesignModeler 平台界面，同 CAD 软件一样，DesignModeler 平台有菜单栏、工具栏、命令栏、图形交互窗口、模型树及草图绘制、详细视图及单位设置等。在几何建模之前先对常用的命令及菜单进行详细介绍。

2.1.2　菜单栏

菜单栏包括"文件""创建""概念""工具""单位""查看""帮助"共 7 个基本菜单。

1."文件"菜单

"文件"菜单如图 2-2 所示。下面对"文件"菜单中的常用命令进行简单介绍。

（1）"刷新输入"：当几何数据发生变化时，单击此命令保持几何文件同步。

图 2-1　DesignModeler 平台界面

（2）"保存项目"：单击此命令保存工程文件，如果是新建立未保存的工程文件，DesignModeler 平台会提示输入文件名。

（3）"导出……"：单击"导出……"命令后，DesignModeler 平台会弹出图 2-3 所示的"另存为"对话框，在对话框的"保存类型"下拉列表中，读者可以选择喜欢的几何数据类型。

（4）"附加到活动 CAD 几何结构"：单击此命令后，DesignModeler 平台会将当前活动的 CAD 软件中的几何数据模型读入图形交互窗口。

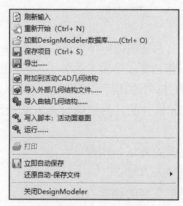

图 2-2　"文件"菜单　　　　　　　　　图 2-3　"另存为"对话框

> **提示**：如果在 CAD 中建立的几何文件未保存，DesignModeler 平台将读不出几何文件模型。

（5）"导入外部几何结构文件……"：单击此命令，可以选择所要读取的文件名，此外，DesignModeler 平台支持的所有外部文件格式在"打开"对话框中的文件类型中被列出。

其余命令这里不再讲述，请读者参考帮助文档的相关内容。

2."创建"菜单

"创建"菜单如图 2-4 所示，该菜单中包含对实体操作的一系列命令，包括"挤出""旋转""扫掠"等。下面对"创建"菜单中的实体操作命令进行简单介绍。

（1）"新平面"：单击此命令后，会在"详细信息视图"窗口中出现图 2-5 所示的新建平面设置面板，在"类型"选项中显示了 8 种设置新平面的类型。

①"从平面"。从已有的平面中创建新平面。

②"从面"。从已有的表面中创建新平面。

③"从质心"。从被选择的几何体的质心创建新平面。新平面定义在 XY 平面上，原点由所选择的几何形状的质心确定。在质心的计算中使用同一类型的几何结构。如果选择了多个几何类型，则使用高阶类型。选择集必须具有相同的体类型。

④"从圆/椭圆"。新的平面是基于一个圆或椭圆的二维或三维的边创建，包括弧。原点是圆或椭圆的中心。如果选择一个圆的边，则 X 轴与全局坐标系的 X 轴对齐。如果选择一个椭圆的边，则 X 轴与椭圆的长轴对齐。Z 轴是圆或椭圆的法线。

⑤"从点和边"。从已经存在的一条边和一个不在这条边上的点创建新平面。

⑥"从点和法线"。从一个已经存在的点和一条边界方向的法线创建新平面。

⑦"从三点"。从已经存在的 3 个点创建一个新平面。

⑧ "从坐标"。通过设置与坐标系的相对位置来创建新平面。

选择以上 8 种中的任何一种方式来创建新平面，"类型"选项均会有所变化，具体请参考帮助文档。

（2）"挤出"：本命令可以将二维的平面图形拉伸成三维的立体图形，即对已经草绘完成的二维平面图形沿着二维图形所在平面的法线方向进行拉伸操作。挤出设置面板如图 2-6 所示。

图 2-4　"创建"菜单　　　图 2-5　新建平面设置面板　　　图 2-6　挤出设置面板

① 在"操作"选项中可以选择两种操作方式。

● "添加材料"。与常规的CAD拉伸方式相同，这里不再赘述。

● "添加冻结"。添加冻结零件，后面会提到。

② 在"方向"选项中有 4 种拉伸方式可以选择。

● "法向"。默认设置的拉伸方式。

● "已反转"。此拉伸方式与"法向"方向相反。

● "双对称"。沿着两个方向同时拉伸指定的拉伸深度。

● "双非对称"。沿着两个方向同时拉伸指定的拉伸深度，但是两侧的拉伸深度不相同，需要在下面的选项中设定。

③ 在"按照薄/表面？"选项中选择拉伸是否为薄壳拉伸，如果在选项中选择"是"，则需要分别输入薄壳的内壁和外壁厚度。

（3）"旋转"：单击此命令后，出现图 2-7 所示的旋转设置面板。

① 在"几何结构"选项中选择需要做旋转操作的二维平面几何图形。

② 在"轴"选项中选择二维几何图形旋转所需的轴线。

③ "操作""方向"及"按照薄/表面？"等选项参考"挤出"命令相关内容。

④ 在"FD1，角度（>0）"选项中输入旋转角度。

（4）"扫掠"：单击此命令后，弹出图 2-8 所示的扫掠设置面板。

图 2-7　旋转设置面板

图 2-8　扫掠设置面板

①在"轮廓"选项中选择二维几何图形作为要"扫掠"的对象。

②在"路径"选项中选择直线或者曲线来确定二维几何图形"扫掠"的路径。

③在"对齐"选项中选择按"路径切线"还是"全局轴"对齐。

④在"FD4，比例（>0）"选项中输入比例因子设置"扫掠"比例。

⑤在"扭曲规范"选项中选择扭曲的方式，有"无扭曲""匝数"及"俯仰"3 个选项。

- "无扭曲"："扫掠"出来的图形是沿着扫掠路径的。

- "匝数"：在"扫掠"过程中设置二维几何图形绕"扫掠"路径旋转的"匝数"。如果"扫掠"路径是闭合环路，则"匝数"必须是整数；如果"扫掠"路径是开路，则"匝数"可以是任意数值。

- "俯仰"：在扫掠过程中设置扫掠的螺距大小。

（5）"蒙皮/放样"：单击此命令后，弹出图 2-9 所示的蒙皮/放样设置面板。

在"轮廓选择方法"选项中可以用"选择所有文件"或者"选择单独轮廓"两种方式选择二维几何图形；选择完成后，会在"轮廓"选项中出现所选择的所有轮廓几何图形名称。

（6）"薄/表面"：单击此命令后，弹出图 2-10 所示的薄/表面设置面板。

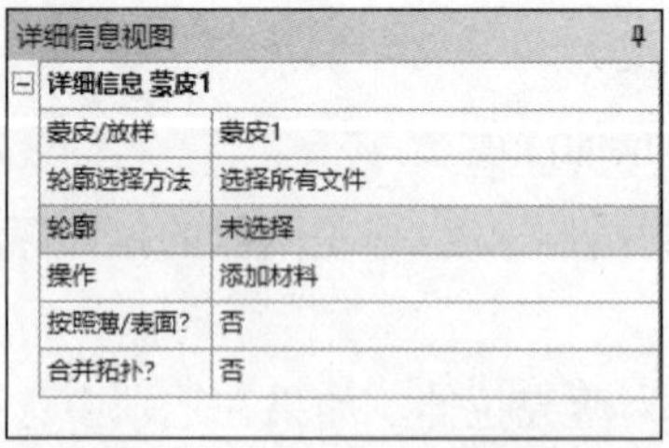

图 2-9　蒙皮/放样设置面板

图 2-10　薄/表面设置面板

①"选择类型"选项中可以选择以下 3 种方式。

- "待保留面"：选择此方式后，对保留面进行"薄/表面"处理。

- "待移除面"：选择此方式后，对选中面进行去除操作。

- "仅几何体"：选择此方式后，对选中的实体进行"薄/表面"处理。

②在"方向"选项中可以通过以下 3 种方式对"薄/表面"进行操作。

- "内部"：选择此方式后，"薄/表面"操作对实体进行壁面向内部"薄/表面"处理。

● "向外"：选择此方式后，"薄/表面"操作对实体进行壁面向外部"薄/表面"处理。

● "中间平面"：选择此方式后，"薄/表面"操作对实体进行中间壁面"薄/表面"处理。

（7）"固定半径混合"：单击此命令后，弹出图 2-11 所示的固定半径倒圆角设置面板。

①在"FD1，半径（>0）"中输入圆角的半径。

②在"几何结构"选项中选择要倒圆角的棱边或者平面，如果选择的是平面，倒圆角命令将平面周围的几条棱边全部倒成圆角。

（8）"变量半径混合"：单击此命令后，弹出图 2-12 所示的变量半径倒圆角设置面板。

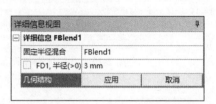

图 2-11　固定半径倒圆角设置面板

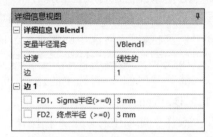

图 2-12　变量半径倒圆角设置面板

①在"过渡"选项中可以选择"平滑"和"线性的"两种方式。

②在"边"选项中选择要倒角的棱边。

③在"FD1，Sigma 半径（>=0）"中输入初始半径大小。

④在"FD2，终点半径（>=0）"中输入尾部半径大小。

（9）"倒角"：单击此命令后，弹出图 2-13 所示的倒角设置面板。

①在"几何结构"选项中选择实体棱边或者表面，当选择表面时，将表面周围的所有棱边全部倒角。

②在"类型"选项中有以下 3 种数值输入方式。

● "左-右"。选择此方式后，在下面选项中输入两侧的长度。

● "左角"。选择此方式后，在下面选项中输入左侧长度和一个角度。

● "右角"。选择此方式后，在下面选项中输入右侧长度和一个角度。

（10）"模式"：单击此命令后，弹出图 2-14 所示的模式设置面板。

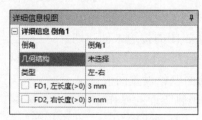

图 2-13　倒角设置面板

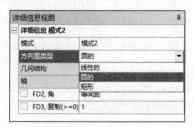

图 2-14　模式设置面板

在"方向图类型"选项中可以选择以下 3 种阵列样式。

①"线性的"。选择此样式后，将沿着某一方向阵列，需要在"方向"选项中选择要阵列的方向及偏移距离和阵列数量。

②"圆的"。选择此样式后，将沿着某根轴线阵列一圈，需要在"轴"选项中选择轴线及偏移距离和阵列数量。

③"矩形"。选择此样式后，将沿着两根相互垂直的边或者轴线阵列，需要选择两个阵列方向及偏移距离和阵列数量。

（11）"几何体操作"：单击此命令后，弹出图 2-15 所示的几何体操作设置面板。

在"类型"选项中有以下 5 种几何体操作样式。

①"缝补"。对有缺陷的体进行补片复原后，再利用缝合命令对复原部位进行实体化操作。

②"简化"。对选中材料进行简化操作。

③"切割材料"。对选中的体进行去除材料操作。

④"压印面"。对选中体进行表面印记操作。

⑤"清除几何体"。对选中的体进行清理操作。

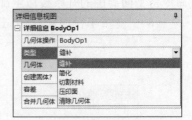

图 2-15　几何体操作设置面板

（12）Boolean（布尔运算）。

在"操作"选项中有以下 4 种操作。

①Unit（并集）。将多个实体合并到一起，形成一个实体，此操作需要在"工具体"选项中选中所有需要合并的实体。

②Subtract（差集）。将一个实体（工具体）从另一个实体（目标体）中去除；需要在"目标体"选项中选择所要切除材料的实体，在"工具体"选项中选择要切除的实体工具。

③Intersect（交集）。将两个实体相交部分取出来，其余的实体被删除。

④Imprint Faces（表面印记）。生成一个实体（工具体）与另一个实体（目标体）相交处的面；需要在"目标体"和"工具体"选项中分别选择实体。

（13）"切片"：增强了 DesignModeler 的可用性，可以产生用来划分映射网格的可扫掠分网的体。当模型完全由冻结体组成时，本命令才可用。单击此命令后弹出图 2-16 所示的切片设置面板。

在"切割类型"选项中有以下 5 种方式对实体进行切片操作。

①"按平面切割"。利用已有的平面对实体进行切片操作，平面必须经过实体，在"基准平面"选项中选择平面。

②"切掉面"。在模型上选中一些面，这些面大概形成一定的凹面，本命令将切开这些面。

③"按表面切割"。利用已有的曲面对实体进行切片操作，在"目标面"选项中选择曲面。

④"切掉边缘"。选择切分边，用切分出的边创建分离体。

⑤"按边循环切割"。在实体模型上选择一条封闭的棱边来创建切片。

（14）"删除"：本命令用于"撤销"倒角和去材料等操作，可以将倒角、去材料等特征从体上移除。单击此命令后，弹出图 2-17 所示的面删除设置面板。

在"修复方法"选项中有以下 4 种方式来实现删除面的操作。

①"自动"。选择本命令后，在"面"选项中选择要去除的面，即可将面删除。

②"自然修复"。对几何体进行自然复原处理。

③"补丁修复"。对几何体进行修补处理。

④"无修复"。不进行任何修复处理。

图 2-16　切片设置面板

图 2-17　面删除设置面板

（15）"边删除"：与"面删除"作用相似，这里不再赘述。

（16）"原语"：可以创建一些原始的图形，如圆形、矩形等。

3.　"概念"菜单

图 2-18 所示为"概念"菜单，其中包含对线、体和面操作的一系列命令，如线、体与面的生成等。

4.　"工具"菜单

图 2-19 所示为"工具"菜单，其中包含对线、体和面操作的一系列命令，如"冻结""解冻""命名的选择""属性"及"填充"等。

图 2-18　"概念"菜单

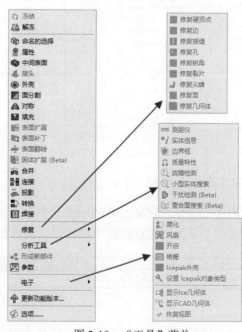

图 2-19　"工具"菜单

下面对一些常用的工具命令进行简单介绍。

（1）"冻结"：DM 平台会默认地将新建立的几何体和已有的几何体合并起来，如果想将新建立的几何体与已有的几何体分开，则需要将已有的几何体进行冻结处理。

冻结特征可以将所有的激活体转到冻结状态，但是在建模过程中除切片操作以外，其他命令都不能用于冻结体。

（2）"解冻"：冻结的几何体可以通过本命令解冻。

（3）"命名的选择"：用于对几何体中的节点、边线、面、体等进行命名。

（4）"中间表面"：用于将等厚度的薄壁类结构简化成"壳"模型。

（5）"外壳"：在体附近创建周围区域以方便模拟场区域，本操作主要应用于流体动力学（CFD）及电磁场有限元分析（EMAG）等计算的前处理，通过"外壳"操作可以创建物体的外部流场或者绕组的电场或磁场计算域模型。

（6）"填充"：与"外壳"命令相似，"填充"命令主要为几何体创建内部计算域，如管道中的流场等。

5．"查看"菜单

图 2-20 所示为"查看"菜单，其中的命令主要是对几何体显示的操作，这里不再赘述。

6．"帮助"菜单

图 2-21 所示为"帮助"菜单，它提供了在线帮助等。

图 2-20　"查看"菜单

图 2-21　"帮助"菜单

2.1.3　工具栏

图 2-22 所示为 DesignModeler 平台默认的常用工具按钮，这些按钮的功能在菜单栏中均可找到，下面对建模过程中经常用到的按钮进行介绍。

图 2-22　工具栏

以三键鼠标为例，鼠标左键实现基本控制，包括几何体的选择和拖动。此外，鼠标与键盘部分按钮结合使用可实现不同操作。

● Ctrl+鼠标左键：执行添加/移除选定几何体操作。

● Shift+鼠标中键：执行放大/缩小几何体操作。

● Ctrl+鼠标中键：执行几何体平移操作。

另外，按住鼠标左键可以框选几何体，实现几何体的快速缩放操作，在绘图区域右击可以弹出快捷菜单，以完成相关的操作。

1. 选择过滤器

在建模过程中，经常需要选择实体的某个面、某个边或者某个点等，可以在工具栏中相应的过滤器中进行选择切换，如图 2-23 所示，如果想选择齿轮上的某个面，首先选中工具栏中的 🔘 按钮使其处于凹陷状态，然后选择所关心的面。如果想选择线或者点，则只需选中工具栏中的 🔘 或者 🔘 按钮，然后选择所关心的线或者点。

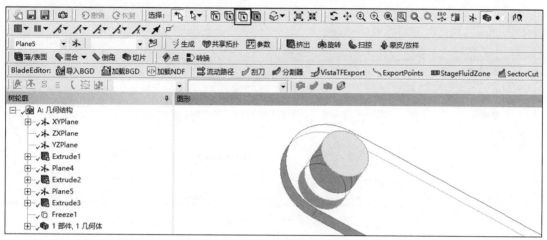

图 2-23 面选择过滤器

如果需要对多个面进行选择，则需要单击工具栏中 🔘 按钮，在弹出的菜单中选择 🔘框选 命令，然后单击 🔘 按钮，在绘图区域中框选所关心的面。线或者点的框选与面类似，这里不再赘述。

框选的时候有方向性，具体说明如下。

● 鼠标从左到右拖动：选中所有完全包含在选择框中的对象。

● 鼠标从右到左拖动：选中包含于或经过选择框的对象。

2. 窗口控制

DesignModeler 平台的工具栏上面有各种控制窗口的快捷按钮，通过单击不同按钮实现图形控制，如图 2-24 所示。

● 🔄 按钮实现几何旋转操作。

● ✥ 按钮实现几何平移操作。

● 🔍 按钮实现图形的放大或缩小操作。

● 🔍 按钮实现窗口的缩放操作。

● 🔍 按钮实现自动匹配窗口大小操作。

还可以利用鼠标直接在绘图区域控制图形。当鼠标位于图形的中心区域时，相当于 🔄 操作；当鼠标位于图形之外时，为绕 Z 轴旋转操作；当鼠标位于图形界面的上下边界附近时，为绕 X 轴旋转操作；当鼠标位于图形界面的左右边界附近时，为绕 Y 轴旋转操作。

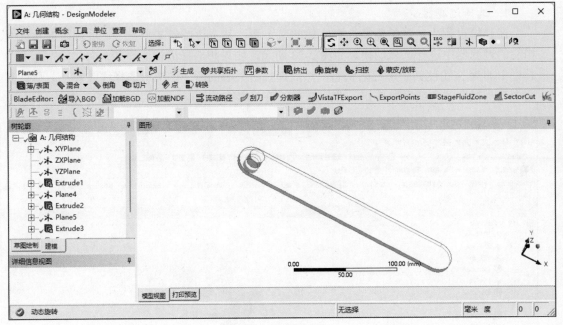

图 2-24   窗口控制

2.1.4   常用命令栏

图 2-25 所示为 DesignModeler 平台默认的常用命令栏，这些命令在菜单栏中均可找到，这里不再赘述。

图 2-25   常用命令栏

2.1.5   "树轮廓"面板

图 2-26 所示的"树轮廓"面板中包括两个模块："建模"和"草图绘制"，单击下方选项卡可切换这两个模块。下面对"草图绘制"模块中的命令进行详细介绍。

"草图绘制"模块主要由以下 5 个部分组成。

（1）"绘制"：图 2-27 所示为"绘制"卷帘菜单，菜单中包括了二维草绘需要的所有工具，如线、圆、矩形、椭圆形等，操作方法与其他 CAD 软件一样。

（2）"修改"：图 2-28 所示为"修改"卷帘菜单，菜单中包括了二维草绘修改需要的所有工具，如圆角、倒角、修剪、扩展、分割等，操作方法与其他 CAD 软件一样。

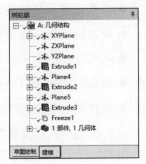

图 2-26   "树轮廓"面板

图 2-27　绘制

图 2-28　修改

（3）"维度"：图 2-29 所示为"维度"卷帘菜单，菜单中包括了二维图形尺寸标注需要的所有工具，如通用、水平的、顶点、长度/距离、半径、直径、角度等，操作方法与其他CAD 软件一样。

（4）"约束"：图 2-30 所示为"约束"卷帘菜单，菜单中包括了二维图形约束需要的所有工具，如固定的、水平的、顶点、垂直、切线、对称、并行、同心、等半径、等长度等，操作方法与其他 CAD 软件一样。

（5）"设置"：图 2-31 所示为"设置"卷帘菜单，它主要完成草绘界面的网格大小、主网格间距及每个主要参数的次要步骤等设置。

图 2-29　维度

图 2-30　约束

图 2-31　设置

①在"设置"菜单下单击"网格"命令，使"网格"图标处于凹陷状态，同时选中在后面生成的"在 2D 内显示"和"捕捉"两个复选框，此时用户交互窗口出现图 2-32 所示的网格栅格。

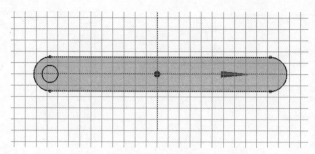

图 2-32 网格栅格

②在"设置"菜单下单击"主网格间距"命令，使"主网格间距"图标处于凹陷状态，同时在后面生成的文本框中输入主网格的大小，默认为 10 mm，将此值改成 20 mm 后在用户交互窗口出现图 2-33（b）所示的网格。

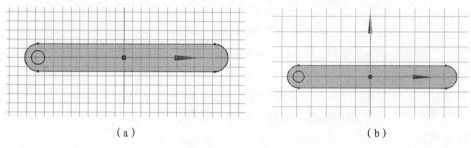

（a）   （b）

图 2-33 主网格大小

③"设置"菜单下"每个主要参数的次要步骤"及"每个小版本的拍照"设置方法类似，此处不再赘述。

2.2 DesignModeler 几何建模

对 DesignModeler 平台构成有了基本了解后，下面通过几个实例讲解 DesignModeler 几何建模的方法和过程。

2.2.1 DesignModeler 零件建模

与其他 CAD 软件操作方法一样，实体建模需要先创建二维图形，这部分工作在草绘模式下完成，本节主要介绍如何在草绘模式下绘制 2D 图形。

模型文件	无
结果文件	配套资源\chapter02\chapter02-1\C2.2.1.wbpj

步骤 1 启动 ANSYS Workbench。在 Windows 系统下执行"开始"→"所有程序"→ANSYS 2022→Workbench 2022 命令，启动 ANSYS Workbench，进入主界面。

步骤 2 创建项目。双击主界面"工具箱"中的"组件系统"→"几何结构"选项，即可在"项目原理图"窗口创建项目 A，如图 2-34 所示。

步骤 3 启动 DesignModeler。右击项目 A 中的 A2 "几何结构"，在弹出的快捷菜单中选择"新的 DesignModeler 几何结构"，此时会启动图 2-35 所示的"几何结构-DesignModeler"绘图平台。

图 2-34 创建项目 A

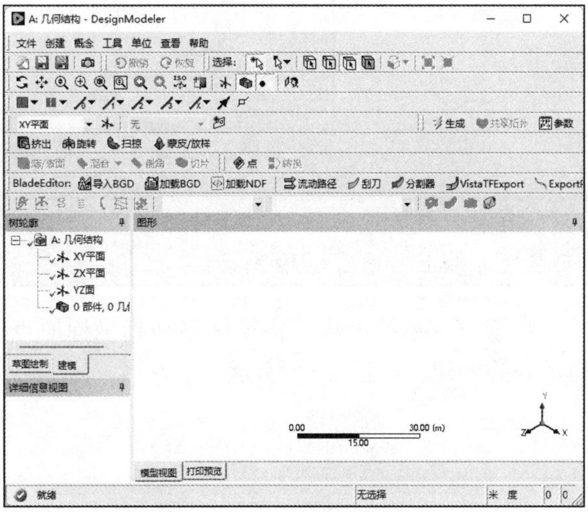

图 2-35 启动 DesignModeler

步骤 4 选择绘图平面。单击"树轮廓"面板中的"A：几何结构"→XY 平面，此时会在绘图区域中出现图 2-36 所示的坐标平面，然后单击工具栏中的 🔧 按钮，使平面正对窗口。

步骤 5 创建草绘。单击"树轮廓"面板中的"草图绘制"选项卡，此时会切换到草图绘制操作面板，如图 2-37 所示。

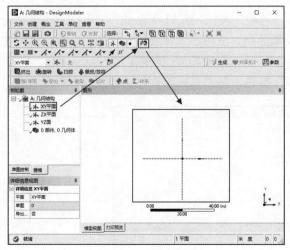

图 2-36 坐标平面

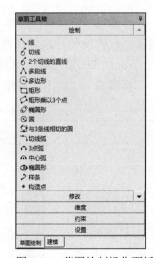

图 2-37 草图绘制操作面板

步骤 6 自动捕捉。单击"绘制"→"圆"按钮，此时"圆"按钮处于凹陷状态，即被选中，如图 2-38 所示。移动鼠标至绘图区域中的坐标原点附近，此时会在绘图区域出现"P"字符，表示鼠标在坐标原点。

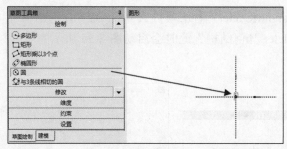

图 2-38 原点自动捕捉

> 提示：如果鼠标在坐标轴附近移动，此时绘图区域会出现 "C" 字符，表示创建的点在坐标轴上，如图 2-39 所示。

步骤 7 草绘操作。将鼠标移动到坐标原点后单击，然后在绘图区域任意位置单击，确定圆的创建，如图 2-40 所示。

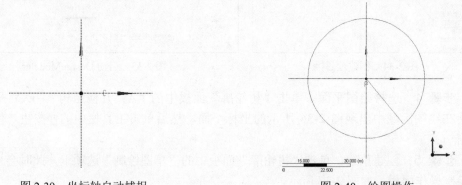

图 2-39 坐标轴自动捕捉　　　　　　　　图 2-40 绘图操作

步骤 8 尺寸标注。单击 "维度" → "通用" 按钮，此时 "通用" 按钮处于凹陷状态，表示一般性质的标注被选择，单击刚才绘制的圆，然后在 "详细信息视图" 面板中 "维度：1" 下面的 D1 后面输入 "30m"，如图 2-41 所示，并按 Enter 键确定输入。

步骤 9 "挤出" 草绘。单击 "建模" 按钮，将 "草图绘制" 切换到 "树轮廓" 下。

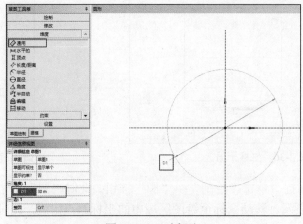

图 2-41 尺寸标注

步骤 10　单击常用命令栏中的⬛按钮，此时在"树轮廓"面板的"A：几何结构"下出现一个"挤出 1"命令，如图 2-42 所示，在"详细信息视图"面板中的"详细信息 挤出 1"下面做如下设置。

①在"几何结构"选项中选择"草图 1"。

②在"操作"选项中选择"添加材料"，默认为"添加材料"。

③在"扩展类型"选项的"FD1，深度（>0）"后面输入"100 m"，其余默认。

完成以上设置后，单击常用命令栏中的 按钮，生成"挤出"特征。

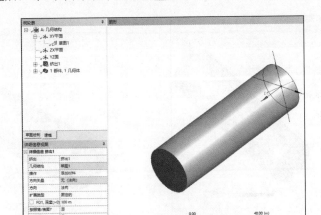

图 2-42　挤出操作

提示：在"操作"选项中有"添加材料""添加冻结"两个操作命令，后面再详细讲解。

步骤 11　去材料操作。与步骤 7 相同，在圆柱上平面（*Z* 坐标最大位置处）绘制图 2-43 所示的六边形，边长为 10 m，按 Enter 键确定。

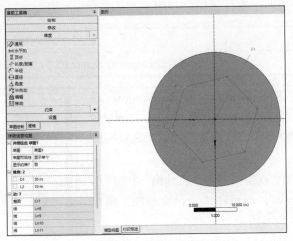

图 2-43　草绘六边形

步骤 12　单击常用命令栏中的⬛按钮，此时在"树轮廓"面板的"A：几何结构"下出现一个"挤出 2"命令，如图 2-44 所示，在"详细信息视图"面板中的"详细信息 挤出 2"下面做如下设置。

①在"几何结构"选项中选择"草图 2"。

②在"操作"选项中选择"切割材料"。

③在"扩展类型"选项中选择"至面",单击圆柱外表面,然后单击"目标面"选项中的"应用"按钮。

完成以上设置后,单击常用命令栏中的按钮,生成去材料特征模型,如图 2-45 所示。

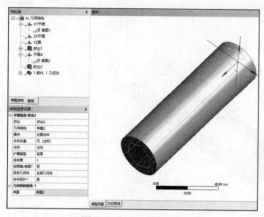

图 2-44 去材料操作

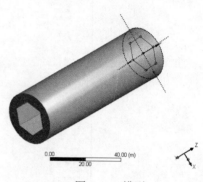

图 2-45 模型

步骤 13 模型保存。单击工具栏中的按钮,在弹出的"另存为"对话框中的"文件名"文本框中输入"C2.2.1",单击"保存"按钮,完成模型的保存。

2.2.2 DesignModeler 装配体建模

本节将利用 DesignModeler 平台对装配体进行建模,在同一软件窗口绘制两个零件,然后利用移动等命令将两个零件装配到一起。

模型文件	无
结果文件	配套资源\chapter02\chapter02-2\C2.2.2.wbpj

步骤 1 启动 ANSYS Workbench。在 Windows 系统下执行"开始"→"所有程序"→ANSYS 2022→Workbench 2022 命令,启动 ANSYS Workbench,进入主界面。

步骤 2 创建项目。双击主界面"工具箱"中的"组件系统"→"几何结构",即可在"项目原理图"窗口中创建项目 A,如图 2-46 所示。

步骤 3 启动 DesignModeler。右击项目 A 中的 A2"几何结构",在弹出的快捷菜单中选择"新的 DesignModeler 几何结构",此时会启动"几何结构-

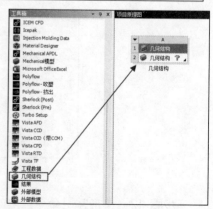

图 2-46 创建项目 A

DesignModeler"绘图平台，单击菜单栏里的"单位"→"毫米"，将单位设置成 mm。

　　步骤 4　选择绘图平面。单击"树轮廓"面板中的"A：几何结构"→XY 平面，此时会在绘图区域中出现图 2-47 所示的坐标平面，然后单击工具栏中的 按钮，使平面正对窗口。

　　步骤 5　创建草绘。如图 2-48 所示，单击"树轮廓"面板下面的"草图绘制"选项卡，此时会切换到"草图绘制"操作面板。

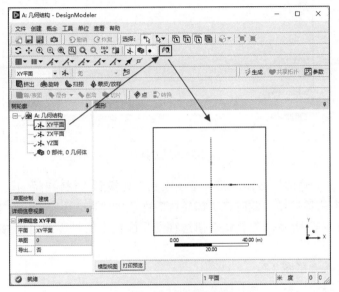

图 2-47　坐标平面

图 2-48　草图绘制操作面板

　　步骤 6　自动捕捉。单击"绘制"→"圆"按钮，此时"圆"按钮处于凹陷状态，即被选中，如图 2-49 所示。移动鼠标至绘图区域中的坐标原点附近，此时会在绘图区域出现"P"字符，表示鼠标在坐标原点。

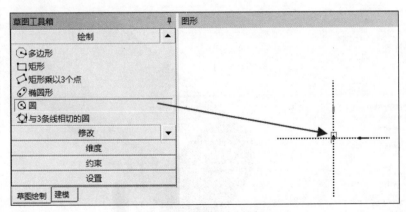

图 2-49　原点自动捕捉

　　步骤 7　草绘操作。将鼠标移动到坐标原点后单击，然后在绘图区域任意位置单击，确定圆的创建，如图 2-50 所示。

　　步骤 8　尺寸标注。单击"维度"→"通用"按钮，此时"通用"按钮处于凹陷状态，表示一般性质的标注被选择，单击刚才绘制的圆，然后在"详细信息视图"面板中"维度：1"下面的 D1 后面输入"50 mm"，如图 2-51 所示，并按 Enter 键确定输入。

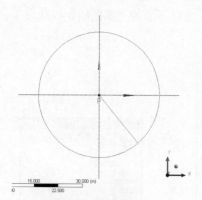

图 2-50 绘图操作

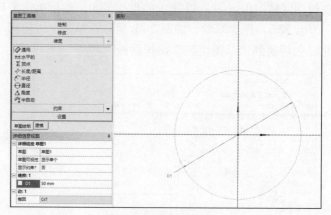

图 2-51 尺寸标注

步骤 9 "挤出"草绘。单击"建模"按钮，将"草图绘制"切换到"树轮廓"下。

步骤 10 单击常用命令栏中的 按钮，此时在"树轮廓"面板的"A：几何结构"下出现一个"挤出 1"命令，如图 2-52 所示，在"详细信息视图"面板中的"详细信息 挤出 1"下面做如下设置。

①在"几何结构"选项中选择"草图 1"。

②在"操作"选项中选择"添加材料"，默认为"添加材料"。

③在"扩展类型"选项的"FD1，深度（>0）"后面输入"100 mm"，其余默认。

完成以上设置后，单击常用命令栏中的 按钮，生成"挤出"特征。

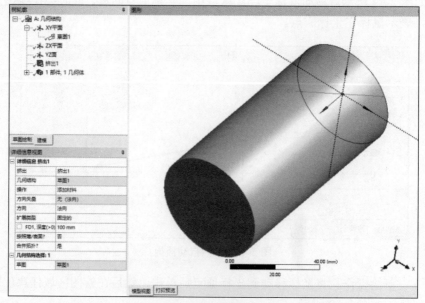

图 2-52 挤出操作

步骤 11 创建另一个几何体。在 YZ 平面绘制图 2-53 所示的截面。

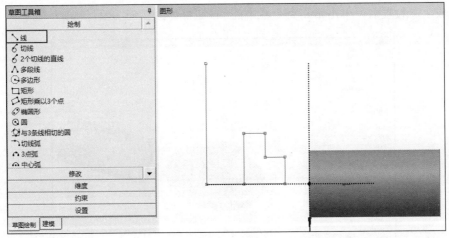

图 2-53　草绘

步骤 12　在"草图工具箱"中选择"维度"卷帘菜单中的"水平的"和"顶点"两个命令进行标注，如图 2-54 所示，并将尺寸做如下修改。

在 H3 后面输入"30 mm"；在 H5 后面输入"20 mm"；在 V1 后面输入"30 mm"；在 V2 后面输入"25 mm"；在 V4 后面输入"10 mm"。

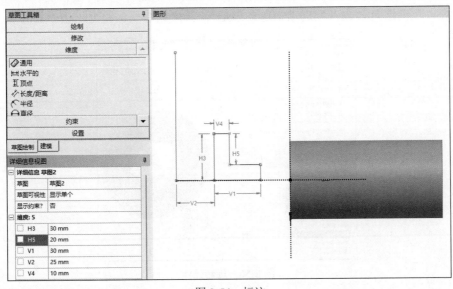

图 2-54　标注

步骤 13　单击常用命令栏中的 按钮，此时在"树轮廓"面板的"A：几何结构"下出现一个"旋转 1"命令，在"详细信息视图"面板中的"详细信息 旋转 1"下面做如下设置。

①在"几何结构"选项中选择"草图 2"。

②在"轴"选项中选中草绘时绘制的直线。

③保持"操作"选项中默认的"添加材料"。

④在"方向"选项中选择"法向"，在"FD1，角度（>0）"选项中保持默认的 360°。

完成以上设置后，单击常用命令栏中的 按钮，如图 2-55 所示。

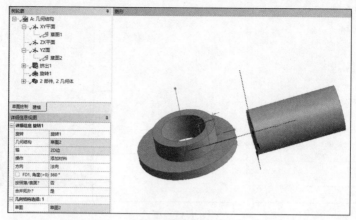

图 2-55　旋转操作

步骤 14　创建平面。单击工具栏中的 按钮，在出现的图 2-56 所示的操作面板中做如下设置。

①在"类型"选项中选择"从面"。

②在"基面"选项中选中空心圆柱的底面，此时"基面"选项中显示为"已选"。

③在"反向法向/Z 轴？"选项中选择"是"，其余保持默认即可。

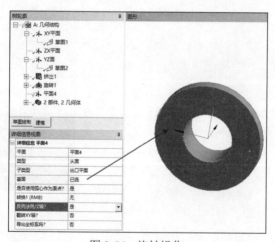

图 2-56　旋转操作

步骤 15　体操作。单击"创建"菜单中的"几何体转换"→"移动"命令，在出现的图 2-57 所示的面板中对"旋转 1"进行移动操作，目的是将"旋转 1"装配到"挤出 1"。

①在"移动"选项中选择"移动 1"。

②在"几何体"选项中选中"旋转 1"，此时"几何体"选项中显示 1，表示一个体被选中。

③在"源平面"选项中选中刚刚建立的"平面 4"。

④在"目标平面"选项中选择"XY 平面"。

完成以上设置后，单击常用命令栏中的 按钮进行几何体装配。

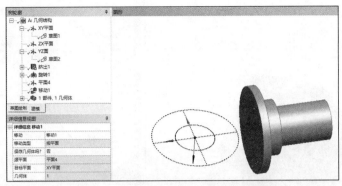

图 2-57　装配体设置

步骤 16　模型保存。单击工具栏中的 按钮，在弹出的"另存为"对话框中的"文件名"文本框中输入"C2.2.2"，单击"保存"按钮，完成模型的保存。

2.2.3　DesignModeler 建模工具

前面简单介绍了 DesignModeler 平台几何建模的基本方法，同时也讲解了常见 CAD 软件中模型的导入方法。本节开始介绍其他 CAD 软件所不具备的功能，这些功能大部分是为有限元分析服务的专用功能。现在简要介绍如下。

（1）"激活状态"和"冻结状态"，这两个命令在"工具"菜单中，下面简单介绍两者的区别。

① "激活状态"：可以对处于此状态的几何体进行常规的建模等操作，如布尔运算、切材料等，但是不能被"切片"。

② "冻结状态"：可以对处于此状态的几何体进行"切片"操作，方便以后划分高质量的六面体网格。

（2）"多体部件体"：在有限元分析过程中，往往不只是对单一零件进行仿真计算，还经常会对结构复杂的装配体进行仿真分析，而 DesignModeler 可以先将装配体中的某些零部件或者全部装配体组成一个"多体部件体"，这样在仿真计算时，形成多体部件体的零部件间能够实现拓扑共享。

（3）"表面印记"：为了模拟真实载荷或者约束状况，经常需要对零件的指定部分进行载荷施加或者约束，这样就需要首先在指定表面进行表面印记操作。

下面将用一个实例来介绍"表面印记"操作。

模型文件	无
结果文件	配套资源\chapter02\chapter02-3\Imprint.wbpj

如图 2-58 所示的模型，我们在零部件上端（处于 Z 轴最大位置处）的圆面上，直径 10 mm 范围内施加 100 N 的力，方向为 Z 轴负方向，具体操作如下。

步骤 1　在 Windows 系统下启动 ANSYS Workbench，进入主界面。

步骤 2　创建项目。双击主界面"工具箱"中的"组件系统"→"几何结构"，即可在"项目原理图"窗口创建项目 A，如图 2-59 所示。

图 2-58 几何模型

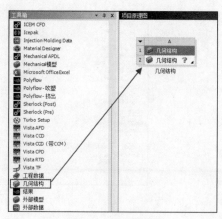
图 2-59 创建项目

步骤 3 启动 DesignModeler。右击项目 A 中的 A2 "几何结构"，在弹出的快捷菜单中选择 "新的 DesignModeler 几何结构"，此时会启动 "几何结构-DesignModeler" 绘图平台，单击菜单栏里的 "单位" → "毫米"，将单位设置成 mm。

步骤 4 选择 XY 平面并草绘图 2-60 所示的六边形。

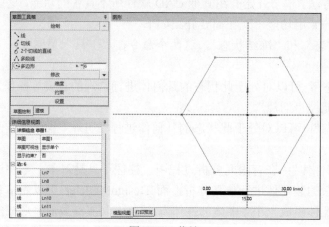
图 2-60 草绘

步骤 5 如图 2-61 所示，对六边形的一条边进行标注，并设置长度为 25 mm。

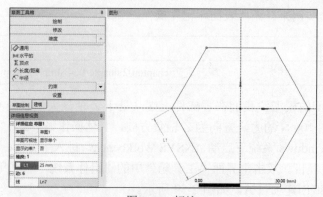
图 2-61 标注

步骤6 单击常用命令栏中的⬚按钮，设置拉伸长度为 200 mm，得到图 2-62 所示的几何体。

步骤7 如图 2-63 所示，选中上端面，然后在任意位置绘制一个直径为 10 mm 的圆。

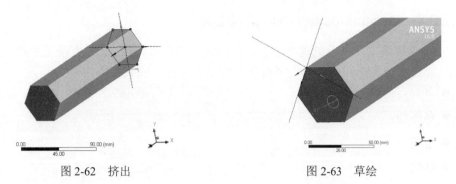

图 2-62 挤出　　　　　　　　　　　　图 2-63 草绘

步骤8 将状态切换到"建模"状态，单击常用命令栏中的⬚按钮，此时在"树轮廓"面板的"A：几何结构"下出现一个"挤出 2"命令，如图 2-64 所示，在"详细信息视图"面板中的"详细信息 挤出 2"下面做如下设置。

①在"几何结构"选项中选择"草图 2"。

②在"操作"选项中选择"压印面"，其余设置保持默认即可。

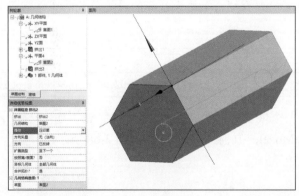

图 2-64 印记设置

完成以上设置后，单击常用命令栏中的⬚按钮，生成印记特征，如图 2-65 所示，这时，我们就可以在印记特征上施加载荷了，如图 2-66 所示，在印记面上施加力。

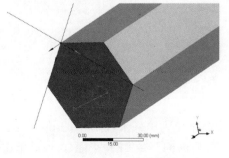
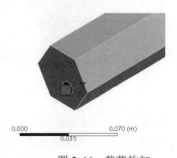

图 2-65 印记特征　　　　　　　　　　图 2-66 载荷施加

步骤9 保存文件。单击工具栏中的■按钮，在弹出的 "另存为"对话框中的"文件名"文本框中输入"Imprint"，单击"保存"按钮，完成模型的保存。

步骤10 关闭 DesignModeler 程序。

2.2.4 DesignModeler 概念建模工具

"概念"建模主要用于创建和修改模型中的线或者面，使之成为有限元中的"梁（Beam）单元"或者"壳（Shell）单元"。"概念"有以下4种生成梁模型的方法：

- 来自点的线；
- 草图线；
- 边线；
- 曲线。

生成面的方式有以下两种：

- 边表面；
- 草图表面。

此外，菜单中还有一些常见形状的截面及用户自定义截面，如长方形、圆形、空心圆形等。

下面通过一个例子简要介绍一下概念建模的过程及截面属性赋予的操作方法，最终模型如图 2-67 所示。

模型文件	无
结果文件	配套资源\chapter02\ chapter02-4\concept.wbpj

步骤1 新创建一个项目 A。然后右击项目 A 的 A2"几何结构"，在弹出的快捷菜单中选择"新的 DesignModeler 几何结构……"，如图 2-68 所示。

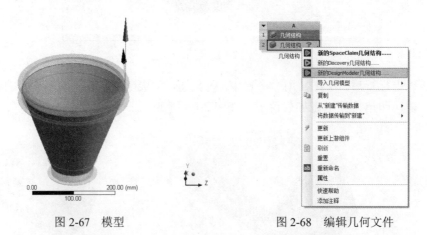

图 2-67 模型　　　　　　　　　图 2-68 编辑几何文件

步骤2 启动 DesignModeler 平台，设置单位为"毫米"，如图 2-69 所示。

步骤3 单击"树轮廓"面板中"A：几何结构"→"ZX 平面"，然后单击工具栏中的按钮。

步骤 4 切换至"草图绘制"模式下，单击"绘制"→"圆"按钮，在绘图区域绘制图 2-70 所示的图形。

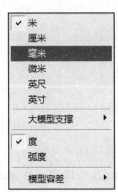

图 2-69 单位设置

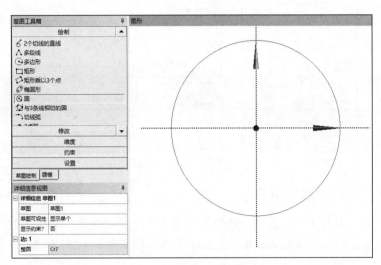

图 2-70 草绘

步骤 5 如图 2-71 所示，进行标注，并设定直径为 100 mm。

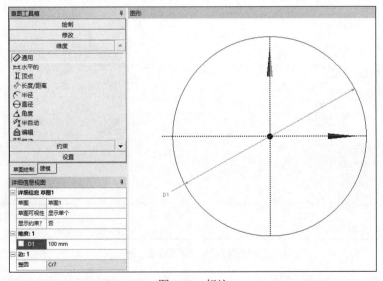

图 2-71 标注

步骤 6 如图 2-72 所示，创建新平面，在"详细信息视图"面板中做如下设置。

①在"类型"选项中选择"从平面"。

②在"基准平面"选项中选择"ZX 平面"。

③在"转换 1（RMB）"选项中选择"偏移 Z"。

④在"FD1，值 1"后面输入"200 mm"，其余默认即可，并单击常用命令栏中的 按钮。

步骤 7 如图 2-73 所示，在新建的平面上创建一个直径为 250 mm 的圆。

图 2-72   创建新平面

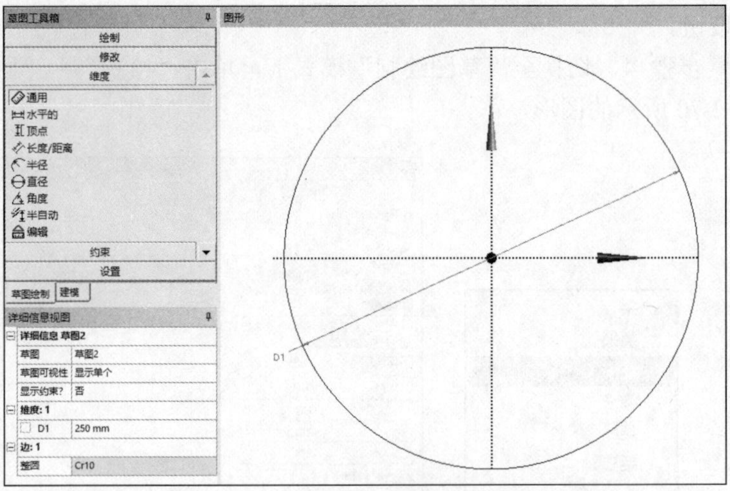

图 2-73   创建圆

步骤 8   切换到"建模"模式下，选择"概念"菜单下的"草图线"子菜单，在下面出现的"详细信息视图"面板中的"详细信息 线2"下面的"基对象"选项中选择对应的"1 草图"。

步骤 9   单击常用命令栏中的 按钮生成线条，如图 2-74 所示。

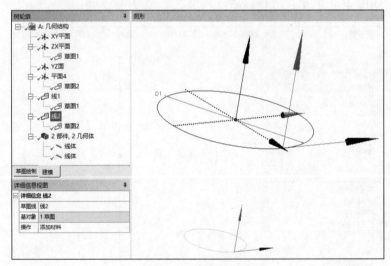

图 2-74   创建线条

步骤 10   此时单击 下面的"线体"命令，如图 2-75 所示，下面出现的"详细信息视图"面板中的"横截面"选项的内容为"未选择"，表示界面特性未被选择。

步骤 11   单击"概念"菜单中"横截面"→"I 型截面"子菜单，如图 2-76 所示。在"详细信息视图"面板中的"维度：6"下面的 W1、W2、W3 后面分别输入 20 mm、20 mm、40 mm；t1、t2、t3 后面分别输入 2 mm，并按 Enter 键确定输入，如图 2-77 所示。

步骤 12   单击"线体"命令，如图 2-78 所示，在"详细信息视图"面板的"横截面"选项中选择 I1。

图 2-75 未赋予截面特性

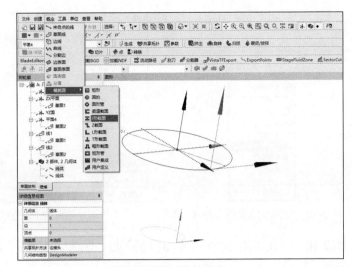

图 2-76 截面特性定义

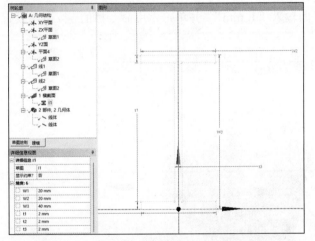

图 2-77 横截面创建

图 2-78 赋截面特性

步骤 13 显示图形截面。单击"查看"菜单中的"横截面固体"子菜单，如图 2-79（a）所示，此时"横截面固体"子菜单前面会出现一个√，表示子菜单被选中，同时图形显示如图 2-79（b）所示。

步骤 14 创建壳模型。单击"概念"菜单中的"边表面"子菜单，如图 2-80 所示。

步骤 15 单击"树轮廓"面板中的 Surf1，如图 2-81 所示，在"详细信息视图"面板中"边"选项中选择绘图区域的 2 条边线，并单击常用命令栏中的 按钮生成壳体。

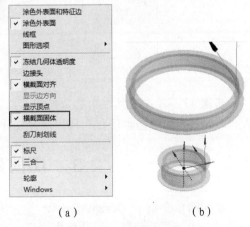

（a） （b）

图 2-79 图形显示设置

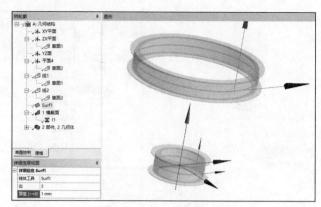

图 2-80 边线生成曲面命令（一）   图 2-81 边线生成曲面命令（二）

步骤 16 单击常用命令栏中的 按钮，在"详细信息视图"面板中做如下设置。

①在"轮廓"选项中选择上下两个线条。

②在"按照薄/表面？"选项中选择"是"。

③在"FD2，内部厚度（>0）"后面输入"1 mm"，并单击常用命令栏的 按钮，设置完成后如图 2-82 所示。

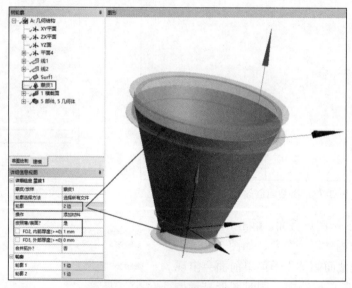

图 2-82 边线生成曲面命令（三）

步骤 17 单击工具栏中的 按钮，在弹出的"保存"对话框中"文件名"文本框中输入"Concept"，单击"保存"按钮保存文件。

2.3 几何建模综合实例

前面简单介绍了 DesignModeler 平台简单几何建模的方法与操作步骤，本节开始将综合利用上述工具对稍复杂的几何模型进行建模。

本节练习创建一个图 2-83 所示的斜支架模型。

模型文件	无
结果文件	配套资源\chapter02\ chapter02-5\xiezhijia.wbpj

步骤 1　新创建一个项目 A。然后右击项目 A 的 A2"几何结构"，在弹出的快捷菜单中选择"新的 DesignModeler 几何结构"，如图 2-84 所示。

图 2-83　模型

图 2-84　编辑几何文件

步骤 2　启动 DesignModeler 平台，设置单位为"毫米"，如图 2-85 所示。

步骤 3　单击"树轮廓"面板中"A：几何结构"→"ZX 平面"，然后单击工具栏中的按钮。

步骤 4　切换至"草图绘制"模式下，单击"绘制"→"线"按钮，在绘图区域绘制图 2-86 所示的图形。

图 2-85　单位设置

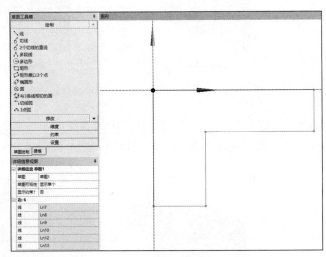

图 2-86　草绘

步骤 5　单击"维度"→"通用"按钮，然后单击图 2-87 所示的 4 根线段，标注其长度，在"详细信息视图"面板中的"维度：4"中做如下设置。H2 后面输入"44 mm"，H4 后面输入"33 mm"，V1 后面输入"60 mm"，V3 后面输入"10mm"，并按 Enter 键确定。

步骤 6 切换到"建模"模式下，在常用命令栏中单击▣按钮，在图 2-88 的"详细信息视图"面板中做如下设置。

①在"几何结构"选项中选择"草图 1"。

②在"FD1，深度（>0）"后面输入"74 mm"。

单击常用命令栏中的▨按钮完成"挤出"。

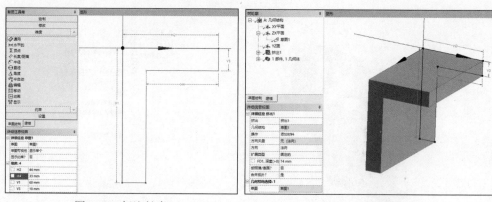

图 2-87 标注长度　　　　　　　　图 2-88 挤出设置

步骤 7 单击工具栏中的▨按钮关闭草绘平面的显示，结果如图 2-89 所示。

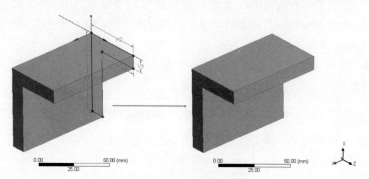

图 2-89 模型平面显示切换

步骤 8 创建沉孔特征。单击工具栏中的▨按钮，再单击图 2-90 所示的平面，并使其处于加亮状态。然后单击工具栏中的▨按钮，使加亮平面正对屏幕。

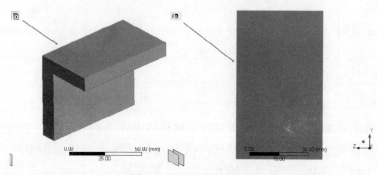

图 2-90 确定草绘平面

步骤 9　切换到"草图绘制"模式后，单击"绘制"→"圆"按钮，在绘图区域绘制图 2-91 所示的圆，然后对圆进行标注，在"详细信息视图"面板中进行如下设置。

在 D3 后面输入"18 mm"，在 L2 后面输入"12 mm"，在 V1 后面输入"22 mm"，并按 Enter 键确认输入。

步骤 10　单击常用命令栏中的 按钮，在"详细信息视图"面板中做如下设置。

①在"几何结构"选项中选择"草图 2"。

②在"操作"选项中选择"切割材料"。

③在"扩展类型"选项中选择"至面"。

④选择图 2-92 所示的圆孔的对面，此时"目标面"选项中会显示数字 1，表示已有一个面被选中，其余选项默认即可。

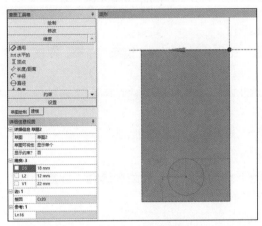

图 2-91　创建圆　　　　　　　　　　图 2-92　创建孔

单击常用命令栏中的 按钮，完成孔的创建。

步骤 11　创建对称平面。单击工具栏中的 按钮，在图 2-93 所示的"详细信息视图"面板中做如下设置。

①在"类型"选项中选择"从面"。

②在"基面"选项中确保加亮平面被选中。

③在"转换 1（RMB）"选项中选择"偏移 Z"。

④在"FD1，值 1"后面输入"−37 mm"，其余选项保持默认即可。

单击常用命令栏中的 按钮生成平面。

步骤 12　切割实体。单击常用命令栏中的 按钮，在图 2-94 所示的"详细信息视图"面板中做如下设置。

①在"几何结构"选项中选择"平面 5"。

②在"操作"选项中选择"切割材料"。

③在"方向"选项中选择"已反转"。

④在"扩展类型"选项中选择"至面"。

⑤在"目标面"选项中确保图 2-94 中加亮面被选中，此时在"目标面"选项中会显示数字 1，表示一个面被选中，其余选项默认即可。

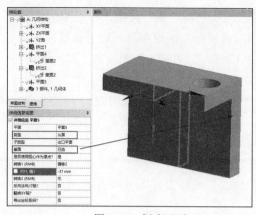

图 2-93 创建平面　　　　　　　　　图 2-94 切割实体

单击常用命令栏中的 按钮，完成切割实体操作。

步骤 13 实体镜像。单击"创建"菜单中的"几何体转换"→"镜像"命令，在图 2-95 所示的"详细信息视图"面板中做如下设置。

①在"几何体"选项中确保几何体被选中，此时在"几何体"选项中会显示数字 1，表示一个几何体被选中。

②在"镜像面"选项中确保"平面 5"被选中，其余选项默认即可。

单击常用命令栏中的 按钮，完成实体镜像操作。

步骤 14 创建圆角。单击常用命令栏中的 下拉按钮，在下拉列表选择"固定半径"命令，在图 2-96 所示的"详细信息视图"面板中做如下设置。

①在"FD1，半径（>0）"后面输入"10 mm"。

②在"几何结构"选项中确保图 2-96 中的 4 个边界被选中，此时"几何结构"选项中将显示"4 边"，表示 4 个边界被选中。

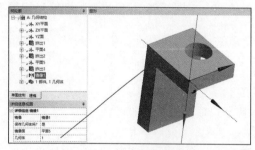

图 2-95 实体镜像

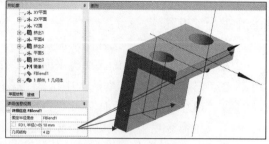

图 2-96 倒圆角

单击常用命令栏中的 按钮，生成圆角。

步骤 15 选择草绘平面。单击"树轮廓"面板中的"平面 5"，然后单击工具栏中的 按钮，如图 2-97 所示。

步骤 16 草绘圆形。单击"草图绘制"选项卡，切换到"草图绘制"模式下，创建图 2-98 所示的图形并标注，将尺寸做如下修改。

在 D1 后面输入"44 mm"；在 L2 后面输入"42 mm"；在 L3 后面输入"22 mm"。

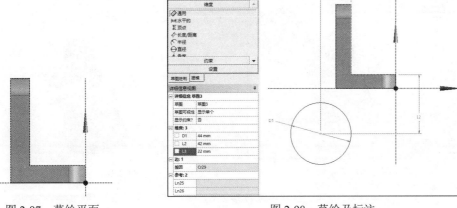

图 2-97 草绘平面 　　　　　　图 2-98 　草绘及标注

步骤 17 创建圆柱。单击常用命令栏中的 ⬚ 按钮，在图 2-99 所示的"详细信息视图"面板中做如下设置。

①在"几何结构"选项中选择"草图 3"。

②在"方向"选项中选择"双-对称"。

③在"FD1，深度（>0）"后面输入"21 mm"，其余默认即可。

单击常用命令栏中的 ⬩ 按钮，生成圆柱。

步骤 18 在"平面 5"平面上创建一个新的平面并进行草图绘制，然后绘制图 2-100 所示的矩形，并对矩形尺寸进行如下修改：在 L1 后面输入"7 mm"；在 H3 后面输入"22 mm"。

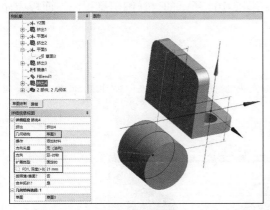

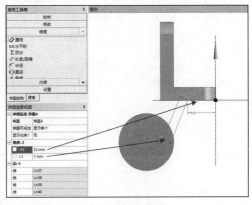

图 2-99 　圆柱 　　　　　　　　图 2-100 　草绘

步骤 19 同步骤 17，单击常用命令栏中的 ⬚ 按钮，并在"FD1，深度（>0）"后面输入"15 mm"，在"方向"选项中选择"双-对称"，其余默认即可，单击常用命令栏中的 ⬩ 按钮，生成实体，如图 2-101 所示。

步骤 20 选择图 2-102 所示的几何平面创建筋板，然后单击工具栏的 ⬚ 按钮。

步骤 21 切换到"草图绘制"模式下，绘制图 2-103 所示的几何图形，标注如下：在 H1 后面输入"7 mm"；在 L5 后面输入"11.5 mm"。

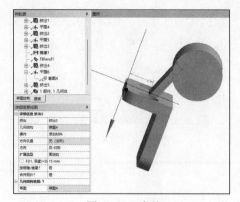

图 2-101　实体

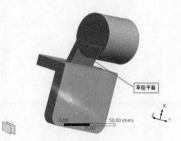

图 2-102　选择平面

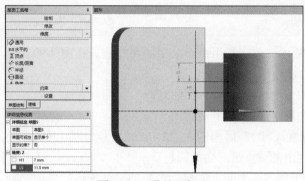

图 2-103　草绘及标注

步骤 22　单击常用命令栏中的 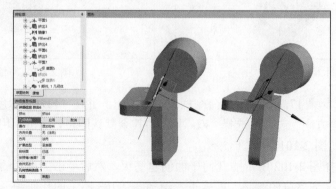 按钮，在图 2-104 所示的"详细信息视图"面板中做如下设置。

①在"几何结构"选项中选择"草图 5"。

②在"扩展类型"选项中选择"至表面"。

③在"目标面"选项中确保加亮面被选中，此时选项中出现"已选中"字样，其余保持默认即可。

单击常用命令栏中的 按钮，完成到平面的实体拉伸。

图 2-104　实体

步骤 23　如图 2-105 所示，创建圆孔，并将直径 D1 更改为"26 mm"。

步骤 24 单击常用命令栏中的 ⬚ 按钮，在图 2-106 所示的"详细信息视图"面板中做如下设置。

①在"几何结构"选项中选择"草图 6"。

②在"操作"选项中选择"切割材料"。

③在"方向"选项中选择"已反转"。

④在"扩展类型"选项中选择"至面"。

⑤在"目标面"选项中确保加亮面被选中，此时选项中出现"已选中"字样，其余保持默认即可。

单击常用命令栏中 ⚡ 按钮完成去除材料操作。

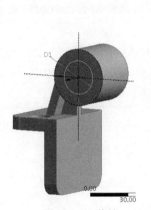

图 2-105　草绘

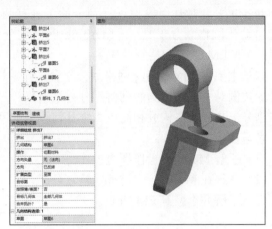

图 2-106　拉伸

步骤 25 单击工具栏中的 🖫 按钮，在弹出的"保存"对话框中的"文件名"文本框中输入"xiezhijia"，单击"保存"按钮保存文件，最后关闭 DesignModeler 程序。

2.4　本章小结

本章详细介绍了 ANSYS Workbench 平台的几何建模工具 DesignModeler 的结构组成和主要菜单的功能，同时也介绍了与常用 CAD 软件进行几何数据交换的一般步骤，最后通过一个典型的实例综合介绍了一般几何模型的建模方法。建模的方法不是唯一的，以上实例的建模过程主要为了使读者了解各个命令的使用方法，在工程实际应用中，请读者使用相对简单且容易操作的方法进行几何建模。

第 3 章　网格划分

根据有限元一般分析流程，几何建模完成后，接下来就是对几何模型进行网格划分，Workbench 平台对几何模型进行划分的工具有两个：一个是集成在 Workbench 平台上的高度自动化网格划分工具——Meshing 网格划分平台；另一个是高级专业几何网格划分工具——ICEM CFD 网格划分工具。

本章主要讲述 Meshing 网格划分平台，介绍针对不同物理场的网格划分工具，并通过大量的实例对不同物理场的网格划分方法及操作过程进行详细讲解。最后介绍 ICEM CFD 网格划分工具的窗口构成和简单二维几何模型的网格划分步骤。

学习目标：

（1）了解 Meshing 操作环境；

（2）掌握在 Meshing 中进行网格划分；

（3）了解并掌握 ICEM CFD。

3.1　Meshing 平台概述

Meshing 网格划分平台具有以下 7 个特点。

（1）参数化：可以利用参数来驱动网格划分。

（2）稳定性：模型通过系统参数进行更新。

（3）高度自动化：仅需要有限的输入信息即可完成基本的分析类型。

（4）灵活性：能够对结果网格添加控制和影响（完全控制建模/分析）。

（5）物理相关：根据物理环境的不同，系统自动建模和分析的物理系统。

（6）自适应结构：适用用户程序的开放系统。

（7）能识别 CAD neutral、Meshing neutral、Solver neutral 等格式的文件。

网格划分的目的是对计算流体动力学和有限元分析模型实现离散化，并用适当数量的网格单元得到最精确的解。Meshing 网格划分平台的 3D 网格基本形状如图 3-1 所示。

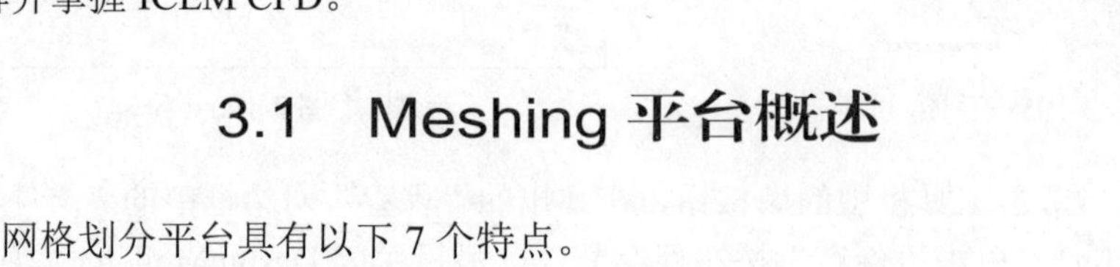

四面体　　　　　六面体　　　　棱锥（四面体和六面体　　　棱柱（四面体网格
（非结构化网格）　（通常为结构化网格）　　之间的过渡）　　　　被拉伸时形成）

图 3-1　3D 网格基本形状

Meshing 网格划分平台可以在任何类型的分析中使用。

（1）有限元仿真：①结构动力学分析；②显式动力学分析（包括 AUTODYN 及 ANSYS LS-DYNA）；③电磁分析。

（2）计算流体动力学分析：①ANSYS CFX；②ANSYS Fluent。

3.1.1 Meshing 平台界面

图 3-2 所示为 Meshing 平台，其构成有以下 6 个关键部分：菜单栏、工具栏、图形操作窗口、模型树、详细设置窗口及信息窗口。

图 3-2 Meshing 平台

> **提示：**启动 Meshing 平台的前提是在 DesignModeler 平台上必须有几何模型，否则不能启动。

3.1.2 图形操作窗口

图 3-3 所示为 Meshing 平台启动时"图形操作窗口"，与菜单中的命令或者工具栏中的命令一起配合使用，可以实现对几何图形的一系列操作，如几何顶点、边线、面、体的选取，几何模型材料赋予，外载荷和边界条件的施加等。

在图形操作窗口中右击，会弹出图 3-4 所示的快捷菜单，通过快捷菜单可以完成一些常用的命令操作，下面对常用的命令进行简要介绍。

图 3-3 图形操作窗口

图 3-4 快捷菜单

（1）"插入"：此命令允许用户插入"命名选择""网格编号"及"连接"等。

（2）"转到"：此命令允许用户将当前的操作转向"未划分网格的几何体"和"一个单元穿过厚度的几何体"等。

（3）"等距视图"：将当前视图方向转到等轴侧视图方向。

（4）"设置"：与"等距视图"作用相当。

（5）"恢复默认值"：将当前视图状态恢复到默认的视图状态。

（6）"匹配缩放"：将实体缩放到适合当前窗口尺寸。

（7）"光标模式"：此操作同工具栏中的点选择过滤器、线选择过滤器、面选择过滤器、体选择过滤器及图形移动旋转等操作。

（8）"查看"：图形窗口的视图方向选择，如前视图、后视图、左视图、右视图等6个基本视图方向。

（9）"选择所有"：选择窗口中所有实体。

3.1.3 模型树及详细设置窗口

单击"模型树"中的不同命令，在"详细设置窗口"中会出现不同的详细设置栏。图 3-5 所示为在模型树中单击"几何结构"命令时出现的"几何结构"的详细信息设置面板，图 3-6 所示为单击"网格"命令时出现的"网格"的详细信息设置面板。下面对模型树及详细设置窗口中的常见命令及设置进行简要讲解。

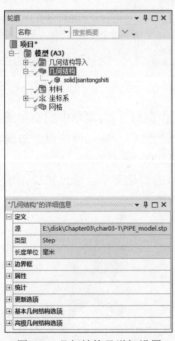

图 3-5　几何结构及详细设置

图 3-6　网格及详细设置

1. 项目

单击模型树中的"项目"，图3-7所示为"项目"的详细信息设置面板，面板中有以下3项主要内容。

（1）"标题页"：此位置可以填写"作者""主题"和"准备做"3项。

（2）"信息"：显示"第一次保存的""最后一次保存"和"产品版本"。

（3）"项目数据管理"：设置工程文件的保存方式，分为"在求解之前保存项目"和"在求解之后保存项目"。

2. 模型

单击模型树中的"模型"，图3-8所示为"模型（A3）"的详细信息设置面板，面板中主要对"亮度"进行设置。

图 3-7 项目详细设置

图 3-8 模型详细设置

（1）"环境"：设置环境光线度，由0到1逐渐增加。

（2）"扩散"：设置扩散度，由0到1逐渐增加。

（3）"镜面"：设置镜面光亮度，由0到1逐渐增加。

（4）"颜色"：设置几何模型的颜色，从颜色表中选取。

3. 几何结构

单击模型树中的"几何结构"，图3-9所示为"几何结构"的详细信息设置面板，面板中有以下6项主要内容。

（1）"定义"：包括"源""类型"及"长度单位"3个不可更改的选项。

（2）"边界框"：包括长度 X、长度 Y、长度 Z 3个坐标上的长度。

（3）"属性"：包括"体积"和"比例因子值"两个选项，软件默认的"比例因子值"，如果变更"比例因子值"，那么"几何结构"的详细信息设置面板中的相关尺寸均会发生变化，图3-10所示为将比例因子值变更为2后相关数据的变化。

> **提示**：设置比例因子值中可以调整几何尺寸的大小，但是仅限于等比例缩放。

（4）"统计"：包括"几何体""活动几何体""节点""单元""网格度量标准"共5个选项。

> **提示**：当几何体没有划分网格时，"节点""单元"中的数值均显示为 0，网格划分完成后会显示相应的节点数和单元数。

（5）"基本几何结构选项"：此选项显示了几何的一些基本信息，这里不再赘述。

（6）"高级几何结构选项"：显示了"坐标系"等一系列信息，这里不再赘述。

图 3-9 几何结构详细设置

图 3-10 比例因子变更

4．solid│santongshiti

单击模型树中的 solid│santongshiti，图 3-11 所示为 solid│santongshiti 的详细信息设置面板，面板中有以下 6 项主要内容。

（1）"图形属性"：包括图形的"可见""透明度"及"颜色" 3 个基本选项。

（2）"定义"：包括"抑制的""坐标系""处理""参考系" 4 个选项，其中"参考系"选项中包括"拉格朗日"等算法。

（3）"材料"：可以切换实体类型，将"流体"切换到"固体"。

（4）"边界框"：显示信息如图 3-11 所示，这里不再赘述。

（5）"属性"：显示信息如图 3-11 所示，这里不再赘述。

图 3-11 solid│santongshiti 详细设置

（6）"统计"：显示信息如图 3-11 所示，这里不再赘述。

5．网格

单击模型树中的"网格"，图 3-12 所示为"网格"的详细信息设置面板，面板中有以下 6 项主要内容。

（1）"默认值"：显示了当前选择的物理场环境等信息。

（2）"尺寸调整"：关于网格尺寸设置的一系列设置选项。

（3）"质量"：关于网格质量设置的选项。

（4）"膨胀"：对几何模型进行膨胀层设置。

（5）"高级"：一些网格划分的高级命令。

（6）"统计"：显示节点及单元数量。

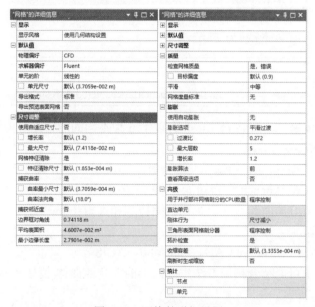

图 3-12　网格的详细设置

网格划分是有限元分析前处理中很关键的一个过程，从 3.2 节开始对 Meshing 平台的 Meshing 操作进行详细的讲解。

3.2　Meshing 网格划分详解

在有限元计算中只有网格的节点和单元参与计算，在求解开始时，Meshing 平台会自动生成默认的网格，用户可以使用默认网格，并检查网格是否满足要求。

网格的疏密程度直接影响计算结果的精度，但是网格加密会增加 CPU 的计算时间，并且需要更大的存储空间。理想情况下，用户需要的网格密度是结果不再随网格的加密而改变的密度，即当网格细化后，解没有明显改变；如果可以合理地调整收敛控制选项同样可以达到满足要求的计算结果。但是，细化网格不能弥补不准确的假设和输入引起的错误，这一点需要读者引起注意。

3.2.1　Meshing 网格划分适用领域

Meshing 网格划分可以根据物理场提供不同的网格划分方法，图 3-13 所示为 Meshing 平台的"物理偏好"类型，下面介绍主要的 4 种。

图 3-13　"物理偏好"类型

（1）"机械"：为结构及热力学有限元分析提供网格划分。

（2）"电磁"：为电磁场有限元分析提供网格划分。

（3）CFD：为计算流体动力学分析提供网格划分，如 CFX 及 Fluent 求解器。

（4）"显式"：为显式动力学分析提供网格划分，如 AUTODYN 及 LS-DYNA 求解器。

3.2.2　Meshing 网格划分方法

模型文件	无
结果文件	配套资源\chapter03\chapter03-2\tri support.wbpj

对于三维几何体来说，ANSYS Mesh 有以下 6 种不同的网格划分方法。

（1）"自动"网格划分。

（2）"四面体"网格划分。当选择此选项时，网格划分方法又可细分为以下两种。

①补丁适形法（Workbench 自带功能），其特点如下。

● 默认时考虑所有的面和边（尽管在收缩控制和虚拟拓扑时会改变且默认损伤外貌基于最小尺寸限制）。

● 适度简化CAD（如Native CAD、Parasolid、ACIS等）。

● 在多体部件中可能结合扫掠方法生成共形的混合四面体/棱柱和六面体网格。

● 有高级尺寸功能。

● 由表面网格生成体网格。

②补丁独立法（基于 ICEM CFD 软件），其特点如下。

● 对CAD有长边的面、许多面的修补、短边等有用。

● 由体网格生成表面网格。

（3）"六面体主导"网格划分。当选择此选项时，Mesh 将采用六面体单元划分网格，但是会包含少量的金字塔单元和四面体单元。

（4）"扫掠"网格划分。

（5）"多区域"网格划分。

（6）"笛卡儿"网格划分。

对于二维几何体来说，ANSYS Mesh 有以下 4 种不同的网格划分方法。

（1）"四边形主导"网格划分。

（2）"三角形"网格划分。

（3）"四边形/三角形"网格划分。

（4）"四边形"网格划分。

图 3-14 所示为采用"自动"网格划分得出的网格分布。图 3-15 所示为采用"四面体"网格划分及"补丁适形"网格划分得出的网格分布。

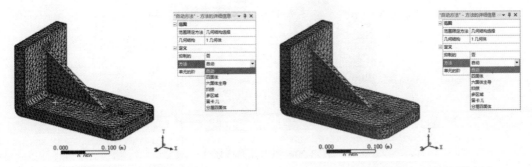

图 3-14 自动网格划分   图 3-15 四面体及补丁适形网格划分

图 3-16 所示为采用"四面体"网格划分及"补丁独立"网格划分得出的网格分布。图 3-17 所示为采用"六面体主导"网格划分得出的网格分布。

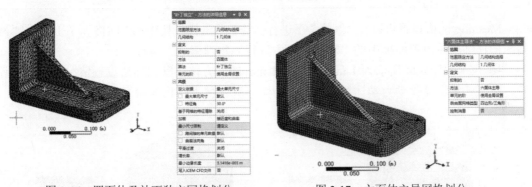

图 3-16 四面体及补丁独立网格划分   图 3-17 六面体主导网格划分

图 3-18 所示为采用"扫掠"网格划分的网格模型。图 3-19 所示为采用"多区域"网格划分的网格模型。

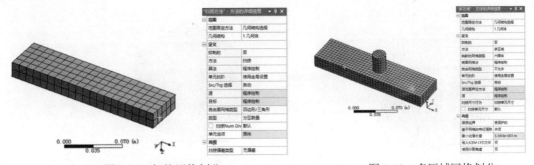

图 3-18 扫掠网格划分   图 3-19 多区域网格划分

图 3-20 所示为采用"笛卡儿"网格划分的网格模型。

图 3-20 笛卡儿网格划分

3.2.3 Meshing 网格默认设置

模型文件	无
结果文件	配套资源\chapter03\chapter03-2\1×1×1.wbpj

Meshing 网格设置可以在"网格"下进行操作，单击模型树中的"网格"，在出现的"网格"的详细信息设置面板中的"默认值"中进行"物理偏好"选择。

图 3-21～图 3-24 所示为 1 mm×1 mm×1 mm 的立方体在默认网格设置情况下，机械计算、电磁计算、流体动力学计算及显式动力学计算 4 种不同物理偏好的节点数和单元数。

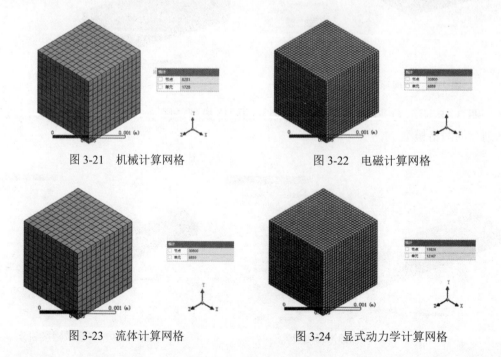

图 3-21 机械计算网格　　　　　　　　图 3-22 电磁计算网格

图 3-23 流体计算网格　　　　　　　　图 3-24 显式动力学计算网格

可以看出，在默认情况下，单元数量由小到大的顺序为：流体动力学分析=结构分析<

显示动力学分析=电磁场分析；节点数量由小到大的顺序为：流体动力学分析<结构分析<
显示动力学分析<电磁场分析。

3.2.4 Meshing 网格尺寸设置

模型文件	无
结果文件	配套资源\chapter03\chapter03-2\block hole.wbpj

Meshing 网格设置可以在"网格"下进行操作，单击模型树中的"网格"，在出现的"网格"的详细信息设置面板中的"尺寸调整"中进行网格尺寸的相关设置，图 3-25 所示为"尺寸调整"的设置。

（1）"使用自适应尺寸调整"：网格细化的方法，此选项默认为"否"，单击后面的，
可以将"使用自适应尺寸调整"修改为"是"。当选择"否"时，面板会增加网格控制设置，
如图 3-26 所示。

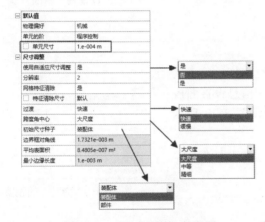

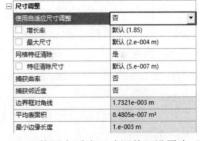

图 3-25　"尺寸调整"的设置　　　图 3-26　"使用自适应尺寸调整"设置为"否"

（2）"初始尺寸种子"：此选项用来控制每一个部件的初始网格种子，如果单元尺寸已
被定义，则此选项会被忽略。在"初始尺寸种子"选项中有两种选择，即"装配体"及"部
件"，下面分别进行讲解。

①"装配体"。基于这个设置，初始种子放入所有装配部件，而不管抑制部件的数量，
因为抑制部件网格不改变。

②"部件"。基于这个设置，初始种子在网格划分时放入个别特殊部件。

（3）"过渡"："过渡"是控制邻近单元增长比的设置选项，有以下两种设置。

①"快速"。在"机械"和"电磁"网格中产生网格过渡。

②"慢速"。在 CFD 和"显式动力学"网格中产生网格过渡。

（4）"跨度角中心"："跨度角中心"设定基于边的细化的曲度目标，网格在弯曲区域细
分，直到单独单元跨越这个角。有以下 3 种选择。

①"大尺度"。角度范围−90°～60°。

②"中等"。角度范围−75°～24°。

③"精细"。角度范围−36°～12°。

需要注意的是,"跨度角中心"功能只能在"使用自适应网格尺寸调整"选项设置为"是"时使用。

图 3-27 及图 3-28 所示为当"跨度角中心"选项分别设置为"大尺度"和"精细"时的网格,可以看出,在"跨度角中心"选项设置由"大尺度"变到"精细"的过程中,中心圆孔的网格划分数量加密,网格角度变小。

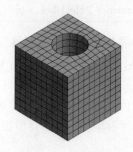   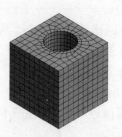

图 3-27　"跨度角中心"设置为"大尺度"　　图 3-28　"跨度角中心"设置为"精细"

3.2.5　Meshing 网格膨胀层设置

Meshing 网格设置可以在"网格"下进行操作,单击模型树中的"网格",在出现的"网格"的详细信息设置面板中的"膨胀"中进行网格膨胀层的相关设置,图 3-29 所示为"膨胀"的设置。

膨胀	
使用自动膨胀	无
膨胀选项	平滑过渡
过渡比	0.272
最大层数	5
增长率	1.2
膨胀算法	前
查看高级选项	否

图 3-29　"膨胀"的设置

(1)"使用自动膨胀":"使用自动膨胀"默认为"无",其后面有 3 个可选择的选项。

● "无",不用自动控制膨胀层。

● "程序控制"。

● "选定的命名选择中的所有面",以命名选择所有面。

(2)"膨胀选项":"膨胀选项"对于二维分析和四面体网格划分的默认设置为"平滑过渡",除此之外,膨胀层选项还有以下选择。

①"总厚度"。需要输入网格最大厚度值。

②"第一层厚度"。需要输入第一层网格的厚度值。

③"第一个纵横比"。程序默认的宽高比为 5,用户可以修改宽高比。

④"最后的纵横比"。需要输入第一层网格的厚度值。

(3)"过渡比":程序默认值为 0.272,用户可以根据需要对其进行更改。

(4)"最大层数":程序默认的最大层数为 5,用户可以根据需要对其进行更改。

(5)"增长率":相邻两侧网格中内层与外层的比例,默认值为 1.2,用户可以根据需要对其进行更改。

(6)"膨胀算法":膨胀算法有"前"(基于 Tgrid 算法)和"后期"(基于 ICEM CFD 算法)两种。

①"前"。基于 Tgrid 算法,所有物理模型的默认设置。首先表面网格膨胀,然后生成体网格,可应用扫掠和二维网格的划分,但是不支持邻近面设置不同的层数。

②"后期"。基于 ICEM CFD 算法，使用一种在四面体网格生成后作用的后处理技术，后处理选项只对"补丁适形"和"补丁独立"四面体网格有效。

（7）"查看高级选项"：当此选项为"是"时，膨胀层设置会增加选项，如图 3-30 所示。

膨胀	
使用自动膨胀	无
膨胀选项	平滑过渡
□ 过渡比	0.272
□ 最大层数	5
□ 增长率	1.2
膨胀算法	后期
查看高级选项	是
避免冲突	梯步
□ 间隙因数	0.5
□ 底部上的最大高度	1
增长率选项	几何
□ 最大角度	140.0°
□ 圆角率	1
使用后平滑	是
□ 平滑迭代	5

图 3-30　查看高级选项设置面板

3.2.6　Meshing 网格高级选项

Meshing 网格设置可以在"网格"下进行操作，单击模型树中的"网格"，在出现的"网格"的详细信息设置面板中的"高级"中进行网格高级选项的相关设置，图 3-31 所示为高级设置面板。

高级	
用于并行部件网格剖分的CPU数量	程序控制
直边单元	否
刚体行为	尺寸减小
三角形表面网格剖分器	程序控制
拓扑检查	否
收缩容差	请定义
刷新时生成缩放	否

图 3-31　高级设置面板

（1）"直边单元"：当模型存在实体或存在由 DesignModeler 得到的场体时显示，电磁场分析时必须使用。

（2）"收缩容差"：网格生成时会产生缺陷，收缩容差定义了收缩控制，用户自己定义网格收缩容差控制值，收缩只能对顶点和边起作用，对于面和体不能收缩，用户可以根据工程需要自己设定"收缩容差"值来调整损伤网格，以满足工程需求。

以下网格方法支持收缩特性。

①"补丁适形"四面体。

②薄实体扫掠。

③六面体控制划分。

④四边形控制表面网格划分。

⑤所有三角形表面划分。

（3）"刷新时生成缩放"：默认为"否"。

3.2.7 Meshing 网格统计选项

Meshing 网格设置可以在"网格"下进行操作，单击模型树中的"网格"，在出现的"网格"的详细信息设置面板中的"统计"中进行网格统计信息的查看，图 3-32 所示为"统计"的设置。

（1）"节点"：当几何模型的网格划分完成后，此处会显示节点数量。

（2）"单元"：当几何模型的网格划分完成后，此处会显示单元数量。

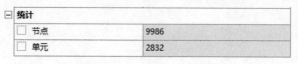

图 3-32　"统计"的设置

3.2.8 Meshing 网格质量选项

Meshing 网格设置可以在"网格"下进行操作，单击模型树中的"网格"，在出现的"网格"的详细信息设置面板中的"质量"中进行质量评估的相关设置，图 3-33 所示为"质量"的设置。

"网格度量标准"：用户可以从中选择相应的网格质量检查工具来检查划分网格质量的好坏。

①"单元质量"。选择"单元质量"选项后，会出现图 3-34 所示的"单元质量"窗口，在窗口内显示了网格质量划分图表。

图 3-33　"质量"的设置

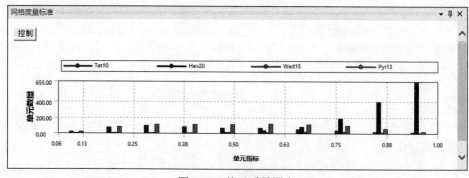

图 3-34　单元质量图表

● 图中横坐标由 0 到 1，网格质量由坏到好，衡量准则为网格的边长比。

● 图中纵坐标显示的是单元数量，单元数量与矩形条成正比。

● 单元质量图表中的值越接近 1，说明网格质量越好。

单击单元质量图表中的"控制"按钮，弹出图 3-35 所示的单元质量控制面板，可以进行单元数量及最大、最小单元的设置。

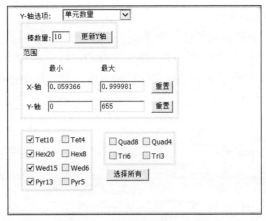

图 3-35 单元质量控制面板

② "纵横比"。选择此选项后，会出现图 3-36 所示的纵横比图表。

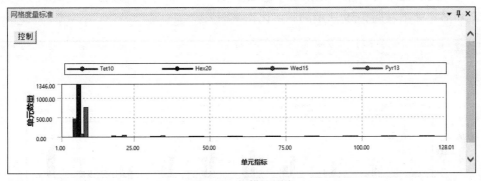

图 3-36 纵横比图表

网格质量的好坏有以下判断法则。

● 三角形网格的判断法则。

对照图 3-37 所示，从三角形的一个顶点引出对边的中线，另外两边中点相连，构成线段 *KR*、*ST*。分别做两个矩形如下：以中线 *ST* 为平行线，分别过点 *R*、*K* 构造矩形两条对边，另外两条对边分别过点 *S*、*T*；以中线 *RK* 为平行线，分别过点 *S*、*T* 构造矩形两条对边，另外两条对边分别过点 *R*、*K*。对另外两个顶点也如上面步骤做矩形，共得到 6 个矩形。找出各矩形长边与短边之比并开立方，数值最大者即为该三角形的"纵横比"值。

如果"纵横比"值为 1，则三角形 *IJK* 为等边三角形，此时说明划分的网格质量最好。

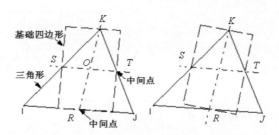

图 3-37 三角形网格的判断法则

● 四边形网格的判断法则。

对照图 3-38 所示,如果单元不在一个平面上,各个节点将被投影到节点坐标平均值所在的平面上;画出两条矩形对边中点的连线,相交于点 O;以交点 O 为中心,分别过 4 个中点构造两个矩形;找出两个矩形长边和短边之比的最大值,即为四边形的"纵横比"值。

如果"纵横比"值为 1,则四边形 *IJKL* 为正方形,此时说明划分的网格质量最好。

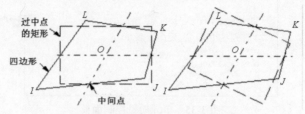

图 3-38 四边形网格的判断法则

③ "雅可比比率":"雅可比比率"适应性较广,一般用于处理带有中节点的单元,选择此选项后,会出现图 3-39 所示的雅可比比率图表。

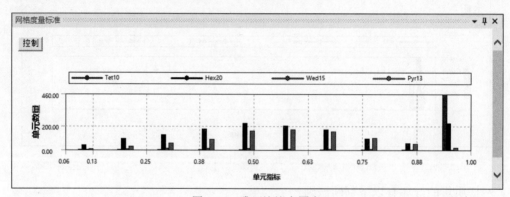

图 3-39 雅可比比率图表

"雅可比比率"计算法则如下。

计算单元内各样本点雅可比矩阵的行列式值 R_j;雅可比值是样本点中行列式最大值与最小值的比值。若两者正负号不同,雅可比值将为-100,此时该单元不可接受。

● 三角形单元的雅可比比率。

如果三角形的每个中间节点都在三角形边的中点上,那么这个三角形的雅可比比率为1,图 3-40 所示为雅可比比率分别为 1、30、1000 时的三角形网格。

图 3-40 雅可比比率为 1、30、1000 时的三角形网格

● 四边形单元的雅可比比率。

任何一个矩形单元或平行四边形单元，无论是否含有中间节点，其雅可比比率都为 1，如果垂直一条边的方向向内或者向外移动这一条边上的中间节点，可以增加雅可比比率，图 3-41 所示为雅可比比率分别为 1、30、100 时的四边形网格。

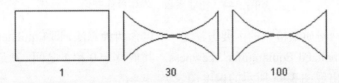

图 3-41　雅可比比率为 1、30、100 时的四边形网格

● 六面体单元的雅可比比率。

满足以下两个条件的四边形单元和块单元的雅可比比率为 1：所有对边都相互平行；任何边上的中间节点都位于两个角点的中间位置。

图 3-42 所示为雅可比比率分别为 1、30、1000 时的四边形网格，此四边形网格可以生成雅可比比率为 1 的六面体网格。

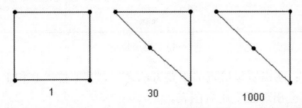

图 3-42　雅可比比率为 1、30、1000 时的四边形网格（可生成六面体网格）

④ "扭曲系数"：用于计算或者评估四边形壳单元、含有四边形面的块单元、楔形单元及金字塔单元等，高扭曲系数表明单元控制方程不能很好地控制单元，需要重新划分。

图 3-43 所示的是二维四边形壳单元的扭曲系数逐渐增加的二维网格变化图形，从图中可以看出，扭曲系数由 0.0 增大到 5.0 的过程中，网格扭曲程度逐渐增加。

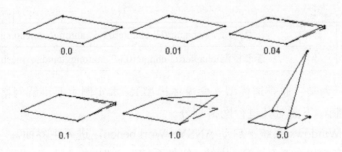

图 3-43　扭曲系数二维图形变化

对于三维块单元的扭曲系数来说，分别比较 6 个面的扭曲系数，从中选择最大值作为扭曲系数，如图 3-44 所示。

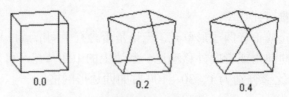

图 3-44 扭曲系数三维块单元变化

⑤"偏度"：网格质量检查的主要方法之一，包含两种算法，即 Equilateral-Volume-Based Skewness 和 Normalized Equiangular Skewness。其值位于 0 和 1 之间，0 最好，1 最差。选择此选项后，会出现图 3-45 所示的偏度图表。

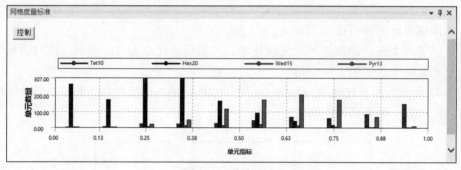

图 3-45 偏度图表

⑥ "正交质量"：网格质量检查的主要方法之一，其值位于 0 和 1 之间，0 最差，1 最好。选择此选项后，会出现正交质量图表。

3.3 Meshing 网格划分实例

前面对 Meshing 平台的命令及相关设置进行了简要介绍，本节通过几个典型实例介绍相关命令的应用。

3.3.1 实例 1——网格尺寸控制

模型文件	配套资源\chapter03\ chapter03-3\santongguandao.agdb
结果文件	配套资源\chapter03\chapter03-3\santongguandao_mesh.wbpj

图 3-46 所示为某三通管道模型（含流体模型），本实例主要讲解网格尺寸和质量的全局控制与局部控制，下面对其进行网格划分。

步骤 1 在 Windows 系统下启动 ANSYS Workbench，进入主界面。

步骤 2 双击主界面"工具箱"中的"组件系统"→"网格"选项，即可在"项目原理图"窗口创建分析项目 A，如图 3-47 所示。

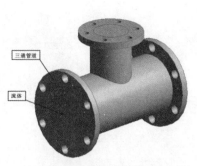

图 3-46 三通管道模型

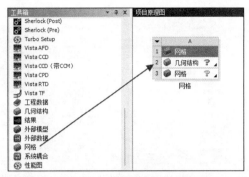

图 3-47 创建分析项目 A

步骤 3 右击项目 A 中的 A2"几何结构",在弹出的快捷菜单中选择"导入几何模型"→"浏览"。

步骤 4 在弹出的"打开"对话框中选择 santongguandao.agdb 格式文件,然后单击"打开"按钮。

步骤 5 双击项目 A 中的 A2"几何结构",弹出图 3-48 所示的 DesignModeler 平台。

步骤 6 填充操作。依次选择菜单栏中的"工具"→"填充"命令,在出现的图 3-49 所示的"详细信息视图"面板中做如下设置。

①在"提取类型"选项中选择"按空腔",在"面"选项中确保模型的两个内表面被选中。

②单击常用命令栏中的 按钮生成实体。

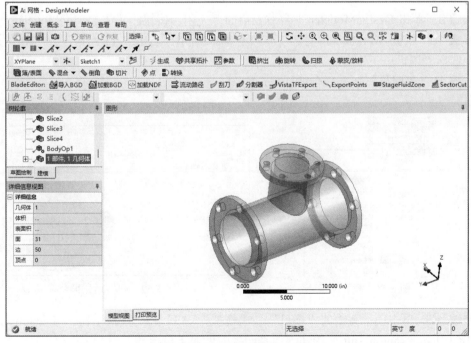

图 3-48 几何模型显示

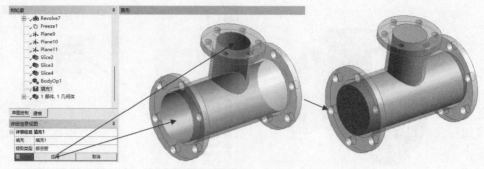

图 3-49 填充

步骤 7 实体命名。右击模型树中的 Solid，在弹出的快捷菜单中选择"重新命名"命令，如图 3-50 所示，在命名区域中输入名字为 santongshiti。

步骤 8 同样操作将另外一个实体命名为 water。

图 3-50 命名操作

步骤 9 单击 DesignModeler 平台右上角的"关闭"按钮，关闭 DesignModeler 平台。

步骤 10 回到 Workbench 主窗口，如图 3-51 所示，右击"A3 网格"，在弹出的快捷菜单中选择"编辑……"命令。

步骤 11 "网格"划分平台被加载，如图 3-52 所示。

图 3-51 载入网格

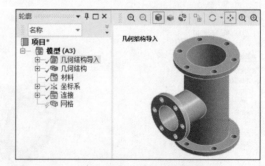

图 3-52 网格划分平台

步骤 12 单击模型树中的"项目"→"模型"（A3）→"几何结构"→santongshiti，在图 3-53 所示"santongshiti"的详细信息面板中做如下设置。

将"材料"项下面的"流体/固体"选项修改为"固体"。

步骤 13 采用同样的操作，将 water 的"流体/固体"选项修改为"流体"，如图 3-54 所示。

图 3-53 更改属性

图 3-54 更改属性

步骤 14 右击"项目"→"网格",在弹出的图 3-55 所示快捷菜单中选择"插入"→"方法"命令,此时在"网格"下面会出现"自动方法"(此处为"补丁适形法")。

步骤 15 在图 3-56 所示的"补丁适形法"的详细信息面板中做如下设置。

①在设置"几何结构"选项时选中 santongshiti。

②在"定义"→"方法"选项中选择"四面体"。

③在"算法"选项中选择"补丁适形"。

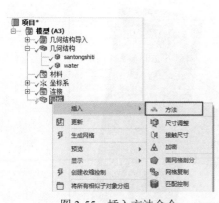

图 3-55 插入方法命令

图 3-56 网格划分方法

> **提示:** 当以上选项选择完毕后,"自动方法"方法的详细信息会变成相应方法的详细信息,以后操作都会出现类似情况,不再赘述。

步骤 16 右击"项目"→"网格",在弹出的图 3-57 所示快捷菜单中选择"插入"→"膨胀"命令,此时在"网格"下面会出现"膨胀"。

步骤 17 右击"项目"→"模型"(A3)→"几何结构"→"santongshiti",在弹出的图 3-58 所示快捷菜单中选择"隐藏几何体"命令,隐藏 santongshiti 几何体。

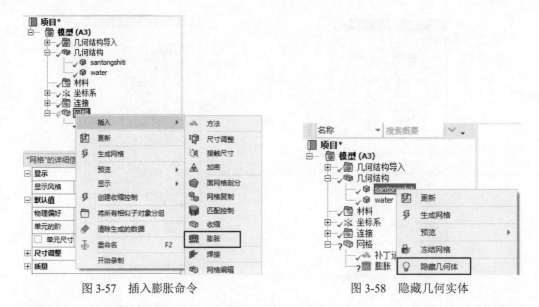

图 3-57　插入膨胀命令　　　　　　　　　　图 3-58　隐藏几何实体

步骤 18　单击"网格"中的"膨胀"，在出现的图 3-59 所示的"膨胀"-膨胀的详细信息面板中做如下设置。

①在设置"几何结构"选项时选中 water 几何实体。

②在设置"边界"选项时选中圆柱的两个外表面（不选择圆面），其余选项默认即可。

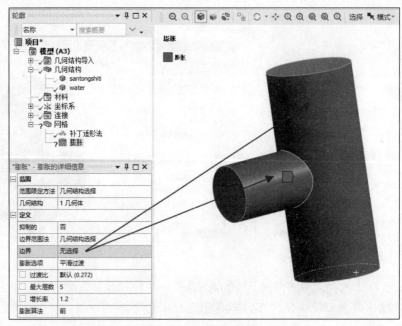

图 3-59　膨胀层设置

步骤 19　右击"项目"→"模型"（A3）→"网格"，弹出图 3-60 所示的快捷菜单，在菜单中选择"生成网格"命令。

步骤 20　划分完成的网格模型如图 3-61 所示。

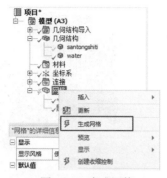

图 3-60　生成网格

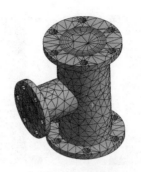

图 3-61　网格模型

步骤 21　如图 3-62 所示，在"网格"的详细信息面板的"统计"中可以看到节点数和单元数。在"质量"中可以查看网格质量。

步骤 22　将"物理偏好"选项改为 CFD，其余设置不变，划分网格。划分完成的网格及网格统计数据如图 3-63 所示。

图 3-62　网格数量统计

图 3-63　修改物理偏好后的网格及网格统计数据

步骤 23　如图 3-64 所示，单击工具栏中的"截面"按钮，然后单击几何图像窗口中右下角坐标系中的 Z 方向。

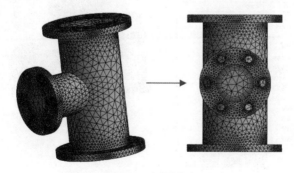

图 3-64　视图方向

步骤 24　如图 3-65 箭头方向所示，单击几何模型上端然后向下拉出一条直线，在下端单击"确定"按钮，创建截面。

步骤 25　如图 3-66 所示，旋转几何网格模型，此时可以看到截面网格。

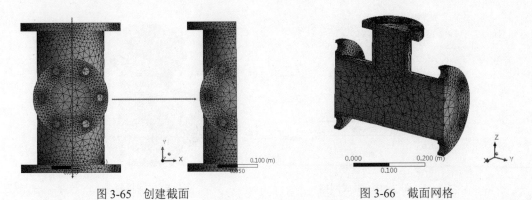

图 3-65 创建截面　　　　　　　　　　　　　　　图 3-66 截面网格

步骤 26　如图 3-67 所示，单击左下角"截面"面板中的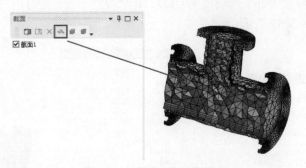图标，此时可以显示截面的完整网格。

图 3-67　截面完整网格显示

步骤 27　如图 3-68 所示，在"网格"的详细信息面板中将"使用自适应尺寸调整"选项改为"是"后，划分完成。

图 3-68　网格更新后效果

步骤 28　单击 Meshing 平台上的关闭按钮，关闭 Meshing 平台。

步骤 29　返回 Workbench 平台，单击工具栏中的█按钮，在弹出来的"另存为"对话框中的"文件名"文本框中输入"santongguandao_mesh"，单击"保存"按钮保存文件。

3.3.2 实例 2——扫掠网格划分

模型文件	配套资源\chapter03\chapter03-3\gangguan.stp
结果文件	配套资源\chapter03\chapter03-3\gangguan.wbpj

图 3-69 所示为某钢管模型，本实例主要讲解通过扫掠网格的映射面划分的使用，强迫薄环厚度上的径向份数。下面对其进行网格划分。

步骤 1 在 Windows 系统下启动 ANSYS Workbench，进入主界面。

步骤 2 双击主界面"工具箱"中的"组件系统"→"网格"选项，即可在"项目原理图"窗口创建分析项目 A，如图 3-70 所示。

图 3-69 钢管模型

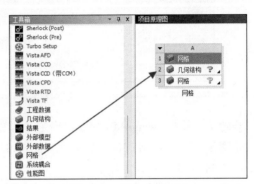

图 3-70 创建分析项目 A

步骤 3 右击项目 A 中的 A2"几何结构"，在弹出的快捷菜单中选择"导入几何模型"→"浏览"。

步骤 4 在弹出的"打开"对话框中选择 gangguan.stp 格式文件，然后单击"打开"按钮。

步骤 5 双击项目 A 中的 A2"几何结构"，弹出图 3-71 所示的 DesignModeler 平台，设定单位为"毫米"。

图 3-71 DesignModeler 平台

步骤6 如图3-72所示，单击常用命令栏中的 ᵍ 按钮导入外部几何文件。

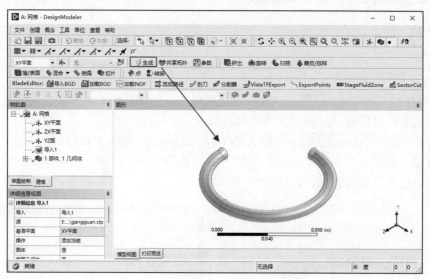

图3-72 几何模型

步骤7 单击DesignModeler平台右上角的"关闭"按钮，关闭DesignModeler平台。

步骤8 回到Workbench主窗口，右击A3"网格"，在弹出的快捷菜单中选择"编辑⋯⋯"命令，如图3-73所示。

步骤9 "网格"划分平台被加载，如图3-74所示。

图3-73 载入网格

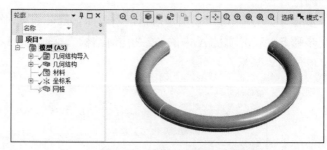

图3-74 网格平台中的几何模型

步骤10 右击"项目"→"网格"，在弹出的图3-75所示快捷菜单中选择"插入"→"方法"命令，此时在"网格"下面会出现"自动方法"（此处为"扫掠方法"）。

步骤11 在图3-76所示的"扫掠方法"-方法的详细信息面板中做如下设置。

①在设置"几何结构"选项时选中gangguan。

②在"定义"→"方法"选项中选择"扫掠"。

③在"Src/Trg选择"选项中选择"手动源"。

④在设置"源"选项时确保一个端面被选中。

"扫掠方法"需要在"使用自适应尺寸调整"选项为"否"时才可以使用。

图 3-75　插入方法命令

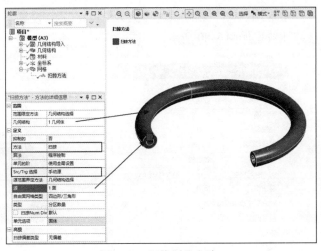

图 3-76　网格划分方法

步骤 12　右击"项目"→"模型（A3）"→"网格"，弹出图 3-77 所示的快捷菜单，在菜单中选择"生成网格"命令。

步骤 13　划分完成的网格模型如图 3-78 所示。

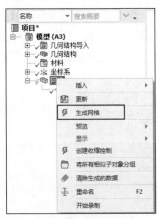

图 3-77　生成网格

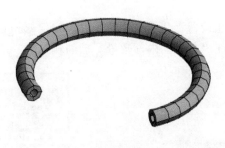

图 3-78　网格模型

步骤 14　如图 3-79 所示，在"网格"的详细信息的"统计"中可以看到节点数和单元数。在"质量"中可以查看网格质量。

图 3-79　网格数量统计

步骤 15 将"物理偏好"改为 CFD，其余设置不变，划分网格。划分完成的网格及网格统计数据如图 3-80 所示。

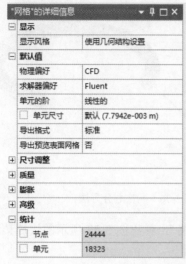

图 3-80 修改物理偏好后的网格及网格统计数据

步骤 16 右击"项目"→"模型（A3）"→"网格"，在弹出的图 3-81 所示快捷菜单中选择"插入"→"面网格剖分"命令，此时在"网格"下面会出现"面网格剖分"。

步骤 17 在图 3-82 所示的"面网格剖分"-映射的面网格部分的详细信息面板中做如下设置。

①在设置"几何结构"选项时确保 gangguan 模型的一个端面被选中。

②在"分区的内部数量"后面输入 5，其余选项默认即可。

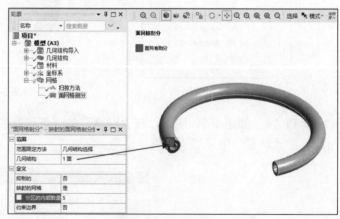

图 3-81 插入面网格部分命令　　　　　　图 3-82 详细设置

步骤 18 右击"项目"→"模型（A3）"→"网格"，弹出图 3-83 所示的快捷菜单，在菜单中选择"生成网格"命令。

步骤 19 图 3-84 所示为添加映射面后划分的网格。

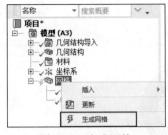

图 3-83 生成网格

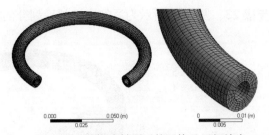

图 3-84 添加映射面后的网格及局部放大

步骤 20 右击"项目"→"模型（A3）"→"网格"，在弹出的图 3-85 所示快捷菜单中选择"插入"→"尺寸调整"命令，此时在"网格"下面会出现"尺寸调整"。

图 3-85 插入尺寸调整命令

步骤 21 在图 3-86 所示的"边缘尺寸调整"-尺寸调整的详细信息中做如下设置。
①在设置"几何结构"选项时确保模型的 4 个边线被选中。
②在"类型"选项中选择"分区数量"。
③在"分区数量"后面输入 20，其余选项默认即可。

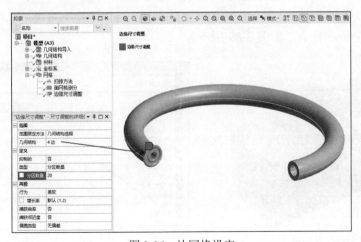

图 3-86 边网格设定

步骤 22 右击"项目"→"模型（A3）"→"网格"，在弹出的快捷菜单中选择"生成网格"命令。

步骤 23 图 3-87 所示为添加边控制后划分的网格。

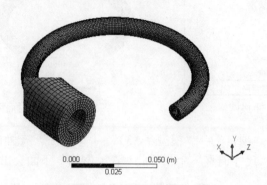

图 3-87 划分完成的网格

步骤 24 单击 Meshing 平台上的"关闭"按钮,关闭 Meshing 平台。

步骤 25 返回 Workbench 平台,单击工具栏中的 ■ 按钮,在弹出的"另存为"对话框中的"文件名"文本框中输入"gangguan",单击"保存"按钮保存文件。

3.3.3 实例 3——多区域网格划分

模型文件	配套资源\chapter03\chapter03-3\Block.agdb
结果文件	配套资源\chapter03\chapter03-3\Block_Mesh.wbpj

图 3-88 所示为某几何模型,本实例主要讲解多区域方法的基本使用,对于具有膨胀层的简单几何生成六面体网格,在生成网格的时候,多区扫掠网格划分器自动选择源面。下面对其进行网格划分。

步骤 1 在 Windows 系统下启动 ANSYS Workbench,进入主界面。

步骤 2 双击主界面"工具箱"中的"组件系统"→"网格"选项,即可在"项目原理图"窗口创建分析项目 A,如图 3-89 所示。

图 3-88 几何模型

图 3-89 创建分析项目 A

步骤 3 右击项目 A 中的 A2"几何结构",在弹出的快捷菜单中选择"导入几何模型"→"浏览"。

步骤 4 在弹出的"打开"对话框中选择 Block.agdb 格式文件，然后单击"打开"按钮。

步骤 5 双击项目 A 中的 A2"几何结构"，弹出图 3-90 所示的 DesignModeler 平台。

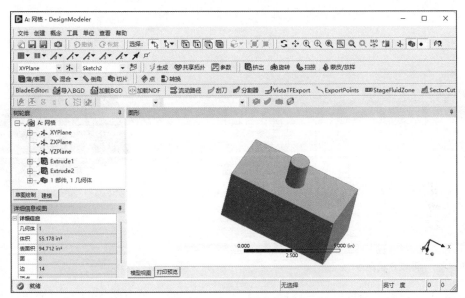

图 3-90 几何模型显示

步骤 6 单击 DesignModeler 平台右上角的"关闭"按钮，关闭 DesignModeler 平台。

步骤 7 回到 Workbench 主窗口，如图 3-91 所示，右击"A3 网格"，在弹出的快捷菜单中选择"编辑……"命令。

步骤 8 "网格"划分平台被加载，如图 3-92 所示。

图 3-91 载入网格

图 3-92 网格平台中的几何模型

步骤 9 右击"项目"→"网格"，在弹出的图 3-93 所示快捷菜单中选择"插入"→"方法"命令，此时在"网格"下面会出现"自动方法"命令（此处为"多区域"）。

步骤 10 在图 3-94 所示的"多区域"-方法的详细信息面板中做如下设置。

①在设置"几何结构"选项时选中 Solid 实体。

②在"定义"→"方法"选项中选择"多区域"。

③其余选项保持默认即可。

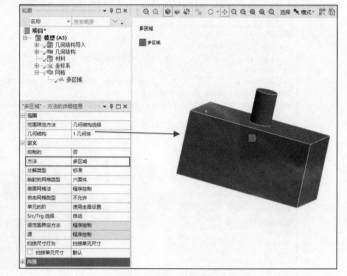

图 3-93 插入方法命令　　　　　　　　　　图 3-94 网格划分方法

步骤 11 右击"项目"→"模型（A3）"→"网格"，弹出图 3-95 所示的快捷菜单，在菜单中选择"生成网格"命令。

步骤 12 划分完成的网格模型如图 3-96 所示。

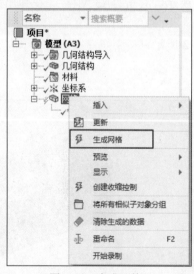

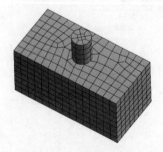

图 3-95 生成网格　　　　　　　　　　图 3-96 网格模型

步骤 13 如图 3-97 所示，将"物理偏好"选项改为 CFD，"使用自适应尺寸调整"选项选择"否"，设置"单元尺寸"值为 5.e-003 m，其余设置不变，划分网格。

步骤 14 划分完成的网格如图 3-98 所示。

图 3-97 修改物理偏好

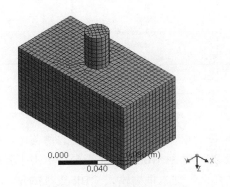

图 3-98 CFD 中的网格

步骤 15 右击"项目"→"模型（A3）"→"网格"，如图 3-99 所示，在弹出的快捷菜单中选择"插入"→"膨胀"命令，此时在"网格"下面会出现"膨胀"。

步骤 16 单击"膨胀"命令，如图 3-100 所示，在下面出现的"膨胀"-膨胀的详细信息面板中做如下设置。

①在设置"几何结构"选项时选中 Solid 几何实体。

②在设置"边界"选项时选中圆柱和长方体的外表面，共计 5 个面。

③其余选项默认即可。

图 3-99 插入膨胀命令

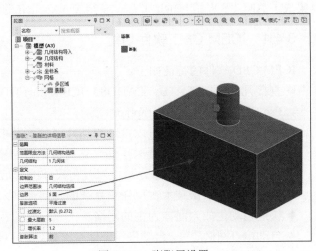

图 3-100 膨胀层设置

步骤 17 右击"项目"→"模型（A3）"→"网格"命令，弹出图 3-101 所示的快捷菜单，在菜单中选择"生成网格"命令。

步骤 18 划分完成的网格模型如图 3-102 所示。

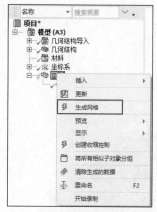

图 3-101　生成网格

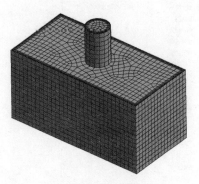

图 3-102　网格模型

步骤 19　单击 Meshing 平台上的"关闭"按钮，关闭 Meshing 平台。

步骤 20　返回 Workbench 平台，单击工具栏中的▣按钮，在弹出的"另存为"对话框中的"文件名"文本框中输入"Block_Mesh"，单击"保存"按钮保存文件。

3.4　ICEM CFD 简介与实例

ICEM CFD 是 The Integrated Computer Engineering and Manufacturing code for Computational Fluid Dynamics 的简称，是专业的 CAE 前处理软件。

作为专业的前处理软件，ICEM CFD 为所有世界流行的 CAE 软件提供高效可靠的分析模型。它拥有强大的 CAD 模型修复能力、自动中面抽取、独特的网格"雕塑"技术、网格编辑技术以及广泛的求解器支持能力。同时作为 ANSYS 家族的一款专业分析软件，还可以集成于 ANSYS Workbench 平台，获得 Workbench 的所有优势。

3.4.1　ICEM CFD 软件功能

ICEM CFD 软件的特征如下。
- 直接几何接口（CATIA、CADDS5、ICEM Surf/DDN、I-DEAS、SolidWorks、Solid Edge、Pro/ENGINEER和Unigraphics）。
- 忽略细节特征设置，可以自动跨越几何缺陷及多余的细小特征。
- 对CAD模型的完整性要求很低，它提供完备的模型修复工具，方便处理"烂模型"。
- 一劳永逸的Replay技术，可以对几何尺寸改变后的几何模型自动重划分网格。
- 方便的网格雕塑技术实现任意复杂的几何体纯六面体网格划分。
- 快速自动生成六面体为主的网格。
- 自动检查网格质量，自动进行整体平滑处理，坏单元自动重划，可视化修改网格质量。
- 超过100种求解器接口，如FLUENT、Ansys、CFX、Nastran、Abaqus、LS-DYNA。

ICEM CFD 的网格划分模型有以下 3 种。

1.　六面体网格

ANSYS ICEM CFD 中"六面体"网格划分采用了由顶至下的"雕塑"方式，可以生成多重拓扑块的结构和非结构化网格。

　　整个过程半自动化，使用户能在短时间内掌握原本只能由专家进行的操作。采用了先进的 O-Grid 等技术，用户可以方便地在 ICEM CFD 中对非规则几何形状划出高质量的"O"形、"C"形、"L"形六面体网格。

　　2. 四面体网格

　　"四面体"网格适合对结构复杂的几何模型进行快速高效的网格划分。在 ICEM CFD 中，四面体网格的生成实现了自动化。系统自动对已有的几何模型生成拓扑结构。

　　用户只需要设定网格参数，系统就可以自动、快速地生成四面体网格。系统还提供了丰富的工具使用户能够对网格质量进行检查和修改。

　　3. 棱柱形网格

　　"棱柱形"网格主要用于四面体总体网格中对边界层的网格进行局部细化，或是用在不同形状网格（"六面体"和"四面体"）之间交接处的过渡。跟四面体网格相比，"棱柱形"网格形状更为规则，能够在边界层处提供较好的计算区域。

3.4.2　ICEM CFD 软件界面

　　ICEM CFD 软件界面如图 3-103 所示，包括菜单栏、工具栏、命令条、树形窗口、图形窗口及消息窗口 6 个主要部分。

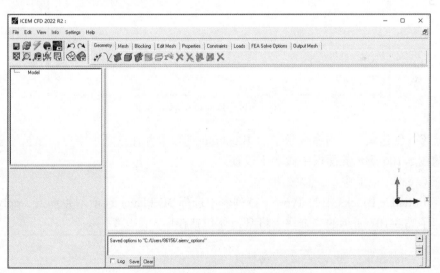

图 3-103　ICEM CFD 平台界面

3.4.3　ICEM CFD 网格划分实例

模型文件	配套资源\chapter03\chapter03-4\Geometry.tin
结果文件	配套资源\chapter03\chapter03-4\santong2D.prj

　　图 3-104 所示为某三通管道的二维模型，本实例主要讲解使用 ICEM CFD 软件对二维几何模型进行网格划分的方法。下面对其进行网格划分。

步骤1 在 Windows 系统下执行"开始"→"所有程序"→ANSYS 2022→Meshing→ICEM CFD 2022 命令，启动 ICEM CFD，进入主界面。

步骤2 单击 File 菜单中的 Save Project…命令，在弹出的"另存为"对话框中的"文件名"文本框中输入"santong2D"，并单击"保存"按钮。

步骤3 导入几何文件。依次选择菜单栏中的 File→Geometry→Open Geometry…命令。

步骤4 在弹出的"打开"对话框中选择 Geometry.tin 格式文件，然后单击"打开"按钮。

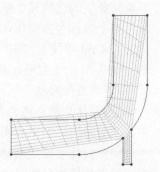

图 3-104　三通管道二维模型

步骤5 打开的几何图形如图 3-105 所示。

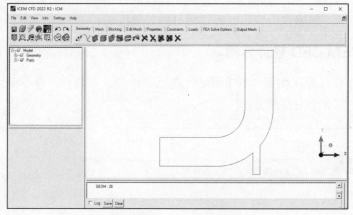

图 3-105　几何模型显示

步骤6 创建块。单击命令条中的 Blocking 选项卡并在选项卡中单击 按钮创建块，在出现的图 3-106 所示的面板中做如下设置。

①在 Create Block 中单击 按钮。

②在 Initialize Blocks 中的 Type 下拉列表中选择 2D Planar 选项，并单击 Apply 按钮，此时创建了图 3-107 所示的二维块，将几何体包括在内。

图 3-106　设置面板

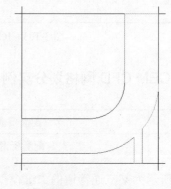

图 3-107　二维块

步骤7 分割块。在 Blocking 选项卡中单击 按钮分割块，在 Split Block 面板中做如下设置：单击 按钮，然后单击图 3-108 中②所示的直线，并单击鼠标中键确定，此时创建了第一根分块线。

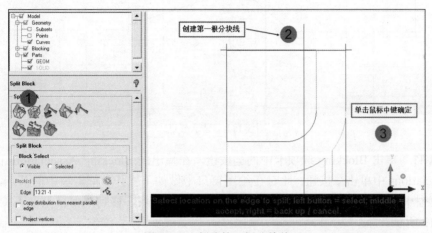

图 3-108 创建第一根分块线

步骤8 同样操作创建另外两根分块线，如图 3-109 所示。

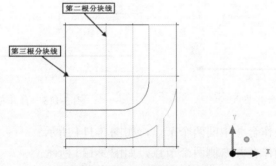

图 3-109 创建另外两根分块线

步骤9 删除块，单击 Blocking 选项卡中的 按钮删除块，在弹出的 Delete Block 面板中单击 按钮，然后在绘图窗口中选择左下角和右下角的两个块并单击鼠标中键确定，如图 3-110 所示。

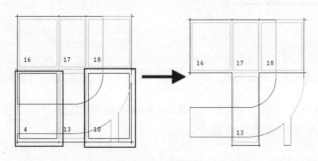

图 3-110 删除块

步骤 10 选中图 3-111 所示 Points 复选框显示节点。

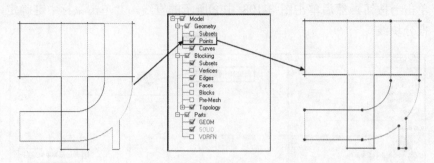

图 3-111 显示节点

步骤 11 单击 Blocking 选项卡中的 按钮，在弹出的 Blocking Associations 面板中的 Edit Associations 中单击 按钮，此时在绘图窗口中做如下操作：单击块中的节点，然后单击几何模型中的节点，重复上述操作将块中右下侧的节点，移到几何模型右下侧节点上，如图 3-112 所示。

步骤 12 相同操作合并左侧两个节点，如图 3-113 所示。

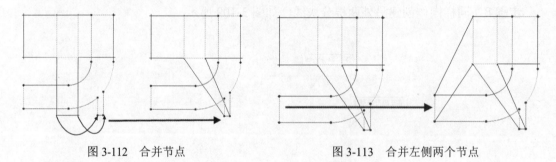

图 3-112 合并节点　　　　　　　　　　　图 3-113 合并左侧两个节点

步骤 13 相同操作合并中间两个节点，如图 3-114 所示。

步骤 14 相同操作合并右侧两个节点，如图 3-115 所示。

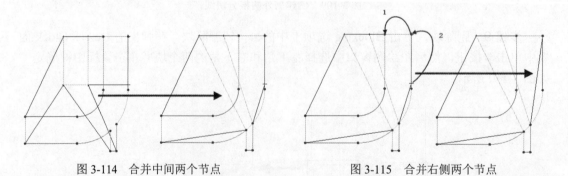

图 3-114 合并中间两个节点　　　　　　　图 3-115 合并右侧两个节点

步骤 15 将线与曲线联合，单击 Blocking Associations 面板中的 按钮，然后将图 3-116 所示的块中 3 条线与 3 个曲线进行联合。

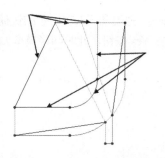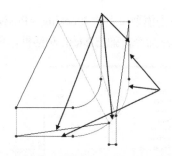

图 3-116 联合

步骤 16 显示联合，在模型树中右击 Blocking→Edges，在弹出的图 3-117 所示快捷菜单中选择 Show Association 命令，此时在绘图窗口中将显示图 3-118 所示的几何图形。

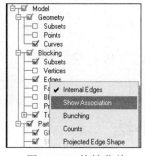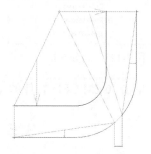

图 3-117 快捷菜单   图 3-118 显示几何图形

步骤 17 移动节点到几何图形，在 Blocking 选项卡中单击 按钮，在弹出的面板的 MoveVertices 中单击 按钮移动节点，如图 3-119 所示，将两个节点移动到圆弧上任意一个位置。

步骤 18 网格设置，单击 Mesh 选项卡中的 按钮，在图 3-120 所示的 Curve Mesh Setup 面板中做如下设置。

①在设置 Select Curve(s)选项时确保所有几何边界被选中。

②在 Maximum size 文本框中输入 1。

③在 Height 文本框中输入 1。

④在 Height radio 文本框中输入 1.5，其余默认即可，单击 Apply 按钮。

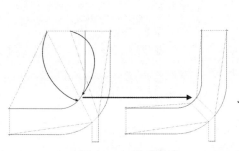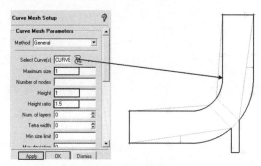

图 3-119 移动节点   图 3-120 网格设置

步骤 19 右击模型树中的 Blocking→Pre-Mesh，弹出图 3-121 所示的快捷菜单，在菜单中选择 Project Vertices 命令，弹出 Mesh 对话框，单击 Yes 按钮，此时网格模型如图 3-122 所示。

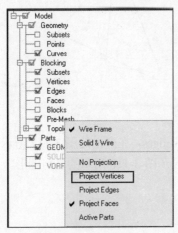

图 3-121　划分网格

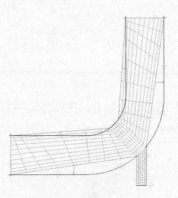

图 3-122　网格模型

步骤 20 单击 ICEM CFD 软件的 ▦ 按钮保存数据。

3.5　本章小结

本章详细介绍了 ANSYS Workbench 平台的网格划分工具 Meshing 模块的结构组成和主要功能，通过 3 个典型的实例综合介绍了一般几何模型的网格划分方法，为了划分出能够满足工程计算要求的网格，读者需要反复对网格的结构进行调整。

最后通过一个二维的几何模型讲解了 ICEM CFD 网格划分的一般方法，由于篇幅限制本章并未对 ICEM CFD 软件进行详细介绍。

第4章 结果后处理

在 ANSYS Workbench 中 Mechanical 是用来进行网格划分及结构和热分析的。本章首先介绍 Mechanical 的操作环境、前处理，然后介绍如何在模型中施加载荷及约束等，最后介绍结果后处理等，而具体的结构分析及热分析等操作会在后面的章节中分别进行讲解。

学习目标：

（1）了解 Mechanical 的操作环境；

（2）掌握在 Workbench 中如何添加材料；

（3）掌握 Mechanical 的前处理；

（4）掌握施加载荷及约束的方法；

（5）掌握 Mechanical 的结果后处理。

4.1 Mechanical 基本操作

ANSYS Workbench 中的 Mechanical 是利用 ANSYS 的求解器进行网格划分及结构和热分析的。

4.1.1 关于 Mechanical

ANSYS Workbench 中 Mechanical 可以提供如下有限元分析。

（1）结构（静态和瞬态）：线性和非线性结构分析。

（2）动态特性：模态、谐波、随机振动、柔体和刚体动力学。

（3）热传递（稳态和瞬态）：求解温度场和热流等。温度由导热系数、对流系数及材料决定。

（4）磁场：执行三维静磁场分析。

（5）形状优化：使用拓扑优化技术显示可能发生体积减小的区域。

> **提示**：Mechanical 中可实现的可用功能是由用户的 ANSYS 许可文件决定的，根据许可文件的不同，Mechanical 可实现的功能会有所不同。

Mechanical 的基本分析步骤如下所述。

（1）准备工作：确定分析类型（静态、模态等）、构建模型、确定单元类型等。

（2）预处理：包括导入几何模型、定义部件材料特性、模型网格划分、施加负载和支撑、设置求解结果。

（3）求解模型：对模型开始求解。

（4）后处理：包括结果检查和求解合理性检查。

下面介绍 Mechanical 界面的相关基本操作。

4.1.2 启动 Mechanical

模型文件	无
结果文件	配套资源\chapter04\chapter04-1\beam.wbpj

在 ANSYS Workbench 中启动"静态结构"，如图 4-1 所示。先创建"几何结构"，再创建"静态结构"，然后双击"静态结构"项目的"模型"即可进入"静态结构"操作环境。

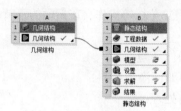

图 4-1　启动静态结构

4.1.3　Mechanical 操作界面

"静态结构-Mechanical"界面组成如图 4-2 所示，包括标题栏、菜单栏、工具栏、流程树、图形窗口、参数设置栏、信息窗口和状态栏等。

图 4-2　静态结构-Mechanical 界面

1. 标题栏与菜单栏

Mechanical 标题栏和菜单栏列出了采用的分析类型、产品类型以及 ANSYS 许可信息等内容，如图 4-3 所示。

图 4-3　标题栏与菜单栏

2. 工具栏

工具栏为用户提供了快速访问功能，当光标在工具栏按钮上时会出现功能提示，按住鼠标左键并拖动工具栏时，工具栏可以在 Mechanical 窗口的上部重新定位。

> 提示：对于工具栏，根据当前"流程树"分支的不同，显示也不同，如图 4-4 所示。

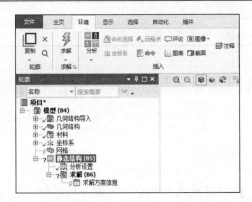

（a）选择"静态结构"后的工具栏　　　　　（b）选择"求解"后的工具栏

图 4-4　选择不同分支后的工具栏显示

3. 流程树

"流程树"为用户提供了一个模型的分析过程，包括模型、材料、网格、载荷和求解管理等。

（1）"模型"：包含分析中所需的输入数据。

（2）"静态结构"：包含载荷和分析有关边界条件。

（3）"求解"：包含结果和求解相关信息。

流程树中所显示的图标的含义如表 4-1 所示。

表 4-1　　　　　　　　　　　　　流程树图标含义

图标	图标含义
✔	对号表明分支完全定义
?	问号表示项目数据不完全（需要输入完整的数据）
⚡	闪电表明需要解决
❶	感叹号意味着存在问题
✖	"X"意思是项目抑制（不会被求解）
✓	透明对号为全体或部分隐藏
⚡	绿色闪电表示项目目前正在评估
⊖	减号意味着映射面网格划分失败
✖	斜线标记表明部分结构已进行网格划分
⚡	红色闪电表示解决方案失败

4. 参数设置栏

参数设置栏包含数据的输入和输出区域，其设置内容的改变取决于所选定流程树中的分支。参数的设置在此不做介绍,仅介绍该区域颜色的含义,如表 4-2 所示。

表 4-2 参数设置栏区域颜色的含义

颜色	颜色含义
白色区域	表示输入数据区域,该区域的数据可以进行编辑
灰色(红色)区域	信息显示区域,该区域的数据不能被修改
黄色区域	表示不完整的输入信息,该区域的数据显示信息丢失

5. 图形窗口

图形窗口用来显示几何及分析结果等内容,另外还有列出工作表(表格)、HTML 报告以及打印预览选项等功能。

6. 信息窗口

信息窗口通常用来显示求解结果的图或表数据结果。

7. 状态栏

状态栏中显示的通常为分析项目的单位、部件体的选择信息及求解分析过程中的提示信息等内容。

4.1.4 鼠标控制

在 Mechanical 中,正确使用鼠标会加快操作速度,提高工作效率。下面介绍在 Mechanical 中如何更好地使用鼠标。

鼠标左键用来选择几何实体或控制曲线生成。可以选择的几何项目有顶点、边、面、体,或可以操纵视图的旋转、平移、放大、缩小、框放大等。

> **提示:** 需要结合前面的工具栏进行相应的操作。

鼠标选取方式分为单个选取或框选,其方法如下。

(1)单个选取时,单击即可选中,若按住鼠标左键拖动可以进行多选,也可以同时按住 Ctrl 键和鼠标左键来选取或不选多个实体。

(2)框选时,从左向右拖动鼠标,选中完全在边界框内的实体;从右向左拖动鼠标,选中部分或全部在边界框内的任何实体。

在选择模式下,鼠标提供了图形操作的捷径,如表 4-3 所示。

表 4-3 鼠标操作

鼠标组合使用方式	作用
单击+拖拉鼠标中键	动态旋转
Ctrl+鼠标中键	拖动
Shift +鼠标中键	动态缩放
滚动鼠标中键	视图放大或缩小
拖拉鼠标右键	框放大
右击,选择 Zoom to Fit	全视图显示

4.2 材料参数输入控制

在 Workbench 中由"工程数据"全面控制材料属性，它是每项工程分析的必要条件，作为分析项目的开始，"工程数据"可以单独打开。

4.2.1 进入工程数据应用程序

进入"工程数据"应用程序有以下两种方法。

（1）通过拖放或双击工具箱中的"分析系统"下面的选项来创建项目，然后双击项目中的"工程数据"。

（2）在分析项目的"工程数据"上右击，在弹出的快捷菜单中选择"编辑"命令。

进入"工程数据"应用程序后，显示界面如图 4-5 所示，窗口中的数据是交互式层叠显示的。

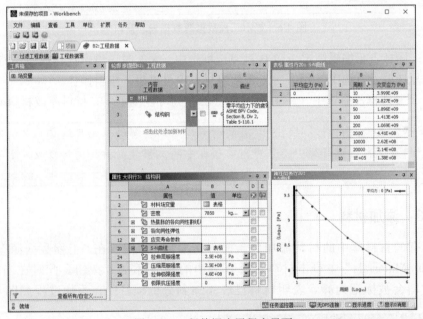

图 4-5 工程数据应用程序界面

4.2.2 材料库

在"工程数据"应用程序窗口中单击█按钮，此时窗口会显示"工程数据源"数据表，如图 4-6 所示。在"工程数据源"数据表中选择 A 列"数据源"后，在"轮廓 General Materials"中会出现相应的材料库。

材料库中保存了大量的常用材料数据，选中相应的材料后，在选定的材料性能中可以看到默认的材料属性值，该属性值可以进行修改，以符合选用的材料的特性。

对于"工程数据源"数据表，A 列"数据源"显示的为材料库清单，其中 A 列"偏好"中的材料在每个分析项目中都会存在，无须由材料库添加到分析项目。

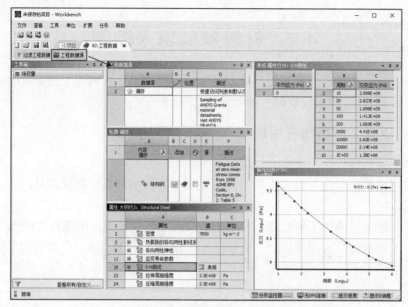

图 4-6 显示工程数据源数据表的窗口

B 列✎图标表示编辑锁定。当 B 列复选框选中（☑）时，表示该材料库不能进行编辑操作；当复选框没有选中（☐）时，表示该材料库可以进行编辑操作。

当 B 列复选框没有选中（☐）时，表示在 C 列可以浏览现有材料库或材料库的位置。

> **提示：** 需要修改材料属性时，现有的材料库必须要解锁，而且这是永久的修改，修改后的材料存储在该材料库中。若对当前项目中的工程数据材料进行修改，则不会影响材料库。

4.2.3 添加材料

将现有的材料库中的材料添加到当前分析项目中，需要在"工程数据源"中的"轮廓 General Materials"中单击材料后面 B 列中的 ➕（添加）按钮。此时在当前项目中定义的材料会被标记为 🔲，表明材料已经添加到分析项目中，添加过程如图 4-7 所示。

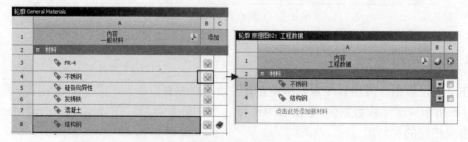

图 4-7 添加材料

如果将材料添加到"收藏夹"中，则以后分析时无须再添加此材料。只需要在相应的材料上右击，在弹出的快捷菜单中选择"添加到收藏夹"即可，如图 4-8 所示。

图 4-8 将材料添加到收藏夹

4.2.4 添加材料属性

在"工程数据"中的工具箱中提供了大量的材料属性，通过工具箱可以添加现有的或新的材料属性。

工具箱中的材料属性包括"物理属性""线性弹性""超弹性实验数据""超弹性""蠕变""寿命""强度"等，如图 4-9 所示。

对材料添加新属性的方法如下。

（1）在"工程材料"列表中选择材料库的存储路径。

（2）单击"点击此处添加新材料"，在空白处输入材料名称（New Material），对新材料进行标识。此时在列表中添加了一种没有任何属性的材料。

（3）在工具箱中双击或拖放新材料所需要的属性，将相应材料属性添加到材料属性列表中去。

（4）此时添加的材料属性没有数值，空白区显示为黄色，提示用户输入数值，如图 4-10 所示。在空白处输入属性的值。

（5）按照（3）～（4）的操作方法将项目分析中用到的材料属性添加到材料属性列表中去，如此即可创建一种新材料。

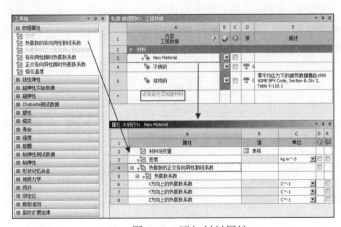

图 4-9 材料属性工具箱   图 4-10 添加材料属性

提示：根据项目分析的要求，按照上面的方法可以建立自己的材料库，方便在分析时应用。

4.3 Mechanical 前处理操作

在 Mechanical 前处理操作中，"流程树"列出了分析的基本步骤，"流程树"的更新直接决定了"索引工具""详细信息"和"图形窗口"的更新。

下面来介绍"流程树"中各分支选项的含义。

4.3.1 几何结构分支

"几何结构"分支选项给出了模型的组成部分，通过该分支选项可以了解几何体的相关信息。

1. 几何体

在模拟分析过程中，实体的体/面/部件（三维或二维）、只由面组成的面体、只由线组成的线体 3 种类型的实体会被分析。

（1）实体。三维实体是由带有二次状态方程的高阶四面体或六面体实体单元进行网格划分的。二维实体是由带有二次状态方程的高阶三角形或四边形实体单元进行网格划分的。结构的每个节点含有 3 个平动自由度（Degree of Freedom，DOF）或对热场有一个温度自由度。

（2）面体。指几何上为二维，空间上为三维的体素。面体为有一层薄膜（有厚度）的结构，厚度为输入值。面体通常由带有 6 个自由度的线性壳单元进行网格划分。

（3）线体。指几何上为一维、空间上为三维的结构，用来描述与长度方向相比，其他两个方向的尺寸很小的结构，截面的形状不会显示出来。线体由带有 6 个自由度的线性梁单元进行网格划分。

（4）多体部件体。在 DesignModeler 中可以有多体部件体存在，而在其他很多应用程序中，体和部件通常是一样的。多体部件中共用边界的地方的节点是共用的。如果节点是共用的，则不需要定义接触。

2. 为体添加材料属性

在进行项目分析时需要为体添加材料属性，添加时先从流程树中选取体，然后在参数设置列表下的"任务"下拉菜单中选取相应材料，如图 4-11 所示。

图 4-11 为体添加材料属性

> **提示**：新的材料数据在"工程数据"中添加和输入，在前面的章节中已经介绍，这里不再赘述。

4.3.2 接触与点焊

模型文件	pole.SLDPRT、inter hole.SLDPRT、hole shaft.SLDASM
结果文件	配套资源\chapter04\chapter04-3\hole shaft.wbpj

当几何体存在多个部件时，需要确定部件之间的相互关系。在 ANSYS Workbench 中，通过"接触"与"点焊"来确定部件之间的接触区域是如何相互作用的。

> **提示**：在 Workbench 中若不进行接触或点焊设置，部件之间不会相互影响，而多体部件不需要接触或点焊。

在结构分析中，接触和点焊可以防止部件的相互渗透，同时也提供了部件之间荷载传递的方法。在热分析中，接触和点焊允许部件之间的热传递。

1. 实体接触

在输入装配体时，Workbench 会自动检测接触面并生成接触对。邻近面用于检测接触状态。容差是在"接触"分支中进行设置，如图 4-12 所示。

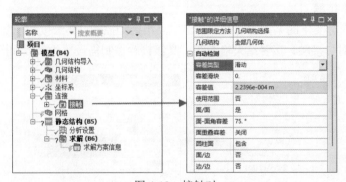

图 4-12 接触对

> **提示**：接触使用的是二维几何体，某些接触允许表面到边缘、边缘到边缘和混合体/面接触。在进行分析之前，需要检查生成的接触对是否符合实际情况，避免造成错误的接触。

"接触"单元提供部件间的连接关系，每个部分维持独立的网格，网格类型可以不保持一致。

在模拟分析中，每个接触对都要定义接触面和目标面，接触区域的一个表面视作接触面（C），另一个表面即为目标面（T），接触面不能穿透目标面。

当一个表面被设计为接触面，另一个表面被设计为目标面时，称为非对称接触；当两边互为接触面和目标面时，称为对称接触。默认的实体部件间的接触是对称接触，根据需要可以将对称接触改为非对称接触。

> 提示：对于面边接触，面通常被设计为目标面而边被指定为接触面。

ANSYS Workbench 中有 5 种可以使用的接触类型，分别为"绑定""无分离""无摩擦""粗糙"及"摩擦"，如表 4-4 所示。

表 4-4 接触类型

接触类型	迭代	法向行为（分离）	切向行为（滑移）
绑定	1 次	无分离	无滑移
无分离	1 次	无分离	允许滑移
无摩擦	多次	允许分离	允许滑移
粗糙	多次	允许分离	无滑移
摩擦	多次	允许分离	允许滑移

"绑定"和"无分离"是线性接触，只需要 1 次迭代；"无摩擦""粗糙"及"摩擦"是非线性接触，需要多次迭代。

> 提示：在"接触"分支下单击某接触对时，与构成该接触对无关的部件会变为透明，以便观察。

2. 高级实体接触

选择"接触"分支下的某接触对时，会出现高级接触控制，高级接触控制可以实现自动检测尺寸和滑动、对称接触、接触结果检查等。高级接触控制需设置的参数如图 4-13 所示。

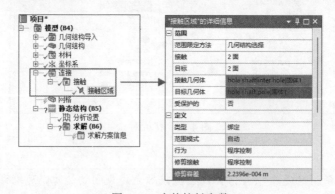

图 4-13 实体接触参数

3. 点焊

"点焊"提供的是离散点接触组装方法，通常在 CAD 软件中定义，也可以在 Mechanical 支持的 Design Modeler 和 Unigraphics 中定义。关于点焊的相关问题在此不做讲解，请参考相关帮助文件。

4.3.3 坐标系

在 Mechanical 中"坐标系"可用于网格控制、质量点、指定方向的载荷和结果等。"坐标系"默认不显示，可以在"模型"下进行添加得到。"坐标系"的相关参数如图 4-14 所示。

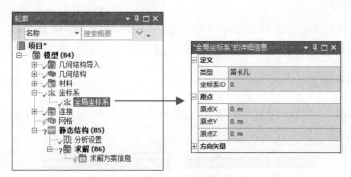

图 4-14 坐标系的相关参数

当模型是基于 CAD 的原始模型时，Mechanical 会自动添加"全局坐标系"。同时也可以从 CAD 系统中导入"局部坐标系"。

新的坐标系是通过单击"坐标系"选项卡中的"坐标系"按钮进行创建的。在"模型"下选择"坐标系"之后，"坐标系"选项卡中的按钮会高亮显示，如图 4-15 所示。

图 4-15 坐标系选项卡

"坐标系"的详细信息如图 4-16 所示，它有 3 种定义依据。

（1）"几何结构选择"：坐标系会移动到几何上，它的平移和旋转都依赖几何模型。

（2）"命名选择"：通过名称来选择确定。

（3）"全局坐标"：坐标系将保持原有的定义，并独立于几何模型存在。

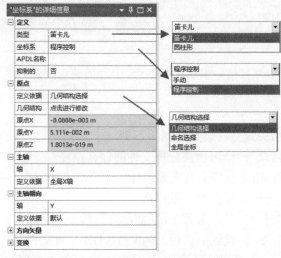

图 4-16 "坐标系"的详细信息

4.3.4 网格划分

网格划分是 Mechanical 前处理必不可少的一步，网格的好坏直接决定了分析结果的准确度。由于网格的划分较为复杂，第 3 章单独进行了讲解，在此不再赘述。

4.3.5 分析设置

在 Mechanical 中"分析设置"提供了一般的求解过程控制，具体可以在图 4-17 所示的"分析设置"的详细信息中设置。

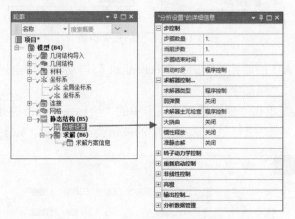

图 4-17　"分析设置"的详细信息

1. 步控制

包括人工时间步控制和自动时间步控制两种求解步控制方式。人工时间步控制需要指定分析中的"当前步数"和"步骤结束时间"。

在静态分析中可以设置多个分析步，并一步一步地求解，终止时间被用作确定载荷步和载荷子步的跟踪器。

> 提示：求解过程可以逐个分析步查看结果。在给出的"图表"里可以指定每个分析步的载荷值。求解完成后可以选择需要的求解步，查看每个独立步骤的结果。

2. 求解器控制

"求解器类型"包括 "直接"求解（ANSYS 中为稀疏矩阵法）、"迭代"求解（ANSYS 中为预共轭梯度法）和程序控制。

3. 分析数据管理

"分析数据管理"相关参数的设置如图 4-18 所示。

（1）"求解器文件目录"：给出相关分析文件的保存路径。

（2）"进一步分析"：指定求解中是否要进行后续分析（如预应力分析等），若在"项目原理图"里指定了耦合分析，将自动设置该选项。

（3）"废除求解器文件目录"：求解中的临时文件夹。

（4）"保存 MAPDL db"：设置是否保存 ANSYS DB 分析文件。

（5）"删除不需要的文件"：在 Mechanical APDL 中可以选择保存所有文件以备后用。

（6）"求解器单元"：包含"主动系统"或"手动"设置两个选项。

（7）"求解器单元系统"：如果以上设置是人工设置时，则当 Mechanical APDL 共享数据的时，就可以选择 8 个求解单位系统中的任何一个来保证一致性。

图 4-18 分析数据管理相关参数的设置

4.4 施加载荷和约束

载荷和约束是 Mechanical 求解计算的边界条件，它们是以所选单元的自由度的形式定义的。

4.4.1 约束和载荷

在 Mechanical 中提供了以下 4 种类型的约束或载荷。

（1）惯性载荷：专指施加在定义好的质量点上的力，惯性载荷施加在整个模型上，进行惯性计算时必须输入材料的密度。

（2）结构载荷：指施加在系统零部件上的力或力矩。

（3）结构约束：限制部件在某一特定区域内移动的约束，也就是限制部件的一个或多个自由度。

（4）热载荷：施加热载荷时系统会产生一个温度场，使模型中发生热膨胀或热传导，进而在模型中进行热扩散。

> 提示：载荷和约束是有方向的，它们的方向分量可以在全局坐标系或局部坐标系中定义，定义的方法是在参数设置栏将"定义依据"改为"组件"，然后通过下拉菜单选择相应坐标系即可。

利用 Mechanical 进行结构分析时，需要施加的载荷有多种，下面选择较为常见的进行介绍，其他在实际工程中用到的载荷请查阅相关帮助文件。

4.4.2 惯性载荷

惯性载荷是通过施加加速度实现的，加速度是通过惯性力施加到结构上的，惯性力的方向与所施加的加速度方向相反，它包括"加速度""标准地球重力""旋转速度"及"旋转加速度"等，如图 4-19 所示。

图 4-19 惯性载荷菜单

（1）"加速度"：该加速度指的是线性加速度，单位为长度比上时间的平方，它施加在整个模型上。加速度可以定义为分量或矢量的形式。

（2）"标准地球重力"：重力加速度的方向定义为全局坐标系或局部坐标系的其中一个坐标轴方向。

> **提示**：重力加速度的值是定值，在施加重力加速度时，需要根据模型所选用的单位系统确定它的值。

（3）"旋转速度"：指整个模型以给定的速率绕旋转轴转动，它可以以分量或矢量的形式定义，输入单位可以是弧度每秒（默认选项），也可以是度每秒。

（4）"旋转加速度"：该加速度指的是模型绕旋转轴转动时的加速度。

4.4.3 力载荷

在 Mechanical 中，力载荷集成到结构分析的"载荷"下拉菜单中，它是进行结构分析所必备的，必须掌握各载荷的施加特点，才能更好地将其应用到结构分析中去，"载荷"下拉菜单如图 4-20 所示。

图 4-20 "载荷"下拉菜单

（1）"压力"：该载荷以与面正交的方向施加在面上，指向面内为正，反之为负，单位是单位面积的力。

（2）"静液力压力"：该载荷表示在面（实体或壳体）上施加一个线性变化的力，模拟结构上的流体载荷。流体可能处于结构内部，也可能处于结构外部。

> **提示**：施加该载荷时，需要指定加速度的大小和方向、流体密度、代表流体自由面的坐标系，对于壳体，还提供了一个顶面/底面选项。

（3）"力"：力可以施加在点、边或面上。它将均匀地分布在所有实体上，单位是质量与长度的乘积比上时间的平方。可以以矢量或分量的形式定义集中力。

（4）"远程力"：指给实体的面或边施加一个远程的载荷。施加该载荷时需要指定载荷的原点（附着于几何上或用坐标指定），该载荷可以以矢量或分量的形式定义。

（5）"轴承载荷"：指使用投影面的方法将力的分量按照投影面积分布在压缩边上。轴承载荷可以以矢量或分量的形式定义。

> 提示：施加轴承载荷时，不允许存在轴向分量；每个圆柱面上只能使用一个轴承载荷。在施加该载荷时，若圆柱面是断开的，一定要选中它的两个半圆柱面。

（6）"螺栓预紧力"：指给圆柱形截面上施加预紧力以模拟螺栓连接，包括预紧力（集中力）或调整量（长度）。在使用该载荷时需要给物体在某一方向上的预紧力指定一个局部坐标系。

> 提示：求解时会自动生成两个载荷步，LS1——施加有预紧力、边界条件和接触条件；LS2——预紧力部分的相对运动是固定的，同时施加了一个外部载荷。

> 提示：螺栓预紧力只能用于三维模拟，且只能用于圆柱形面体或实体，使用时需要精确的网格划分（在轴向上至少需要有两个单元）。

（7）"力矩"：对于实体，力矩只能施加在面上，如果选择了多个面，则力矩均匀分布在多个面上；对于面，力矩可以施加在点上、边上或面上。当以矢量形式定义时，遵守右手螺旋法则。力矩的单位是力乘以距离。

（8）"线压力"：线压力只能用于三维模拟中，它是通过载荷密度形式给一个边上施加一个分布载荷，线压力的单位是单位长度上的载荷。

> 提示：线压力的定义方式有幅值和向量方向、幅值和分量方向（全局或者局部坐标系）、幅值和切向 3 种。

（9）"热条件"：用于在结构分析中施加一个均匀温度载荷，施加该载荷时，必须制定一个参考温度。由于温度差的存在，会在结构中导致热膨胀或热传导。

在 Workbench 中的载荷还有"连接副载荷"及"流体固体界面"等，它们在应用中出现概率较小，这里不再赘述，想了解它们的作用及施加方法，请查阅 Workbench 帮助等相关资料。

4.4.4　常见约束

在模型中除了要施加载荷外，还要施加约束。约束有的时候也称为边界条件，常见的约束如图 4-21 所示。在实际工程中用到的其他约束请查阅相关帮助文件。

（1）"固定的"：用于限制点、边或面的所有自由度。对于实体，限制其 x、y、z 方向上的移动；对于面体和线体，限制其 x、y、z 方向上的移动和绕各轴的转动。

（2）"位移"：用于在点、边或面上施加已知位移，该约束允许给出 x、y、z 方向上的平动位移（在自定义坐标系下）。当为"0"时，表示该方向是受限的；当空白时，表示该方向是自由的。

图 4-21　"支撑"下拉菜单

（3）"弹性支撑"：该约束允许在面、边界上模拟类似弹簧的行为，基础的刚度为使基础产生单位法向偏移所需要的压力。

（4）"无摩擦"：用于在面上施加法向约束（固定），对实体可用于模拟对称边界约束。

（5）"圆柱形支撑"：该约束为轴向、径向或切向约束提供单独的控制，通常施加在圆柱面上。

（6）"仅压缩支撑"：该约束只能在正常压缩方向施加约束，它可以用来模拟圆柱面上受销钉、螺栓等的作用，求解时需要进行迭代（非线性）。

（7）"简单支撑"：可以将其施加在梁或壳体的边缘或者顶点上，用来限制平移，但是允许旋转并且所有旋转都是自由的。

在 Workbench 中的约束还有"远程位移"等，它们在应用中出现概率较小，这里不再赘述，想了解它们的作用及施加方法，请查阅 Workbench 帮助等相关资料。

4.5　模型求解

所有的设置完成之后就是对模型进行求解。通常情况下，求解器是自动选取的，当然也可以预先设定求解器。

（1）选择菜单栏中的"文件"→"选项"，弹出"选项"对话框。

（2）在对话框左侧选择"分析设置和求解"选项，然后在右侧的"求解器类型"选项下选择相应的类型即可，如图 4-22 所示。

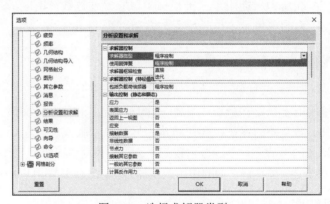

图 4-22　选择求解器类型

在 Mechanical 中启动求解命令的方法有两种。

（1）如图 4-23 所示，单击工具栏里的"求解"按钮，开始求解模型。

（2）在"流程树"中的"求解"分支上右击，在弹出的快捷菜单中选择"求解"命令，开始模型求解，如图 4-24 所示。

图 4-23　工具栏中的"求解"按钮

图 4-24　快捷菜单中的"求解"命令

系统默认采用两个处理器进行求解。若想采用其他的求解器，可以通过下面的操作步骤进行设置。

（1）选择菜单栏中的"文件"→"求解流程设置"，弹出"求解流程设置"对话框。

（2）在对话框中单击"高级"按钮，会弹出"高级属性"对话框。

（3）在对话框中的"最大已使用核数"文本框中输入求解器的个数，由此来对求解器个数进行设置，如图 4-25 所示。

图 4-25　求解器个数的设置

4.6　后处理操作

Workbench 平台的后处理包括查看结果、结果输出、变形显示、应力和应变、接触结果、自定义结果显示。

4.6.1　查看结果

当选择一个结果选项时，结果选项卡就会显示该结果所要表达的内容，如图 4-26 所示。

图 4-26　结果选项卡

（1）缩放比例：对于结构分析（静态、模态、屈曲分析等），模型的变形情况将发生变化，默认状态下，为了更清楚地看到结构的变化，比例系数自动被放大，同时用户可以改变为非变形或者实际变形情况，如图 4-27 所示。也可以自己输入变形因子，如图 4-28 所示。

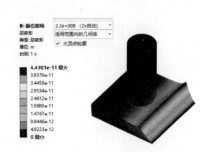

图 4-27　默认比例因子　　　　　　图 4-28　输入变形因子

（2）显示方式："几何结构"按钮控制云图显示方式，共有以下 4 种可供选择的选项。

①"外部"。默认的显示方式并且是最常使用的方式，如图 4-29 所示。

②等值面。对于显示相同的值域是非常有用的，如图 4-30 所示。

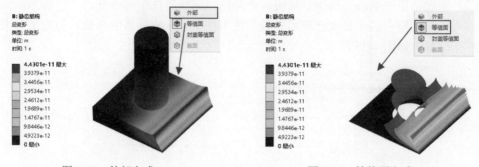

图 4-29 外部方式 图 4-30 等值面方式

③"封盖等值面"。指删除了模型的一部分之后的显示结果，删除的部分是可变的，高于或者低于某个指定值的部分被删除，如图 4-31 所示。

④"截面"。允许用户去真实地切模型，需要先创建一个界面然后显示剩余部分的云图，如图 4-32 所示。

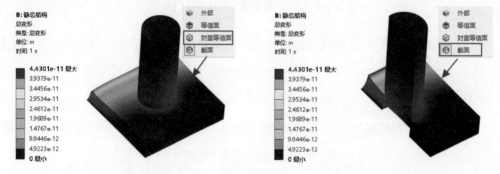

图 4-31 封盖等值面方式 图 4-32 截面方式

（3）色条设置："轮廓图"按钮可以控制模型的显示云图方式，共有以下 4 种可供选择的选项。

①"平滑的轮廓线"。光滑显示云图，颜色变化过度变焦光滑，如图 4-33 所示。

②"轮廓带"。云图显示有明显的色带区域，如图 4-34 所示。

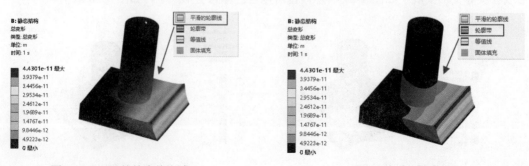

图 4-33 平滑的轮廓线方式 图 4-34 轮廓带方式

③ "等值线"。以模型等值线方式显示，如图 4-35 所示。

④ "固体填充"。不在模型上显示云图，如图 4-36 所示。

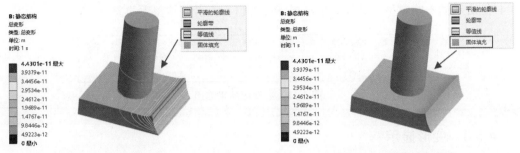

图 4-35 等值线方式 　　　　　　　　　　　图 4-36 固体填充方式

（4）外形显示："边"按钮允许用户显示未变形的模型或者划分网格的模型，共有以下 4 种可供选择的选项。

① "无线框"，不显示几何轮廓线，如图 4-37 所示。

② "显示未变形的线框"，如图 4-38 所示。

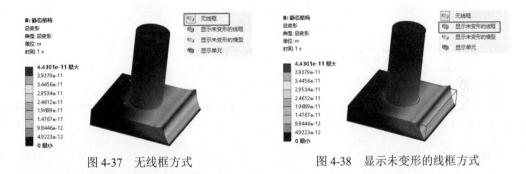

图 4-37 无线框方式 　　　　　　　　　　　图 4-38 显示未变形的线框方式

③ "显示未变形的模型"，如图 4-39 所示。

④ "显示单元"，如图 4-40 所示。

（5）最大值、最小值与探针工具：单击相应按钮，在图形中将显示最大值、最小值和探针位置的数值。

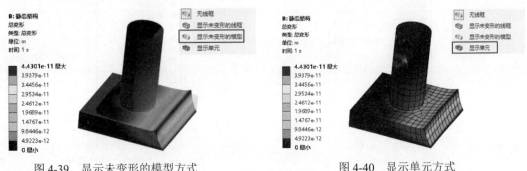

图 4-39 显示未变形的模型方式 　　　　　　　图 4-40 显示单元方式

4.6.2 结果输出

在后处理中，读者可以指定输出的结果。以静力计算为例，软件默认的输出结果有图 4-41 所示的一些类型。其他分析结果请读者自行查看，这里不再赘述。

图 4-41 后处理结果输出

4.6.3 变形显示

在 Mechanical 的计算结果中，可以显示模型的"变形量"，主要包括"总计"及"定向"，如图 4-42 所示。

图 4-42 变形量分析选项

（1）"总计"：整体变形是一个标量，它由式（4-1）决定

$$U_{total} = \sqrt{U_x^2 + U_y^2 + U_z^2} \tag{4-1}$$

（2）"定向"：包括 x、y 和 z 方向上的变形，它们是在"方向"中指定的，并显示在全局或局部坐标系中。

4.6.4 应力和应变

在 Mechanical 有限元分析中给出的"应力"和"应变"如图 4-43 和图 4-44 所示，这里的"应变"实际上指的是"弹性应变"。

图 4-43 "应力"下拉菜单

图 4-44 "应变"下拉菜单

在分析结果中，"应力"和"应变"有 6 个分量（x、y、z、xy、yz、xz），"热应变"有 3 个分量（x、y、z）。对"应力"和"应变"而言，其分量可以在"法向"（x、y、z）和"剪切"（xy、yz、xz）下指定，而"热应变"是在"稳态热"中指定的。

由于应力为一张量，因此单从应力分量上很难判断出系统的响应。在 Mechanical 中可以利用安全系数对系统响应做出判断，它主要取决于所采用的强度理论。使用每个安全系数的应力工具，都可以绘制出安全边界及应力比。

"应力工具"可以利用 Mechanical 的计算结果，操作时在"应力工具"下选择合适的强度理论即可，如图 4-45 所示。

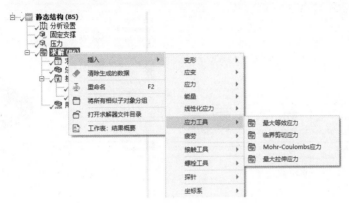

图 4-45　应力工具

"最大等效应力"理论及"临界剪切应力"理论适用于塑性材料，"Mohr-Coulombs 应力"理论及"最大拉伸应力"理论适用于脆性材料。其中"最大等效应力"为材料力学中的第四强度理论，定义为

$$\sigma_4 = \sqrt{\frac{1}{2}\left[(\sigma_1 - \sigma_2)^2 + (\sigma_2 - \sigma_3)^2 + (\sigma_3 - \sigma_1)^2\right]} \tag{4-2}$$

"临界剪切应力"定义为 $\tau_{max} = \dfrac{\sigma_1 - \sigma_3}{2}$，对于塑性材料，$\tau_{max}$ 与屈服强度之比可以用来预测屈服极限。

4.6.5　接触结果

在 Mechanical 中单击"求解"选项卡中的"工具箱"下拉按钮，选择"接触工具"，如图 4-46 所示，可以得到接触分析结果。

接触工具下的接触分析可以求解相应的接触分析结果，包括摩擦应力、滑动距离等，如图 4-47 所示。

图 4-46　接触工具

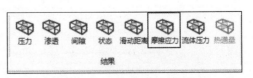

图 4-47　接触分析选项

关于接触的相关内容在后面有单独的介绍，这里不再赘述。

4.6.6 自定义结果显示

在 Mechanical 中，除了可以查看标准结果，还可以根据需要插入自定义结果，可以包括数学表达式和多个结果的组合等。自定义结果显示有以下两种方式。

（1）单击"求解"选项卡中的"用户定义的结果"按钮，如图 4-48 所示。

（2）在自定义结果显示的参数设置列表中，表达式允许使用各种数学操作符号，包括平方根、绝对值、指数等，如图 4-49 所示。

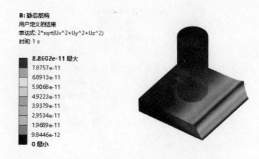

图 4-48 求解菜单

图 4-49 自定义结果显示

4.7 本章小结

本章通过插图的形式对结果后处理中一些常用的功能及后处理方式进行了简要的概括。通过本章的学习，读者可以自己动手完成一些相关的后处理及设置，加深对后处理部分的了解。

第 5 章　结构静力学分析

结构静力学分析是有限元分析中简单的、基础的分析方法。一般工程计算中经常应用的分析方法就是静力学分析。

本章首先对静力学分析的一般原理进行介绍，然后通过典型实例对 ANSYS Workbench 软件的结构静力学分析模块进行详细讲解，包括几何建模（外部几何数据的导入）、材料赋予、网格设置与划分、边界条件的设置、后处理操作等。

学习目标：

（1）熟练掌握外部几何数据的导入方法，包括 ANSYS Workbench 支持的几何数据格式；

（2）熟练掌握 ANSYS Workbench 材料赋予的方法；

（3）熟练掌握 ANSYS Workbench 网格划分的操作步骤；

（4）熟练掌握 ANSYS Workbench 边界条件的设置与后处理的设置。

5.1　线性静力学分析简介

线性静力学分析是基本且广泛应用的一种分析类型，用于线弹性材料的静态加载。

所谓线性分析有两方面的含义：首先材料为线性，应力、应变关系为线性，变形是可恢复的；其次结构发生的是小位移、小应变、小转动，结构刚度不因变形而变化。

线性分析除了包括线性静力学分析，还包括线性动力分析，而线性动力分析又包括模态分析、谐响应分析、随机振动分析、响应谱分析、瞬态动力学分析及线性屈曲分析等。

与线性分析相对应的就是非线性分析，非线性分析主要分析的是大变形等。ANSYS Workbench 平台可以很容易地完成以上任何一种分析及任意几种类型联合分析的计算。

5.1.1　线性静力学分析

所谓静力就是结构受到静态荷载的作用，惯性和阻尼可以忽略，在静态载荷作用下，结构处于静力平衡状态，此时必须充分约束，但因为不考虑惯性，所以质量对结构没有影响，但是很多情况下，如果荷载周期远远大于结构自振周期（即缓慢加载），则结构的惯性效应能够忽略，这种情况可以简化为线性静力学分析来进行。

ANSYS Workbench 的线性静力学分析可以将多种载荷组合到一起进行分析，即可以进行多工况的力学分析。

图 5-1 所示为 ANSYS Workbench 平台进行"静态结构"分析的流程。

在项目 A 中有 A1～A7 共 7 个表格（如同 Excel 表格），从上到下依次设置即可完成一个静力学分析过程。

- A1 "静态结构"，求解的类型和求解器的类型。
- A2 "工程数据"，从中可以选择和设置工程材料。
- A3 "几何结构"，几何建模工具或者导入外部几何数据平台。
- A4 "模型"，几何模型材料赋予和网格设置与划分平台。
- A5 "设置"，求解分析设置。
- A6 "求解"，求解计算有限元分析模型。
- A7 "结果"，完成应力分布及位移响应等云图的显示。

每个表格右侧都有一个提示符号，图 5-2 所示为在流程分析过程中遇到的各种提示符号及其含义。

静态结构

图 5-1　静态结构分析的流程

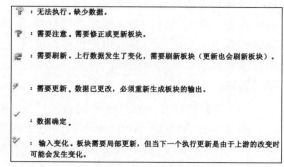

图 5-2　提示符号及其含义

5.1.2　线性静力学分析基础

由经典力学理论可知，物体的动力学通用方程为

$$[M]\{x''\} + [C]\{x'\} + [K]\{x\} = \{F(t)\} \tag{5-1}$$

式中，$[M]$ 是质量矩阵；$[C]$ 是阻尼矩阵；$[K]$ 是刚度矩阵；$\{x\}$ 是位移矢量；$\{F(t)\}$ 是力矢量；$\{x'\}$ 是速度矢量；$\{x''\}$ 是加速度矢量。

而现行结构分析中，与时间 t 相关的量都将被忽略，于是式（5-1）简化为

$$[K]\{x\} = \{F\} \tag{5-2}$$

下面通过 4 个简单的实例介绍静力学分析的方法和步骤。

5.2　实例 1——实体静力学分析

本节主要介绍 ANSYS Workbench 的 DesignModeler 模块外部几何模型的导入，并对其进行静力学分析。

学习目标：

（1）熟练掌握 ANSYS Workbench 的 DesignModeler 模块外部几何模型导入的方法；

（2）了解 DesignModeler 模块支持外部几何模型文件的类型；

（3）掌握 ANSYS Workbench 实体单元静力学分析的方法及过程。

扫码观看
配套视频

5.2 实体静力学分析

模型文件	配套资源\chapter05\chapter05-2\STEELBAR.stp
结果文件	配套资源\chapter05\chapter05-2\SolidStaticStructure.wbpj

5.2.1 问题描述

图 5-3 所示为钢杆模型，请用 ANSYS Workbench 分析作用在上下两个端面的力均为 50N 时，钢杆的变形及应力分布。

图 5-3 钢杆模型

5.2.2 启动 Workbench 并建立分析项目

步骤 1 在 Windows 系统下启动 ANSYS Workbench，进入主界面。

步骤 2 双击主界面"工具箱"中的"分析系统"→"静态结构"，即可在"项目原理图"窗口创建分析项目 A，如图 5-4 所示。

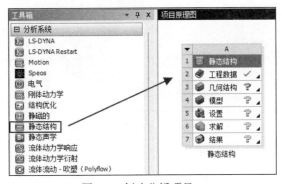

图 5-4 创建分析项目 A

5.2.3 导入几何体模型

步骤 1 在 A3"几何结构"上右击，在弹出的快捷菜单中选择"导入几何模型"→"浏览……"命令，如图 5-5 所示，弹出"打开"对话框。

步骤 2 在弹出的"打开"对话框中选择文件路径，导入 STEELBAR.stp 几何体文件，如图 5-6 所示，此时 A3 "几何结构"后的 [?] 变为 ✓，表示实体模型已经存在。

图 5-5 导入几何模型

图 5-6 "打开"对话框

步骤 3 双击项目 A 中的 A3"几何结构",进入 DesignModeler 界面,设置单位为"毫米",此时树轮廓中"导入 1"前显示 ⚡ ,表示需要生成几何体,此时图形窗口中没有图形显示。

步骤 4 单击常用命令栏的 ⚡ 按钮,即可显示生成的几何体,如图 5-7 所示,此时可在几何体上进行其他的操作,本例无须进行操作。

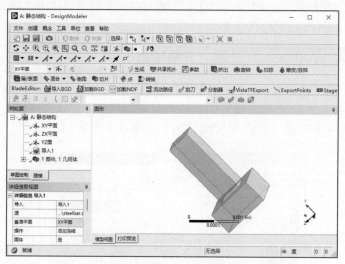

图 5-7 生成几何体后的 DesignModeler 界面

步骤 5 单击 DesignModeler 界面右上角的"关闭"按钮,退出 DesignModeler,返回 Workbench 主界面。

5.2.4 添加材料库

步骤 1 双击项目 A 中的 A2"工程数据",进入图 5-8 所示的材料参数设置界面,在该界面下即可进行材料参数的设置。

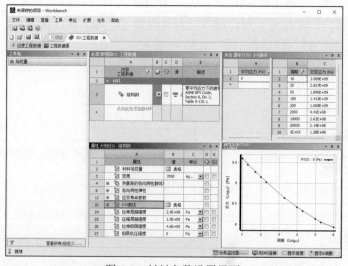

图 5-8 材料参数设置界面

步骤 2 在界面的空白处右击，在弹出快捷菜单中选择"工程数据源"，此时的界面如图 5-9 所示。

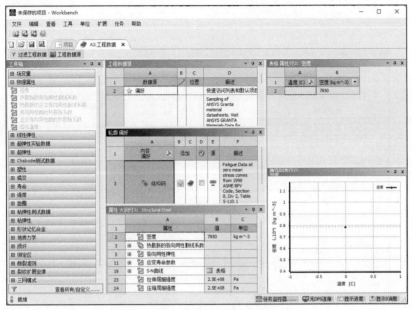

图 5-9 变化后的材料参数设置界面

步骤 3 在"工程数据源"表中选择 A4"一般材料"，然后单击"轮廓 General Materials"表中 A11"铝合金"后的⊞（添加）按钮，此时在 C11 中会显示◈（使用中的）标识，如图 5-10 所示，标识材料添加成功。

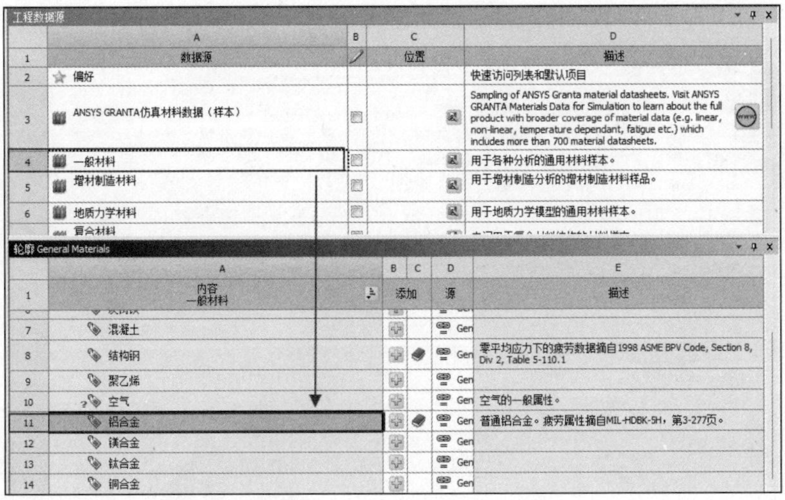

图 5-10 添加材料

步骤 4 同步骤 2，在界面的空白处右击，在弹出的快捷菜单中选择"工程数据源"，返回到初始界面中。

步骤 5 根据实际工程材料的属性，在"属性大纲行 4：铝合金"表中可以修改材料的属性，如图 5-11 所示，本实例采用的是默认值。

> **提示**：用户也可以通过在"工程数据"窗口中自行创建新材料添加到模型库中，这在后面的讲解中会有涉及，本实例不做介绍。

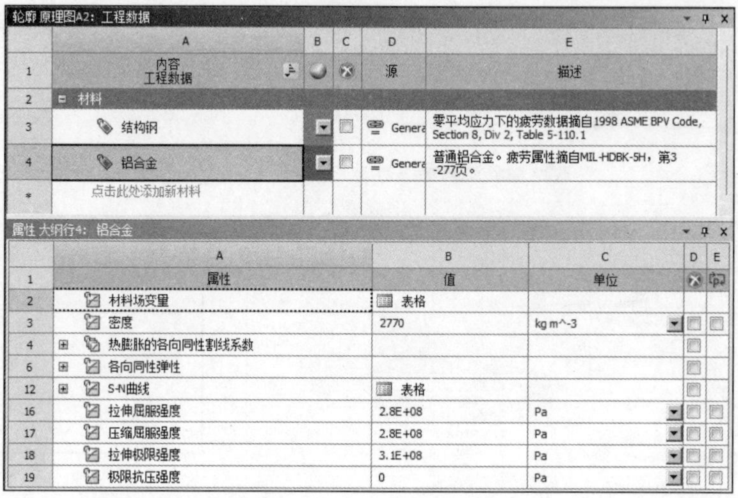

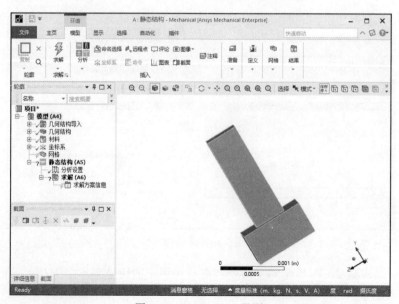

图 5-11 修改材料属性

步骤 6 单击工具栏中的 项目 选项卡，切换到 Workbench 主界面，材料库添加完毕。

5.2.5 添加模型材料属性

步骤 1 双击主界面项目管理区项目 A 中的 A4 "模型"，进入图 5-12 所示的 Mechanical 界面，在该界面下可进行网格的划分、分析设置、结果观察等。

图 5-12 Mechanical 界面

步骤2 选择 Mechanical 界面左侧流程树中"几何结构"下的"STEELBAR",即可在"STEELBAR"的详细信息中给模型变更材料,如图 5-13 所示。

步骤 3 单击"STEELBAR"的详细信息中的"材料"下"任务"后面的 ▸ 按钮,此时会出现刚刚设置的材料"铝合金",选择即可将其添加到模型中去。图 5-14 所示表示材料已经添加成功。

图 5-13 变更材料

图 5-14 变更材料后的流程树

5.2.6 划分网格

步骤 1 选择 Mechanical 界面左侧流程树中的"网格"选项,此时可在"网格"的详细信息中修改网格参数。本例将"默认值"中的"单元尺寸"设置为 1.e-004 m,其余采用默认设置,如图 5-15 所示。

步骤 2 右击流程树中的"网格"选项,在弹出的快捷菜单中选择"生成网格"命令,最终的网格效果如图 5-16 所示。

图 5-15 修改网格参数

图 5-16 网格效果

5.2.7 施加载荷与约束

步骤 1 单击 Mechanical 界面左侧流程树中的"静态结构 A5"选项，会出现图 5-17 所示的"环境"选项卡。

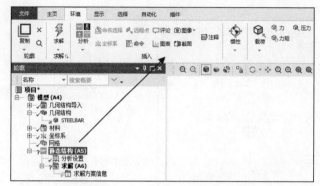

图 5-17 "环境"选项卡

步骤 2 单击"环境"选项卡中的"结构"→"固定的"按钮，在流程树中会出现"固定支撑"选项，如图 5-18 所示。

图 5-18 添加"固定支撑"约束

步骤 3 单击"固定支撑"，选择需要施加固定支撑约束的面，在"固定支撑"的详细信息中设置"几何结构"选项时选择几何结构的上表面，如图 5-19 所示。

步骤 4 同步骤 2，单击"环境"选项卡中的"载荷"→"力"按钮，如图 5-20 所示，此时在流程树中会出现"力"选项。

步骤 5 单击"力"，在"力"的详细信息面板中做如下设置。

①在设置"几何结构"选项时确保图 5-21 所示的面被选中，此时在"几何结构"选项中显示"1 面"，表明一个面已经被选中。

②在"定义依据"选项中选择"分量"，表示按坐标的方式输入数值。

③在"X 分量"选项中输入 50 N，此时在"图形"和"表格数据"区分别显示了载荷数值，保持其他选项默认即可。

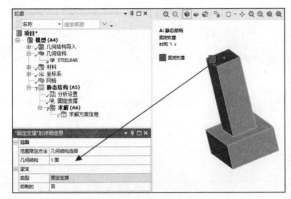

图 5-19　施加"固定支撑"约束

图 5-20　添加力

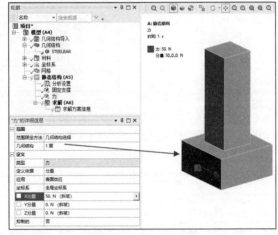

图 5-21　添加面载荷

步骤 6　以同样方式添加对面的载荷，如图 5-22 所示，在"X 分量"后面输入-50 N。

步骤 7　右击流程树中的"静态结构（A5）"选项，在弹出的快捷菜单中选择"求解"命令，如图 5-23 所示。

图 5-22　添加面载荷

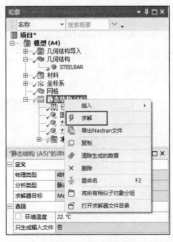

图 5-23　求解

5.2.8　结果后处理

步骤 1　单击 Mechanical 界面左侧流程树中的"求解（A6）"选项，出现图 5-24 所示的"求解"选项卡。

步骤 2　单击"求解"选项卡中的"应力"→"等效（Von-Mises）"命令，如图 5-25 所示，此时在流程树中会出现"等效应力"选项。

图 5-24　"求解"选项卡

图 5-25　添加"等效应力"选项

步骤 3　同步骤 2，单击"求解"选项卡中的"应变"→"等效（Von-Mises）"命令，如图 5-26 所示，在流程树中会出现"等效弹性应变"选项。

步骤 4　同步骤 2，单击"求解"选项卡中的"变形"→"总计"命令，如图 5-27 所示，在流程树中会出现"总变形"选项。

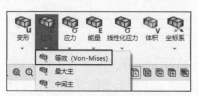

图 5-26　添加"等效弹性应变"选项

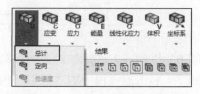

图 5-27　添加"总变形"选项

步骤 5　右击流程树中的"求解（A6）"选项，在弹出的快捷菜单中选择"评估所有结果"命令，如图 5-28 所示。

步骤 6　单击流程树中的"求解（A6）"下的"等效应力"选项，出现图 5-29 所示的等效应力分析云图。

图 5-28　快捷菜单

图 5-29　等效应力分析云图

步骤 7 单击流程树中的"求解（A6）"下的"等效弹性应变"选项，出现图 5-30 所示的等效弹性应变分析云图。

步骤 8 单击流程树中的"求解（A6）"下的"总变形"选项，出现图 5-31 所示的总变形分析云图。

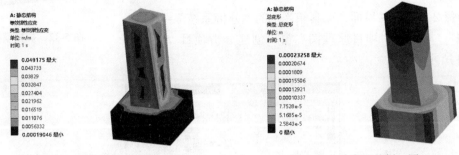

图 5-30 等效弹性应变分析云图   图 5-31 总变形分析云图

5.2.9 保存与退出

步骤 1 单击 Mechanical 界面右上角的"关闭"按钮，返回 Workbench 主界面。

步骤 2 在 Workbench 主界面中单击工具栏中的 按钮，在弹出来的"另存为"对话框中的"文件名"文本框中输入"SolidStaticStructure"，保存包含分析结果的文件。

步骤 3 单击右上角的"关闭"按钮，退出 Workbench 主界面，完成项目分析。

5.2.10 读者演练

本例简单讲解了实体模型的受力分析，读者可以根据前面的内容，对本例的几何体进行多区域网格划分，然后进行静力学分析并与以上结果进行对比。

5.3 实例 2——梁单元线性静力学分析

本节主要介绍用 ANSYS Workbench 的 DesignModeler 模块建立梁单元，并对其进行静力学分析。

学习目标：

（1）熟练掌握 ANSYS Workbench 的 DesignModeler 梁单元模型建立的方法；

（2）掌握 ANSYS Workbench 梁单元静力学分析的方法及过程。

扫码观看
配套视频

5.3 梁单元线性静力学分析

模型文件	无
结果文件	配套资源\chapter05\chapter05-3\BeamStaticStructure.wbpj

5.3.1 问题描述

图 5-32 所示为公交车站用的安全护栏模型，请用 ANSYS Workbench 建模并分析如果

人伏卧在上面，护栏所受的内力及变形情况，假设人施加在上面的载荷为 1000 N。

5.3.2 启动 Workbench 并建立分析项目

步骤 1 在 Windows 系统下启动 ANSYS Workbench，进入主界面。

步骤 2 双击主界面"工具箱"中的"分析系统"→"静态结构"，即可在"项目原理图"窗口创建分析项目 A，如图 5-33 所示。

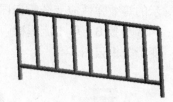

图 5-32 护栏模型

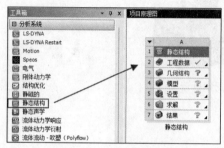

图 5-33 创建分析项目 A

5.3.3 创建几何体模型

步骤 1 在 A3"几何结构"上双击，弹出"A：几何结构-DesignModeler"软件窗口，在"单位"菜单中选择"米"作单位。

步骤 2 选择绘图平面。单击"树轮廓"→"A：几何结构"→XY 平面，在绘图区域中出现图 5-34 所示的坐标平面，然后单击工具栏中的 按钮，使平面正对窗口。

步骤 3 创建草绘。如图 5-35 所示，单击"树轮廓"下面的"草图绘制"选项卡，切换到草图绘制操作面板。

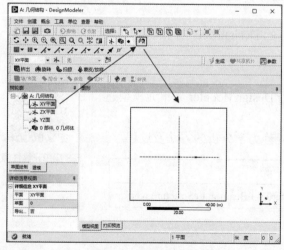

图 5-34 坐标平面

图 5-35 草图绘制操作面板

步骤 4 单击"线"按钮，此时"线"按钮变成凹陷状态，表示本命令已被选中，将鼠标移动到绘图区域中的 X 轴上，此时会出现一个 C 提示符（表示创建的第一个点是在坐标轴上），如图 5-36 所示。

步骤 5 在 X 轴上单击以创建第一个点，然后向上移动鼠标，出现一个 V 提示符，表示所绘制的线段是竖直的线段，如图 5-37 所示，单击鼠标完成第一条线段的绘制。

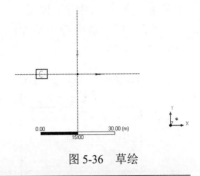

图 5-36 草绘

> 提示：绘制直线时，如果在绘图区域出现了 V（竖直）或 H（水平）提示符，则说明绘制完的直线为竖直或者水平。

步骤 6 移动鼠标到刚绘制完的线段上端，出现图 5-38 所示的 P 提示符，说明下一条线段的起始点与这点重合，当 P 提示符出现后，单击以确定下一条线段的起始点。

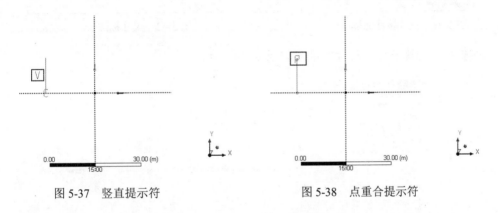

图 5-37 竖直提示符　　　　　　　　　　图 5-38 点重合提示符

步骤 7 向右移动鼠标，此时会出现图 5-39 所示的 H 提示符，说明要绘制的线段是水平方向的。

步骤 8 与以上操作相同，绘制如图 5-40 所示的另外一条线段。

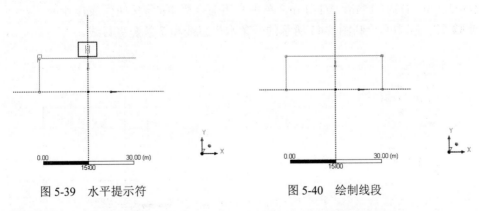

图 5-39 水平提示符　　　　　　　　　　图 5-40 绘制线段

步骤 9 在"草图绘制"操作面板中单击"维度"，此时工具箱会出现图 5-41 所示卷帘菜单,单击"通用"按钮。

步骤 10 选中图中最左侧的竖直线段,然后移动鼠标并单击,此时会出现图 5-42 所示的尺寸标注。

图 5-41 尺寸标注面板

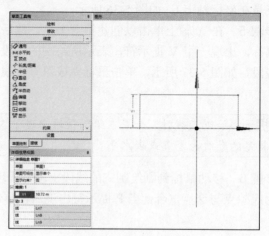

图 5-42 尺寸标注

步骤 11 同样的操作标注如图 5-43 所示的尺寸。

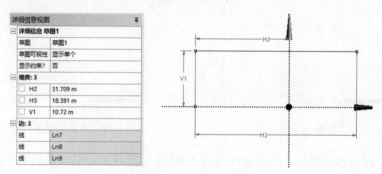

图 5-43 其余的尺寸标注

步骤 12 在图 5-44 所示的详细信息视图下面的"维度:3"中,做如下修改:H2=2.3 m,H3=1.15 m,V1=1 m,单击常用命令栏中的 按钮生成尺寸。

步骤 13 在中间绘制图 5-45 所示的一条水平直线和 7 条竖直直线。

图 5-44 尺寸修改

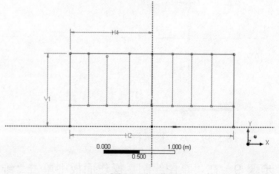

图 5-45 草绘

步骤 14 对直线进行约束。单击"草图绘制"操作面板中的"约束",在卷帘菜单中单击"重合"按钮,再单击图 5-46 所示的点和直线,进行约束操作。

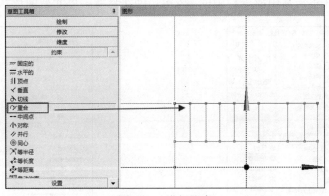

图 5-46 进行约束

步骤 15 标注尺寸。如图 5-47 所示,对直线进行尺寸标注和设置。

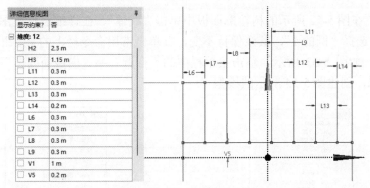

图 5-47 尺寸标注和设置

步骤 16 在树轮廓面板中单击"建模"选项卡,选择绘制完成的"草图 1",如图 5-48 所示,单击菜单栏"概念"→"草图线"命令,再单击常用命令栏的 按钮,生成的图形如图 5-49 所示。

图 5-48 草绘转化

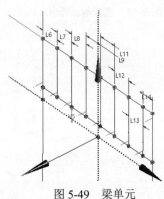

图 5-49 梁单元

步骤 17 单击菜单栏"概念"→"横截面"→"圆的"命令，如图 5-50 所示。

步骤 18 在图 5-51 所示的详细信息视图面板中的"维度：1"中将 R 设置为 0.03 m，其余保持不变，并单击常用命令栏中的 ⚡ 按钮，创建悬臂梁单元截面形状。

图 5-50 创建截面形状

图 5-51 设置截面大小

步骤 19 在图 5-52 所示的树轮廓面板中单击"线体"，在详细信息视图面板中的"横截面"选项中选择"圆的 1"，其余保持不变，并单击常用命令栏上的 ⚡ 按钮。

步骤 20 如图 5-53 所示，单击菜单栏中的"查看"→"横截面固体"命令，使命令前出现 ✓ 标志，创建图 5-54 所示的模型。

图 5-52 选择截面形状

图 5-53 显示截面特性

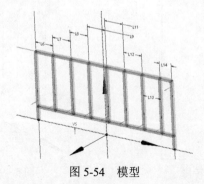

图 5-54 模型

步骤 21 关闭 DesignModeler 平台，返回 Workbench 平台。

5.3.4 添加材料库

步骤 1 双击项目 A 中的 A2"工程数据"项，进入图 5-55 所示的材料参数设置界面，在该界面下即可进行材料参数设置。

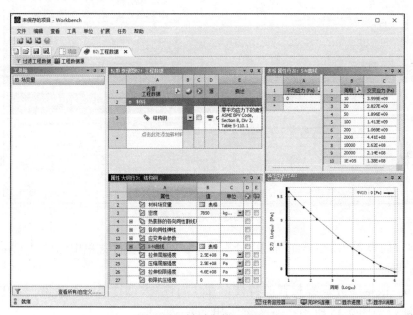

图 5-55 材料参数设置界面

步骤 2 在界面的空白处右击，在弹出的快捷菜单中选择"工程数据源"，此时的界面会变为图 5-56 所示的界面。

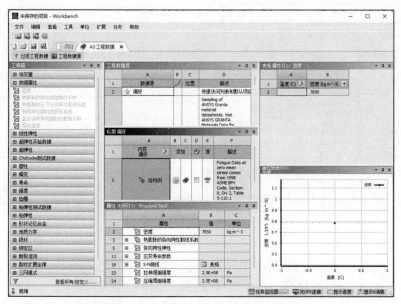

图 5-56 变化后的材料参数设置界面

步骤 3   在"工程数据源"表中选择 A4"一般材料",然后单击"轮廓 General Materials"表中 A4"不锈钢"后的 B4 中的 ⊕（添加）按钮,此时在 C4 中会显示 ◈（使用中的）标识,如图 5-57 所示,标识材料添加成功。

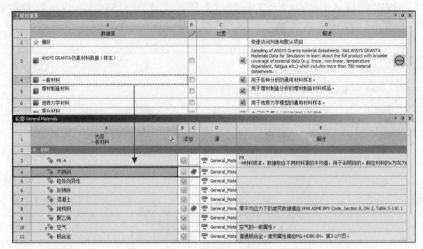

图 5-57   添加材料

步骤 4   同步骤 2,在界面的空白处右击,在弹出的快捷菜单中选择"工程数据源",返回到初始界面中。

步骤 5   根据实际工程材料的特性,在"属性 大纲行 3：不锈钢"表中可以修改材料的属性,如图 5-58 所示,本实例采用的是默认值。

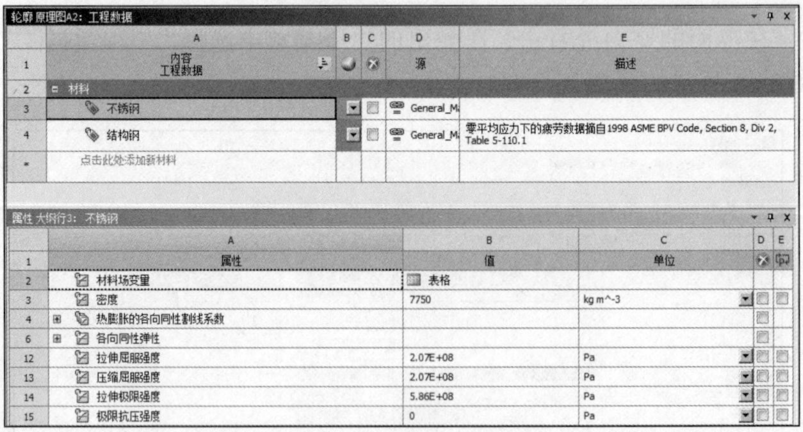

图 5-58   材料属性窗口

步骤 6   单击工具栏中的 ⬚项目 选项卡,切换到 Workbench 主界面,材料库添加完毕。

5.3.5   添加模型材料属性

步骤 1   双击主界面项目管理区项目 A 中的 A4"模型",进入图 5-59 所示的 Mechanical 界面,在该界面下可进行网格的划分、分析设置、结果观察等操作。

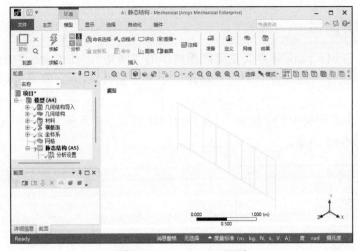

图 5-59　Mechanical 界面

步骤2　显示截面几何。单击图 5-60 所示的"显示"菜单中的"横截面"按钮，此时梁单元图形将如图 5-61 所示。

图 5-60　命令菜单

图 5-61　截面显示

步骤3　选择 Mechanical 界面左侧流程树中"几何结构"选项下的"线体"，此时可在"线体"的详细信息中给模型变更材料，如图 5-62 所示。

步骤4　单击"线体"的详细信息中的"材料"下"任务"选项后的 ，会出现刚刚设置的材料"不锈钢"，选择即可将其添加到模型中去。图 5-63 所示表示材料已经添加成功。

图 5-62　变更材料

图 5-63　变更材料后的流程树

5.3.6 划分网格

步骤 1 单击 Mechanical 界面左侧流程树中的"网格"，在"网格"的详细信息中修改网格参数，本例将"默认值"中的"单元尺寸"设置为 0.1 m，其余采用默认设置，如图 5-64 所示。

步骤 2 右击流程树中的"网格"，在弹出的快捷菜单中选择"生成网格"命令，最终的网格效果如图 5-65 所示。

图 5-64 修改网格参数

图 5-65 网格效果

5.3.7 施加载荷与约束

步骤 1 单击 Mechanical 界面左侧流程树中的"静态结构（A5）"，出现图 5-66 所示的"环境"选项卡。单击"环境"选项卡中的"结构"→"固定的"按钮，在流程树中会出现"固定支撑"选项。

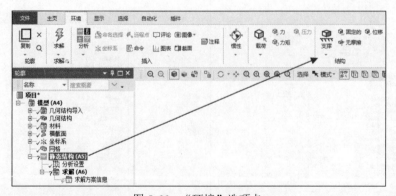

图 5-66 "环境"选项卡

步骤2 选中"固定支撑",选择需要施加"固定支撑"约束的节点,在"固定支撑"的详细信息中设置"几何结构"选项时确保选中几何结构,此时"几何结构"选项中显示"2顶点",如图5-67所示。

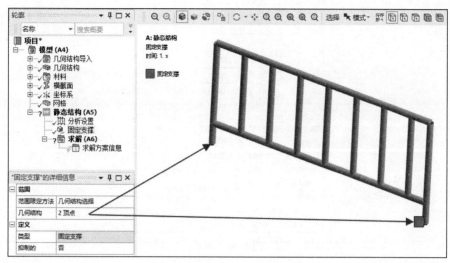

图5-67 施加"固定支撑"约束

步骤3 同步骤1,单击"环境"选项卡中的"载荷"→"力"命令,如图5-68所示,此时在流程树中会出现"力"选项。

步骤4 单击"力",在"力"的详细信息中做如下设置。

①在设置"几何结构"选项时确保图5-69所示的点被选中,此时在"几何结构"选项中显示"2顶点",表明"2顶点"已经被选中。

②在"定义依据"选项中选择"分量",表示按坐标的方式输入数值;

③在"Y分量"后面输入-1000 N,保持其他选项默认即可。

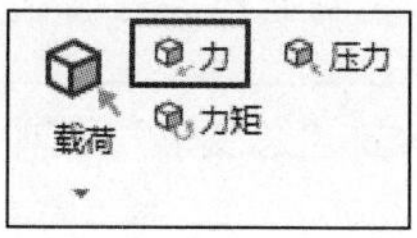

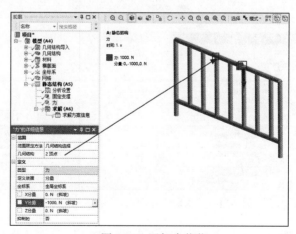

图5-68 添加力载荷

图5-69 添加力载荷

步骤5 右击流程树中的"静态结构(A5)"选项,在弹出的快捷菜单中选择"求解"命令,如图5-70所示。

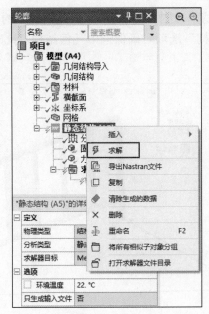

图 5-70 求解

5.3.8 结果后处理

步骤 1 单击 Mechanical 界面左侧流程树中的"求解（A6）"，出现图 5-71 所示的"求解"选项卡。

步骤 2 单击"求解"选项卡中的"变形"→"总计"命令，如图 5-72 所示，此时在流程树中会出现"总变形"选项。

图 5-71 "求解"选项卡

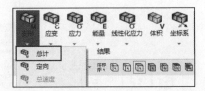

图 5-72 添加"总变形"选项

步骤 3 右击流程树中的"求解（A6）"，在弹出的快捷菜单中选择"评估所有结果"命令，如图 5-73 所示。

步骤 4 单击流程树中的"求解（A6）"下的"总变形"，出现图 5-74 所示的总变形分析云图。

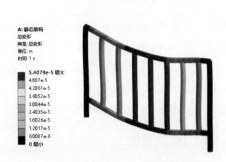

图 5-73 选择"评估所有结果"　　　　　　图 5-74 总变形分析云图

步骤5 单击"求解"选项卡中的"工具箱"→"梁工具"命令，如图5-75所示，此时在流程树中会出现"梁工具"选项。

步骤6 同步骤3，右击流程树中的"求解（A6）"，在弹出的快捷菜单中选择"评估所有结果"命令。

步骤7 单击流程树中的"求解（A6）"下的"梁工具"→"直接应力"命令，出现图5-76所示的"直接应力"分布云图。

步骤8 单击流程树中的"求解（A6）"下的"梁工具"→"最小复合应力"命令，出现图5-77所示的"最小复合应力"分布云图。

图 5-75 梁工具　　　　　　　　　　图 5-76 直接应力分布云图

步骤9 单击流程树中的"求解（A6）"下的"梁工具"→"最大组合应力"命令，出现图5-78所示的"最大组合应力"分布云图。

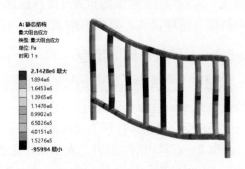

图 5-77 最小复合应力分布云图　　　　　图 5-78 最大组合应力分布云图

5.3.9 保存与退出

步骤 1 单击 Mechanical 界面右上角的"关闭"按钮，返回 Workbench 主界面。

步骤 2 在 Workbench 主界面中单击工具栏中的 🔲（保存）按钮，在弹出的"另存为"对话框的"文件名"文本框中输入"BeamStaticStructure"，单击"保存"按钮保存包含分析结果的文件。

步骤 3 单击右上角的"关闭"按钮，退出 Workbench 主界面，完成项目分析。

5.3.10 读者演练

本例简单讲解了梁单元模型的建立及受力分析，读者可以对本例的网格进行细化，然后进行静力学分析并与以上结果进行对比。

5.4 实例 3——复杂实体静力学分析

本节主要介绍 ANSYS Workbench 的结构线性静力学分析模块，计算增压器叶轮自转状态下的应力分布。

学习目标：熟练掌握 ANSYS Workbench 静力学分析的方法及过程。

模型文件	配套资源\chapter05\chapter05-4\Propeller.stp
结果文件	配套资源\chapter05\chapter05-4\Propeller_StaticStructure.wbpj

扫码观看
配套视频

5.4 复杂实体静力学
分析

5.4.1 问题描述

图 5-79 所示的增压器叶轮模型，请用 ANSYS Workbench 分析增压器叶轮在 108 rad/s 转速下的应力分布。

5.4.2 启动 Workbench 并建立分析项目

步骤 1 在 Windows 系统下启动 ANSYS Workbench，进入主界面。

步骤 2 双击主界面"工具箱"中的"分析系统"→"静态结构"，即可在"项目原理图"窗口创建分析项目 A，如图 5-80 所示。

5.4.3 导入几何体模型

步骤 1 在 A3 "几何结构"上右击，在弹出的快捷菜单中选择"导入几何模型"→"浏览……"命令，弹出"打开"对话框。

图 5-79 叶轮模型

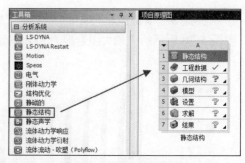

图 5-80 创建分析项目 A

步骤 2 在弹出的"打开"对话框中选择文件路径，导入 Propeller.stp 几何体文件，此时 A3 "几何结构"后的 ❓ 变为 ✓，表示实体模型已经存在。

步骤 3　双击项目 A 中的 A3"几何结构",进入 DesignModeler 界面,设置单位为"毫米",此时树轮廓面板中"导入 1"前显示✅,表示需要生成几何体,此时图形窗口中没有图形显示。

步骤 4　单击常用命令栏的✅按钮,即可显示生成的几何体,如图 5-81 所示,此时可在几何体上进行其他操作,本例无须进行操作。

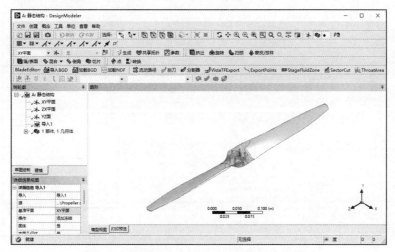

图 5-81　生成几何体后的 DesignModeler 界面

步骤 5　单击 DesignModeler 界面右上角的"关闭"按钮,返回 Workbench 主界面。

5.4.4　添加材料库

步骤 1　双击项目 A 中的 A2"工程数据",进入图 5-82 所示的材料参数设置界面,在该界面下即可进行材料参数设置。

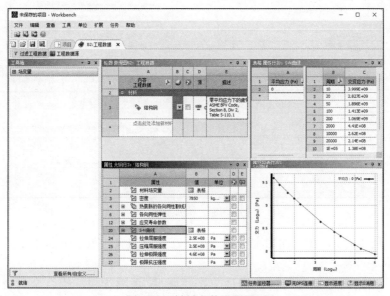

图 5-82　材料参数设置界面

步骤 2   在界面的空白处右击，在弹出的快捷菜单中选择"工程数据源"，此时的界面会变为图 5-83 所示的界面。

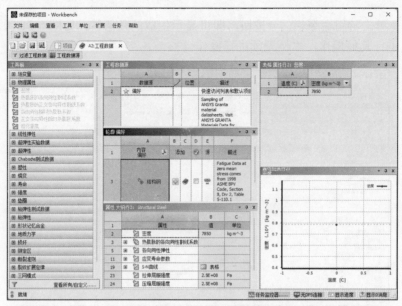

图 5-83   变化后的材料参数设置界面

步骤 3   在"工程数据源"表中单击 A4"一般材料"，然后单击"轮廓 General Materials"表中 A11"铝合金"后的 B11 的 <img>（添加）按钮，此时在 C11 中会显示 <img>（使用中的）标识，如图 5-84 所示，标识材料添加成功。

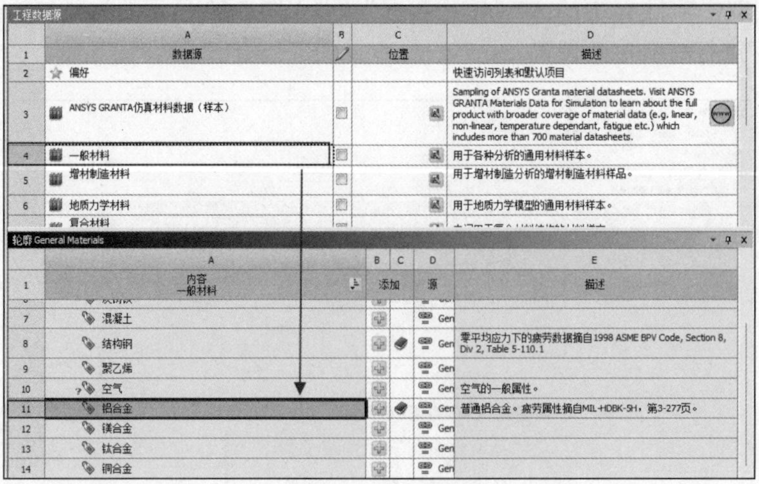

图 5-84   添加材料

步骤 4   同步骤 2，在界面的空白处右击，在弹出的快捷菜单中选择"工程数据源"，返回初始界面。

步骤 5   根据实际工程材料的属性，在"属性 大纲行 4：铝合金"表中可以修改材料的属性，如图 5-85 所示，本实例采用的是默认值。

图 5-85　材料属性窗口

步骤 6　单击工具栏中的 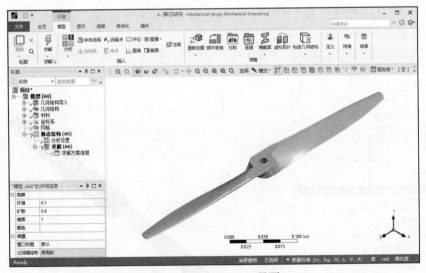项目 选项卡，切换到 Workbench 主界面，材料库添加完毕。

5.4.5　添加模型材料属性

步骤 1　双击主界面项目管理区项目 A 中的 A4"模型"，进入图 5-86 所示的 Mechanical 界面，在该界面下可进行网格的划分、分析设置、结果观察等操作。

图 5-86　Mechanical 界面

步骤 2　单击 Mechanical 界面左侧流程树中"几何结构"选项下的 Propeller，此时可在"Propeller"的详细信息中给模型变更材料，如图 5-87 所示。

步骤 3　单击"Propeller"的详细信息中的"材料"下"任务"后面的 ，会出现刚刚设置的材料"铝合金"，选择即可将其添加到模型中去。图 5-88 所示表示材料已经添加成功。

图 5-87 变更材料 图 5-88 变更材料后的流程树

5.4.6 划分网格

步骤 1 单击 Mechanical 界面左侧流程树中的"网格",此时可在"网格"的详细信息中修改网格参数,本例将"默认值"中的"单元尺寸"设置为 5.e-003 m,其余采用默认设置,如图 5-89 所示。

步骤 2 右击流程树中的"网格",在弹出的快捷菜单中选择"生成网格"命令,最终的网格效果如图 5-90 所示。

图 5-89 修改网格参数 图 5-90 网格效果

5.4.7 施加载荷与约束

步骤 1 单击 Mechanical 界面左侧流程树中的"静态结构(A5)",出现图 5-91 所示的

"环境"工具栏。

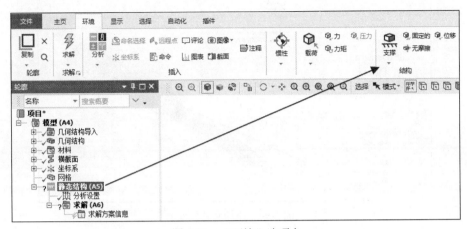

图 5-91 "环境"选项卡

步骤 2 单击"环境"选项卡中的"结构"→"位移"按钮，流程树中会出现"位移"选项。单击"位移"，选择需要施加固定约束的面，在"位移"的详细信息中设置"几何结构"选项时选中几何结构，在"几何结构"选项中显示"2 面"，在"X 分量""Y 分量"及"Z 分量"选项中分别输入 0m，其余采用默认，如图 5-92 所示。

步骤 3 同步骤 2，单击"环境"选项卡中的"惯性"→"旋转速度"命令，如图 5-93 所示，流程树中会出现"旋转速度"选项。

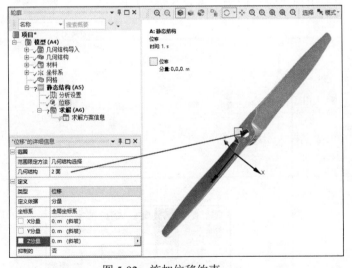

图 5-92 施加位移约束

图 5-93 添加旋转速度载荷

步骤 4 同步骤 2，单击流程树中的"旋转速度"，此时整个实体模型已被选中，在"旋转速度"的详细信息的"大小"后面输入 50 rad/s，同时在设置"轴"选项选中叶轮中心孔壁面，再单击"应用"按钮，如图 5-94 所示，确定旋转轴后，在绘图区域出现一个旋转箭头。

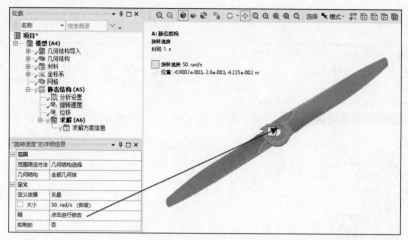

图 5-94 添加旋转速度

步骤 5 右击流程树中的"静态结构（A5）"，在弹出的快捷菜单中选择"求解"命令，如图 5-95 所示。

5.4.8 结果后处理

步骤 1 单击 Mechanical 界面左侧流程树中的"求解（A6）"，出现图 5-96 所示的"求解"选项卡。

步骤 2 单击"求解"选项卡中的"应力"→"等效（Von-Mises）"命令，流程树中会出现"等效应力"选项，如图 5-97 所示。

图 5-95 求解

图 5-96 "求解"选项卡

图 5-97 添加"等效应力"选项

步骤 3 同步骤 2，单击"求解"选项卡中的"应变"→"等效（Von-Mises）"命令，如图 5-98 所示，流程树中会出现"等效弹性应变"选项。

步骤 4 同步骤 2，单击"求解"选项卡中的"变形"→"总计"命令，如图 5-99 所示，流程树中会出现"总变形"选项。

图 5-98 添加"等效弹性应变"选项

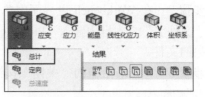

图 5-99 添加"总变形"选项

步骤 5 右击流程树中的"求解（A6）"，在弹出的快捷菜单中选择"评估所有结果"命令，如图 5-100 所示。

步骤 6 单击流程树中的"求解（A6）"下的"等效应力"选项，出现图 5-101 所示的应力分析云图。

图 5-100 选择"评估所有结果"

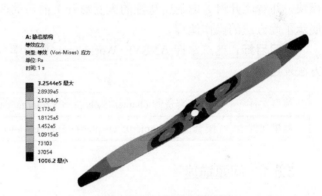

图 5-101 应力分析云图

步骤 7 单击流程树中的"求解（A6）"下的"等效弹性应变"，出现图 5-102 所示的等效弹性应变分析云图。

步骤 8 单击流程树中的"求解（A6）"下的"总变形"，出现图 5-103 所示的总变形分析云图。

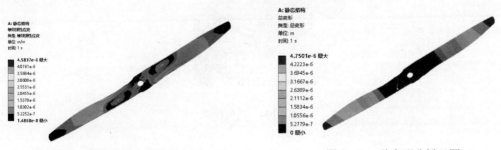

图 5-102 等效弹性应变分析云图   图 5-103 总变形分析云图

5.4.9 保存与退出

步骤 1 单击 Mechanical 界面右上角的"关闭"按钮，返回 Workbench 主界面。

步骤 2 在 Workbench 主界面中单击工具栏中的![save]按钮，在弹出的"另存为"对话框中的"文件名"文本框中输入"Propeller_StaticStructure"，单击"保存"按钮，保存包含分析结果的文件。

步骤 3 单击右上角的"关闭"按钮，退出 Workbench 主界面，完成项目分析。

5.4.10 读者演练

本例简单讲解了叶片模型受力分析，读者可以对本例的网格进行细化，然后进行静力学分析并与以上结果进行对比，这里不再赘述。

5.5 实例4——大变形静力学分析

本节案例演示 ANSYS Workbench 机械设计模块中的静力学分析模块，并对比开启考虑金属塑性的大变形开关前后的两个结果，基本展示了此方法的操作流程。

学习目标：熟练掌握 ANSYS Workbench 静力学分析中大变形的方法及过程。

扫码观看
配套视频

5.5 大变形静力学
分析

模型文件	配套资源\chapter05\chapter05-5\large_deform.stp
结果文件	配套资源\chapter05\chapter05-5\large_ deformation.wbpj

5.5.1 问题描述

图 5-104 所示的大变形静力学模型，请用 ANSYS Workbench 分析对比同样约束及边界条件下不加载大变形开关分析以及加载后两个结果。

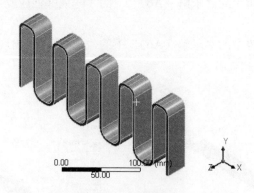

图 5-104 几何模型

5.5.2 启动 Workbench 并建立分析项目

步骤 1 在 Windows 系统下启动 ANSYS Workbench，进入主界面。

步骤 2 双击主界面"工具箱"中的"分析系统"→"静态结构"，即可在"项目原理图"窗口创建分析项目 A，如图 5-105 所示。

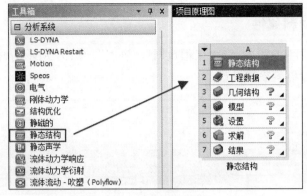

图 5-105 创建分析项目 A

5.5.3 导入几何体模型

步骤 1 在 A3 "几何结构"上右击，在弹出的快捷菜单中选择"导入几何模型"→"浏览……"命令，弹出"打开"对话框。

步骤 2 在弹出的"打开"对话框中选择文件路径，导入 large_deform.stp 几何体文件，此时 A3 "几何结构"后的 ❓ 变为 ✔，表示实体模型已经存在。

步骤 3 双击项目 A 中的 A3 "几何结构"，进入 DesignModeler 界面，设置单位为"毫米"，此时树轮廓面板中"导入 1"前显示 ⚡，表示需要生成几何体，此时图形窗口中没有图形显示。

步骤 4 单击常用命令栏的 ⚡ 按钮，即可显示生成的几何体，如图 5-106 所示，此时可在几何体上进行其他的操作，本例无须进行操作。

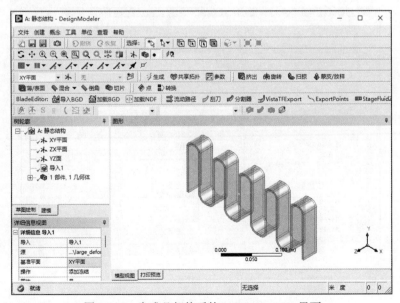

图 5-106 生成几何体后的 DesignModeler 界面

步骤 5 单击 DesignModeler 界面右上角的"关闭"按钮，返回 Workbench 主界面。

5.5.4 设定材料属性

步骤 1 双击项目 A 中的 A2 "工程数据",进入图 5-107 所示的材料参数设置界面,在该界面下即可进行材料参数设置。

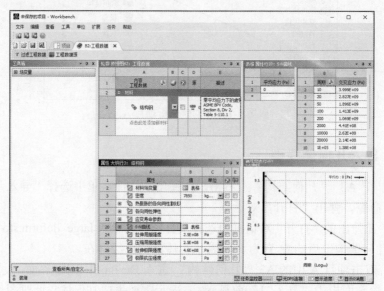

图 5-107 材料参数设置界面

步骤 2 单击 A3 "结构钢",在"属性大纲行 3:结构钢"表中将"杨氏模量"的"值"设置为 1E+11,"单位"为 Pa,其他参数不变,如图 5-108 所示。

	A	B	C	D	E
1	内容 工程数据			源	描述
2	⊟ 材料				
3	🔖 结构钢			🔗 General	零平均应力下的疲劳数据摘自 1998 ASME BPV Code, Section 8, Div 2, Table 5-110.1
*	点击此处添加新材料				

	A	B	C	D	E
1	属性	值	单位		
2	📊 材料场变量	📊 表格			
3	📊 密度	7850	kg m^-3		
4	⊟ 热膨胀的各向同性割线系数				
5	📊 热膨胀系数	1.2E-05	C^-1		
6	⊟ 各向同性弹性				
7	衍生于	杨氏模量与泊松比			
8	📊 杨氏模量	1E+11	Pa		
9	📊 泊松比	0.3			
10	📊 体积模量	8.3333E+10	Pa		
11	📊 剪切模量	3.8462E+10	Pa		
12	⊞ 应变寿命参数				
20	⊞ S-N曲线	📊 表格			
24	📊 拉伸屈服强度	2.5E+08	Pa		
25	📊 压缩屈服强度	2.5E+08	Pa		
26	📊 拉伸极限强度	4.6E+08	Pa		
27	📊 极限抗压强度	0	Pa		

图 5-108 定义材料属性

步骤 3 单击工具栏中的 ⊞项目 选项卡,切换到 Workbench 主界面,材料库添加完毕。

5.5.5 划分网格

步骤 1 双击主界面项目管理区项目 A 中的 A4"模型"项，进入图 5-109 所示 Mechanical 界面，在该界面下即可进行网格的划分、分析设置、结果观察等操作。

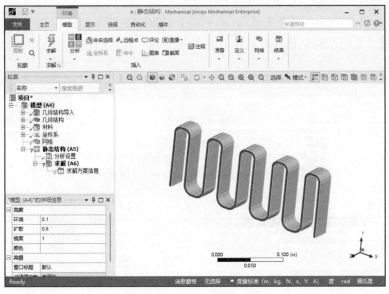

图 5-109 Mechanical 界面

步骤 2 单击 Mechanical 界面左侧流程树中的"网格"，本例中，"默认值"中的"单元尺寸"采用默认设置，如图 5-110 所示。

步骤 3 右击流程树中的"网格"，在弹出的快捷菜单中选择"生成网格"命令，最终的网格效果如图 5-111 所示。

图 5-110 修改网格参数

图 5-111 网格效果

5.5.6　定义约束及边界条件

步骤 1　单击 Mechanical 界面左侧流程树中的"静态结构（A5）"，出现"环境"选项卡。

步骤 2　单击"环境"选项卡中的"结构"→"固定的"按钮，此时在流程树中会出现"固定支撑"选项。单击"固定支撑"，选择需要施加固定约束的面，在"固定支撑"的详细信息中设置"几何结构"选项时选中几何结构，在"几何结构"选项中显示"1 面"，如图 5-112 所示。

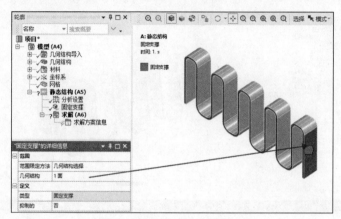

图 5-112　施加"固定支撑"约束

步骤 3　同步骤 2，单击"环境"选项卡中的"荷载"→"力"按钮，如图 5-113 所示，此时在流程树中会出现"力"选项。

步骤 4　单击"力"，在"力"的详细信息面板中做如下设置。

①在设置"几何结构"选项时确保图 5-114 所示的面被选中，此时在"几何结构"选项中显示"1 面"。

②在"定义依据"选项中选择"矢量"，在"大小"后面输入 100 N，保持其他选项默认即可。

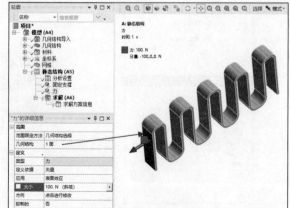

图 5-113　添加力载荷

图 5-114　设置力载荷

5.5.7　求解及后处理

步骤 1　单击 Mechanical 界面左侧流程树中的"静态结构（A5）"→"分析设置"选项，此时会出现"分析设置"的详细信息，"大挠曲"默认为"关闭"，如图 5-115 所示。

步骤 2　单击"求解"选项卡中的"变形"→"总计"命令，如图 5-116 所示，此时在流程树中会出现"总变形"选项。

图 5-115　关闭大变形

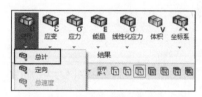

图 5-116　添加总变形选项

步骤 3　右击流程树中的"求解（A6）"选项，在弹出的快捷菜单中选择"求解"命令，如图 5-117 所示。

步骤 4　单击流程树中的"求解（A6）"下的"总变形"选项，此时会出现图 5-118 所示的总变形分析云图。

图 5-117　"求解"命令

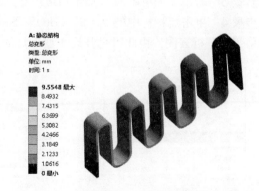

图 5-118　总变形分析云图

步骤 5　第一阶段分析结束后，保存项目文件。单击 Mechanical 界面右上角的"关闭"按钮，返回 Workbench 主界面。

步骤 6　在 Workbench 主界面中单击工具栏中的 按钮，在弹出的"另存为"对话框中的"文件名"文本框中输入"large_deformation"单击"保存"按钮，保存包含分析结果的文件。

5.5.8   开启大变形开关再次新建项目

回到项目管理区。右击 A1"静态结构",在弹出的快捷菜单中选择"复制"命令,完成一个"静态结构"分析项目的复制,如图 5-119 所示。

图 5-119   新建一个静态结构分析

5.5.9   再次求解及后处理

步骤 1   双击项目 B5"设置"。

步骤 2   此次分析需要开启大变形开关。单击 Mechanical 界面左侧流程树中的"静态结构(B5)"→"分析设置"选项,此时会出现"分析设置"的详细信息,将"大挠曲"修改为"开启",如图 5-120 所示。

步骤 3   右击流程树中的"求解(B6)"选项,在弹出的快捷菜单中选择"求解"命令。

步骤 4   单击流程树中的"求解(B6)"下的"总变形"选项,此时会出现图 5-121 所示的总变形分析云图。由此可见开启大变形后的最大变形从 9.554 8 mm 变为 8.487 6 mm。

图 5-120   开启大变形

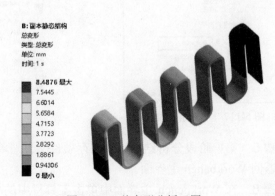

图 5-121   总变形分析云图

5.5.10 保存并退出

步骤 1 单击 Mechanical 界面右上角的"关闭"按钮，返回 Workbench 主界面。

步骤 2 在 Workbench 主界面中单击工具栏中的 按钮。

步骤 3 单击右上角的"关闭"按钮，退出 Workbench 主界面，完成项目分析。

5.6 本章小结

　　线性材料结构静力学分析是有限元分析中常见的分析类型，在工业品、制造业、消费品、土木工程、医学研究、电力传输和电子设计等领域经常用到此类分析。

　　本章通过典型案例，分别介绍了梁单元、实体单元的有限元静力学分析的一般过程，包括材料导入与建模、材料选择与材料属性赋予、有限元网格的划分、对模型施加边界条件和外载荷、结构后处理及大变形的开启等。通过本章的学习，读者应详细了解并熟练掌握 ANSYS Workbench 结构静力学分析模块及操作步骤与分析方法。

第6章 结构动力学分析

ANSYS Workbench 软件为用户提供了多种动力学分析工具，可以完成各种动力学现象的分析和模拟，包括模态分析、响应谱分析、随机振动分析、谐响应分析、线性屈曲分析、瞬态动力学分析及显式动力学分析，其中显式动力学分析是由 ANSYS AUTODYN 及 ANSYS LS-DYNA 两个求解器完成的。

本章将对 ANSYS Workbench 软件的动力学分析模块进行讲解，并通过典型应用对各种分析的一般步骤进行详细讲解，包括几何建模（外部几何数据的导入）、材料赋予、网格设置与划分、边界条件的设定及后处理操作。

学习目标：

（1）熟练掌握 ANSYS Workbench 软件结构动力学分析的过程；

（2）了解结构动力学分析与结构静力学分析的不同之处；

（3）掌握结构动力学分析的应用场合。

6.1 结构动力学分析简介

动力学分析是用来确定惯性和阻尼起重要作用时结构的动力学行为的技术，典型的动力学行为有结构的振动特性，如结构的振动和自振频率、载荷随时间变化的效应或交变载荷激励效应等。动力学分析可以模拟的物理现象包括振动冲击、交变载荷、地震载荷、随机载荷等。

6.1.1 结构动力学分析的平衡方程

动力学问题遵循的平衡方程为

$$[M]\{x''\} + [C]\{x'\} + [K]\{x\} = \{F(t)\} \qquad (6\text{-}1)$$

式中，$[M]$ 是质量矩阵；$[C]$ 是阻尼矩阵；$[K]$ 是刚度矩阵；$\{x\}$ 是位移矢量；$\{F(t)\}$ 是力矢量；$\{x'\}$ 是速度矢量；$\{x''\}$ 是加速度矢量。

动力学分析适用于快速加载、冲击碰撞的情况，在这种情况下，惯性力和阻尼的影响不能被忽略。如果结构静止，载荷速度较慢，则动力学计算结果将等同于静力学计算结果。

由于动力学问题需要考虑结构的惯性，因此对于动力学分析来说，材料参数必须定义密度，另外材料的弹性模量和泊松比也是必不可少的输入参数。

6.1.2 结构动力学分析的阻尼

结构动力学分析的阻尼是振动能量耗散的机制，可以使振动最终停下来，阻尼大小取决于材料、运动速度和振动频率。阻尼参数在运动方程（6-1）中由阻尼矩阵[C]描述，阻尼力与运动速度成比例。

动力学中常用的阻尼形式有阻尼比（ξ）、α 阻尼和 β 阻尼，其中 α 阻尼和 β 阻尼统称为瑞利阻尼（Rayleigh 阻尼）。下面将简单介绍以上 3 种阻尼的基本概念及公式。

（1）阻尼比（ξ）：阻尼比（ξ）是阻尼系数与临界阻尼系数之比。临界阻尼定义为出现振荡与非振荡行为之间的临界点的阻尼值，此时阻尼比 $\xi=1.0$，对于单自由度系统弹簧质量系统，质量为 m，圆频率为 ω，则临界阻尼 $C=2m\omega$。

（2）瑞利阻尼（Rayleigh 阻尼）：包括 α 阻尼和 β 阻尼。如果质量矩阵为[M]，刚度矩阵为[K]，则瑞利阻尼矩阵为$[C]=\alpha[M]+\beta[K]$，所以 α 阻尼和 β 阻尼分别被称为质量阻尼和刚度阻尼。

阻尼比与瑞利阻尼之间的关系为 $\xi=\alpha/2\omega+\beta\omega/2$。从此公式可以看出，质量阻尼过滤低频部分（频率越低，阻尼越大）；而刚度阻尼过滤高频部分（频率越高，阻尼越大）。

（3）定义 α 阻尼和 β 阻尼：运用关系式 $\xi=\alpha/2\omega+\beta\omega/2$，指定两个频率 ω_i 和 ω_j 对应的阻尼比 ζ_i 和 ζ_j，则可以计算出 α 阻尼和 β 阻尼为

$$\alpha = \frac{2\omega_i\omega_j}{\omega_j^2 - \omega_i^2}(\omega_j\zeta_i - \omega_i\zeta_j)$$
$$\beta = \frac{2}{\omega_j^2 - \omega_i^2}(\omega_j\zeta_j - \omega_i\zeta_i)$$

（6-2）

（4）阻尼值量级：以 α 阻尼为例，$\alpha=0.5$ 为很小的阻尼；$\alpha=2.5$ 为显著的阻尼；$\alpha=5\sim\alpha=10$ 为非常显著的阻尼；$\alpha>10$ 为很大的阻尼，不同阻尼情况下结构的变形可能会有较明显的差异。

6.2 模态分析简介

模态分析是计算结构振动特性的数值技术，结构振动特性包括固有频率和振型。模态分析是基本的动力学分析，也是其他动力学分析的基础，如响应谱分析、随机振动分析、谐响应分析等都需要在模态分析的基础上进行。

模态分析是简单的动力学分析，具有非常广泛的实用价值。模态分析可以帮助设计人员确定结构的固有频率和振型，从而使结构设计避免共振，并指导工程师预测在不同载荷作用下结构的振动形式。

此外，模态分析还有助于估算其他动力学分析参数，比如瞬态动力学分析中为了保证动力响应的计算精度，通常要求在结构的一个自振周期有不少于 25 个计算点，模态分析可以确定结构的自振周期，从而帮助分析人员确定合理的瞬态分析时间步长。

6.2.1 模态分析

ANSYS Workbench 模态求解器如图 6-1 所示，其中默认为"程序控制"类型。

除了常规的模态分析，ANSYS Workbench 还可计算含有接触的模态分析及考虑有预应力的模态分析。

图 6-2 所示为采用 ANSYS 默认求解器进行模态分析的项目。

图 6-1   求解器类型   图 6-2   模态分析项目

6.2.2   模态分析基础

无阻尼模态分析是经典的特征值问题，动力学问题的运动方程为

$$[M]\{x''\} + [K]\{x\} = \{0\} \tag{6-3}$$

结构的自由振动为简谐振动，即位移为正弦函数

$$x = x\sin(\omega t) \tag{6-4}$$

代入式（6-3）得

$$([K] - \omega^2[M])\{x\} = \{0\} \tag{6-5}$$

式（6-4）为经典的特征值问题，此方程的特征值为 ω_i^2，其开方（ω_i）就是自振圆频率，自振频率为 $f = \dfrac{\omega_i}{2\pi}$。

特征值 ω_i 对应的特征向量 $\{x\}_i$ 为自振频率 $f = \dfrac{\omega_i}{2\pi}$ 对应的振型。

提示：模态分析实际上就是进行特征值和特征向量的求解，也称为模态提取。模态分析中材料的弹性模量、泊松比及材料密度是必须定义的。

6.2.3   预应力模态分析

结构中的应力可能会导致结构刚度的变化，这方面的典型例子是琴弦。我们都有这样的经验：张紧的琴弦比松弛的琴弦声音要尖锐。这是因为张紧的琴弦刚度更大，从而导致自振频率更高的缘故。

液轮叶片在转速很高的情况下，由于离心力产生的预应力的作用，其自振频率有增大的趋势，如果转速高到这种变化已经不能被忽略的程度，则需要考虑预应力对刚度的影响。

预应力模态分析就是用于分析含预应力结构的自振频率和振型，预应力模态分析和常规模态分析类似，但可以考虑载荷产生的应力对结构刚度的影响。

6.3　实例 1——模态分析

本节主要介绍 ANSYS Workbench 的模态分析模块，计算方杆的自振频率特性。

学习目标： 熟练掌握 ANSYS Workbench 模态分析的方法及过程。

模型文件	配套资源\chapter06\chapter06-3\model.stp
结果文件	配套资源\chapter06\chapter06-3\Modal.wbpj

扫码观看
配套视频

6.3 模态分析

6.3.1　问题描述

图 6-3 所示为方杆模型，请用 ANSYS Workbench 分析方杆自振频率变形。

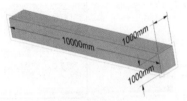

6.3.2　启动 Workbench 并建立分析项目

步骤 1　在 Windows 系统下启动 ANSYS Workbench，进入主界面。

图 6-3　方杆模型

步骤 2　双击主界面"工具箱"中的"分析系统"→"模态"选项，即可在"项目原理图"窗口创建分析项目 A，如图 6-4 所示。

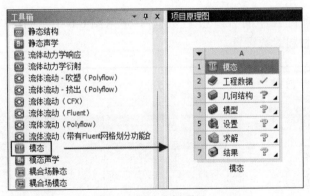

图 6-4　创建分析项目 A

6.3.3　导入几何体模型

步骤 1　在 A3 "几何结构"上右击，在弹出的快捷菜单中选择"导入几何模型"→"浏览……"命令，此时会弹出"打开"对话框。

步骤 2　在弹出的"打开"对话框中选择文件路径，导入 model.stp 几何体文件，此时 A3 "几何结构"后的 ❓ 变为 ✔，表示实体模型已经存在。

步骤 3　双击项目 A 中的 A3"几何结构"，此时会进入 DesignModeler 界面，设置单位为"毫米"，此时树轮廓面板中"导入 1"前显示✅，表示需要生成几何体，此时图形窗口中没有图形显示。

步骤 4 单击常用命令栏 按钮，即可显示生成的几何体，如图 6-5 所示，此时可在几何体上进行其他的操作，本例无须进行操作。

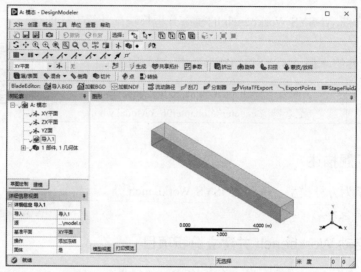

图 6-5 生成几何体后的 DesignModeler 界面

步骤 5 单击 DesignModeler 界面右上角的"关闭"按钮，返回 Workbench 主界面。

6.3.4 添加材料库

步骤 1 双击项目 A 中的 A2"工程数据"，进入图 6-6 所示的材料参数设置界面，在该界面下即可进行材料参数设置。

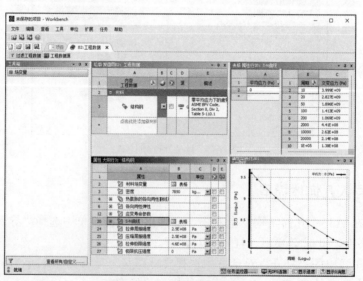

图 6-6 材料参数设置界面

步骤 2 在界面的空白处右击，在弹出的快捷菜单中选择"工程数据源"，此时的界面会变为图 6-7 所示的界面。

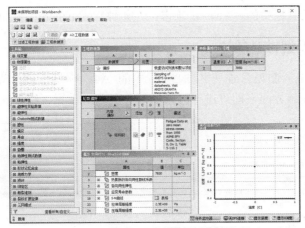

图 6-7 变化后的材料参数设置界面

步骤 3 在"工程数据源"表中选择 A4"一般材料",然后单击"轮廓 General Materials"表中 A4 "不锈钢"后的 B4 ⊞按钮,此时在 C4 中会显示 ◈标识,如图 6-8 所示,标识材料添加成功。

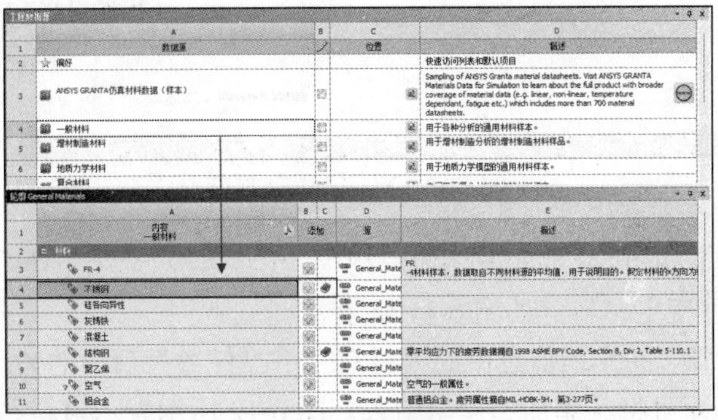

图 6-8 添加材料

步骤 4 同步骤 2,在界面的空白处右击,在弹出的快捷菜单中选择"工程数据源",返回初始界面中。

步骤 5 根据实际工程材料的属性,在"属性 大纲行 3:不锈钢"表中可以修改材料的属性,如图 6-9 所示,本实例采用的是默认值。

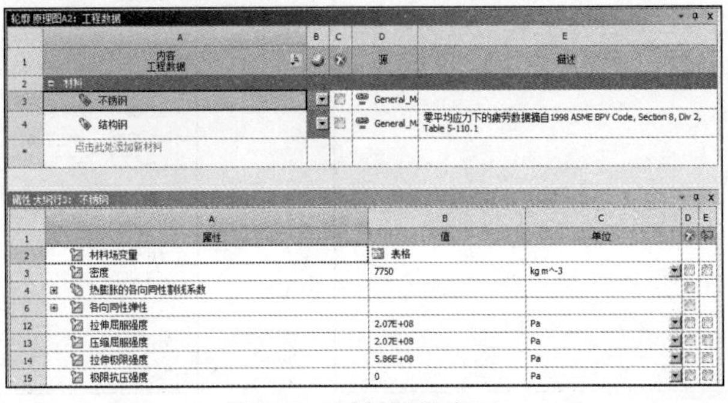

图 6-9 材料属性窗口

步骤 6 单击工具栏中的 选项卡,切换到 Workbench 主界面,材料库添加完毕。

6.3.5 添加模型材料属性

步骤 1 双击主界面项目管理区项目 A 中的 A4"模型"项,进入图 6-10 所示的 Mechanical 界面,在该界面下即可进行网格的划分、分析设置、结果观察等操作。

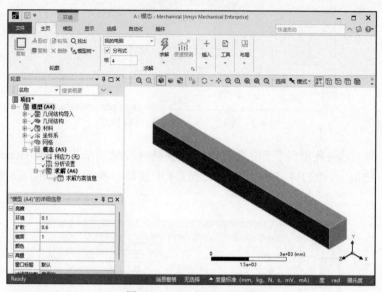

图 6-10 Mechanical 界面

步骤 2 选择 Mechanical 界面左侧流程树中"几何结构"选项下的"1",此时即可在"1"的详细信息中给模型变更材料,如图 6-11 所示。

步骤 3 单击"1"的详细信息中的"材料"下"任务"后面的 ,出现刚刚设置的材料"不锈钢",选择即可将其添加到模型中去。图 6-12 所示表示材料已经添加成功。

图 6-11 变更材料

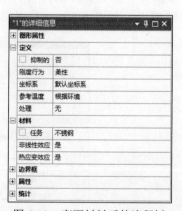

图 6-12 变更材料后的流程树

6.3.6　划分网格

步骤 1　单击 Mechanical 界面左侧流程树中的"网格"选项，此时可在"网格"的详细信息中修改网格参数，本例将"默认值"中的"单元尺寸"设置为 0.1 m，其余采用默认设置，如图 6-13 所示。

步骤 2　右击流程树中的"网格"选项，在弹出的快捷菜单中选择"生成网格"命令，最终的网格效果如图 6-14 所示。

图 6-13　修改网格参数　　　　　图 6-14　网格效果

6.3.7　施加载荷与约束

步骤 1　单击 Mechanical 界面左侧流程树中的"模态（A5）"选项，此时会出现图 6-15 所示的"环境"选项卡。

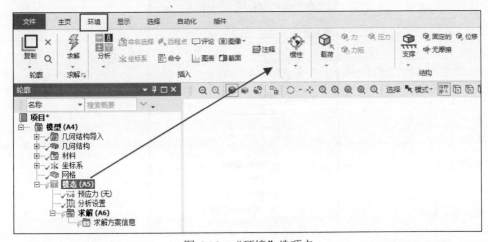

图 6-15　"环境"选项卡

步骤 2 单击"环境"选项卡中的"结构"→"固定的"按钮，如图 6-16 所示，此时在流程树中会出现"固定支撑"选项。

图 6-16 添加"固定支撑"约束

步骤 3 单击"固定支撑"，选择需要施加固定约束的面，在"固定支撑"的详细信息中设置"几何结构"选项时选中几何结构上表面，如图 6-17 所示。

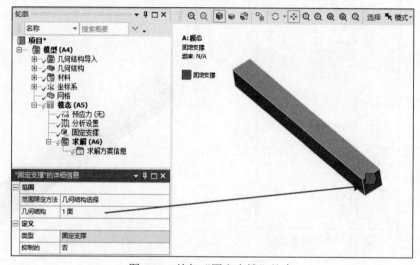

图 6-17 施加"固定支撑"约束

步骤 4 右击流程树中的"模态（A5）"选项，在弹出的快捷菜单中选择"求解"命令，如图 6-18 所示。

图 6-18 "求解"命令

6.3.8 结果后处理

步骤 1 单击 Mechanical 界面左侧流程树中的"求解（A6）"选项，此时会出现图 6-19 所示的"求解"选项卡。

步骤 2 单击"求解"选项卡中的"变形"→"总计"命令，如图 6-20 所示，此时在流程树中会出现"总变形"选项。

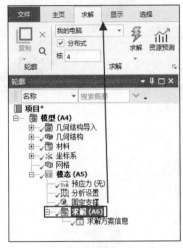

图 6-19 "求解"选项卡

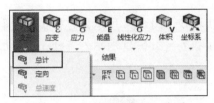

图 6-20 添加"总变形"选项

步骤 3 同步骤 2，单击"求解"选项卡中的"变形"→"总计"命令，此时在流程树中出现"总变形 2"选项，单击"总变形 2"，在"总变形 2"的详细信息中"定义"下"模式"选项后面输入"2"，代表定义"2 阶模态"的总变形，如图 6-21 所示。以此类推，一共创建"6 阶模态"总变形。

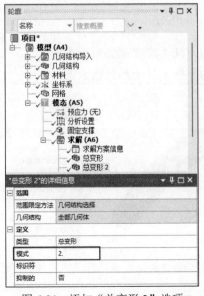

图 6-21 添加"总变形 2"选项

步骤 4 右击流程树中的"求解（A6）"选项，在弹出的快捷菜单中选择"评估所有结果"命令，如图 6-22 所示。

步骤 5 单击流程树中的"求解（A6）"下的"总变形"选项，此时出现图 6-23 所示的总变形分析云图。

图 6-22 "评估所有结果"命令

图 6-23 总变形分析云图

步骤 6 图 6-24 所示为方杆 2 阶变形分析云图。

步骤 7 图 6-25 所示为方杆 3 阶变形分析云图。

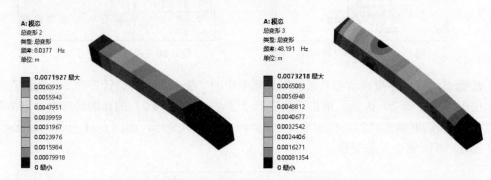

图 6-24 2 阶变形分析云图 图 6-25 3 阶变形分析云图

步骤 8 图 6-26 所示为方杆 4 阶变形分析云图。

步骤 9 图 6-27 所示为方杆 5 阶变形分析云图。

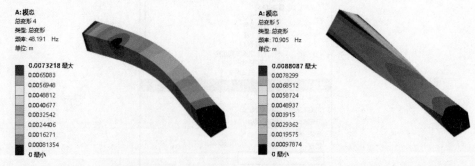

图 6-26 4 阶变形分析云图 图 6-27 5 阶变形分析云图

步骤 10 图 6-28 所示为方杆 6 阶变形分析云图。

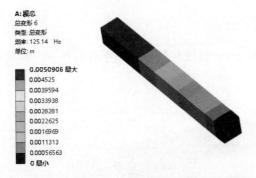

图 6-28 6阶变形分析云图

步骤 11 图 6-29 所示为方杆前 6 阶模态频率，Workbench 模态计算时的默认模态数量为 6。

步骤 12 单击流程树中"模态（A5）"下的"分析设置"选项，在图 6-30 所示的"分析设置"的详细信息下的"选项"中的"最大模态阶数"选项中可以修改模态数量。

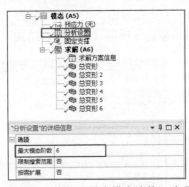

表格数据		
	模式	✔ 频率 [
1	1.	8.0377
2	2.	8.0377
3	3.	48.191
4	4.	48.191
5	5.	70.905
6	6.	125.14

图 6-29 各阶模态频率 图 6-30 修改"最大模态阶数"选项

6.3.9 保存与退出

步骤 1 单击 Mechanical 界面右上角的"关闭"按钮，返回 Workbench 主界面。

步骤 2 在 Workbench 主界面中单击工具栏中的 按钮，在弹出的"另存为"对话框的"文件名"文本框中输入"Modal"，单击"保存"按钮，保存包含分析结果的文件。

步骤 3 单击右上角的"关闭"按钮，退出 Workbench 主界面，完成项目分析。

6.4 实例2——有预应力模态分析

本节主要介绍 ANSYS Workbench 的模态分析模块，计算方杆在有预应力下的模态。

学习目标：熟练掌握 ANSYS Workbench 有预应力模态分析的方法及过程。

模型文件	配套资源\chapter06\chapter06-4\model.stp
结果文件	配套资源\chapter06\chapter06-4\PreStressModal.wbpj

6.4.1 问题描述

请用 ANSYS Workbench 计算图 6-31 所示模型在有预应力情况下
的固有频率。

扫码观看
配套视频

6.4 有预应力模态
分析

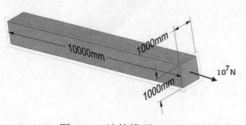

图 6-31 计算模型

6.4.2 启动 Workbench 并建立分析项目

步骤 1 在 Windows 系统下启动 ANSYS Workbench，进入主界面。

步骤 2 双击主界面"工具箱"中的"定制系统"→"预应力模态"选项，即可在"项目
原理图"窗口创建分析项目 A（静态结构）与 B（模态分析），如图 6-32 所示。

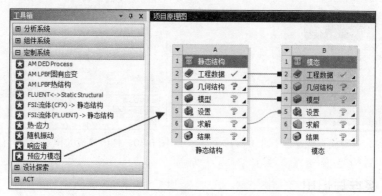

图 6-32 创建分析项目 A 与 B

6.4.3 导入几何体模型

步骤 1 在 A3 "几何结构"上右击，在弹出的快捷菜单中选择"导入几何模型"→
"浏览……"命令，此时会弹出"打开"对话框。

步骤 2 在弹出的"打开"对话框中选择文件路径，导入 model.stp 几何体文件，此时
A3 "几何结构"后的 ❓ 变为 ✓，表示实体模型已经存在。

步骤 3 双击项目 A 中的 A3 "几何结构"，进入 DesignModeler 界面，设置单位为"毫
米"，此时树轮廓面板中"导入 1"前显示 ⚡，表示需要生成几何体，此时图形窗口中没有
图形显示。

步骤 4 在常用命令栏中单击 ⚡ 按钮，即可显示生成的几何体，如图 6-33 所示，此时
可在几何体上进行其他的操作，本例无须进行操作。

步骤 5 单击 DesignModeler 界面右上角的"关闭"按钮，返回 Workbench 主界面。

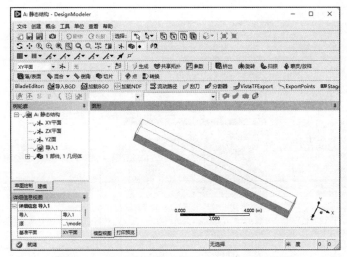

图 6-33 生成几何体后的 DesignModeler 界面

6.4.4 添加材料库

步骤 1 双击项目 A 中的 A2 "工程数据",进入图 6-34 所示的材料参数设置界面,在该界面下即可进行材料参数设置。

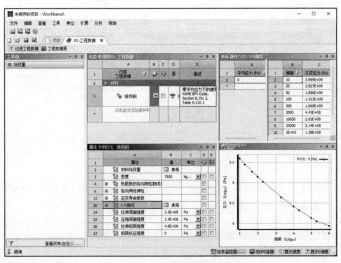

图 6-34 材料参数设置界面

步骤 2 在界面的空白处右击,在弹出的快捷菜单中选择"工程数据源",此时的界面会变为图 6-35 所示的界面。

步骤 3 在"工程数据源"表中选择 A4 "一般材料",然后单击"轮廓 General Materials"表中 A4 "不锈钢"后的 B4 中的 ⊞ 按钮,此时在 C4 中会显示 ● 标识,如图 6-36 所示,标识材料添加成功。

步骤 4 同步骤 2,在界面的空白处右击,在弹出的快捷菜单中选择"工程数据源",返回初始界面中。

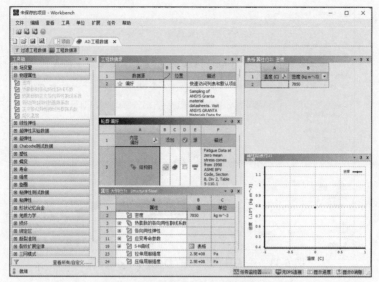

图 6-35　变化后的材料参数设置界面

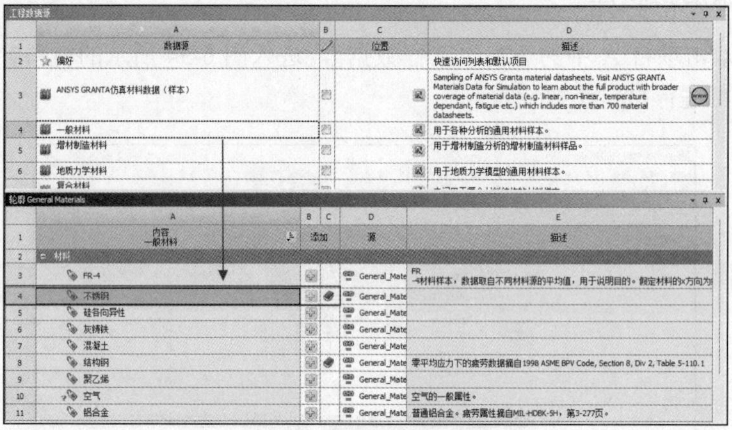

图 6-36　添加材料

步骤 5　根据实际工程材料的属性，在"属性 大纲行 3：不锈钢"表中可以修改材料的属性，如图 6-37 所示，本实例采用的是默认值。

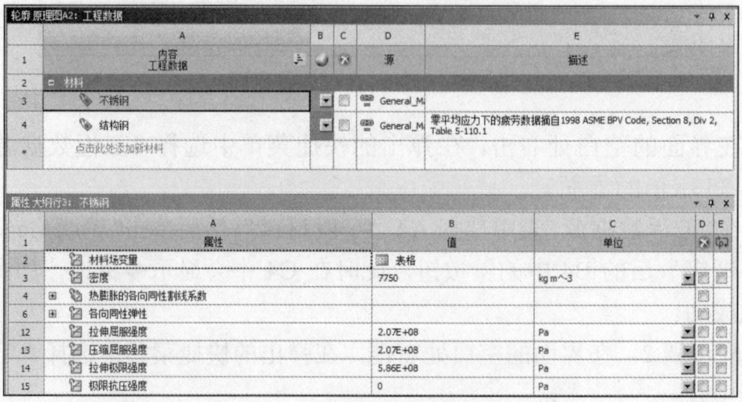

图 6-37　材料属性窗口

步骤 6　单击工具栏中的 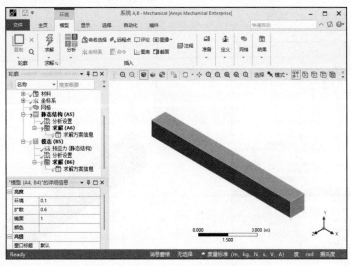（此处为工具栏选项卡图标）选项卡，切换到 Workbench 主界面，材料库添加完毕。

6.4.5　添加模型材料属性

步骤 1　双击主界面项目管理区项目 A 中的 A4 "模型"，进入图 6-38 所示的 Mechanical 界面，在该界面下即可进行网格的划分、分析设置、结果观察等操作。

图 6-38　Mechanical 界面

步骤 2　单击 Mechanical 界面左侧流程树中 "几何结构" 选项下的 1，此时可在 "1" 的详细信息中给模型变更材料，如图 6-39 所示。

步骤 3　单击 "1" 的详细信息中的 "材料" 下 "任务" 后面的箭头，出现刚刚设置的材料 "不锈钢"，选择即可将其添加到模型中去。图 6-40 所示表示材料已经添加成功。

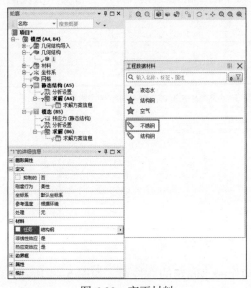

图 6-39　变更材料

图 6-40　变更材料后的流程树

6.4.6　划分网格

步骤 1　单击 Mechanical 界面左侧流程树中的"网格"选项，此时可在"网格"的详细信息中修改网格参数，本例将"默认值"中的"单元尺寸"设置为 0.1 mm，其余采用默认设置，如图 6-41 所示。

步骤 2　右击流程树中的"网格"选项，在弹出的快捷菜单中选择"生成网格"命令，最终的网格效果如图 6-42 所示。

图 6-41　修改网格参数　　　　　　　　　　图 6-42　网格效果

6.4.7　施加载荷与约束

步骤 1　单击 Mechanical 界面左侧流程树中的"静态结构（A5）"选项，出现图 6-43 所示的"环境"选项卡。

图 6-43　"环境"选项卡

步骤 2　单击"环境"选项卡中的"结构"→"固定的"按钮，如图 6-44 所示，此时在流程树中会出现"固定支撑"选项。

图 6-44　添加"固定支撑"约束

步骤 3　单击"固定支撑",选择需要施加"固定支撑"约束的面,在"固定支撑"的详细信息中设置"几何结构"选项时选中几何结构上表面,如图 6-45 所示。

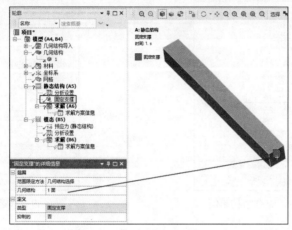

图 6-45　施加"固定支撑"约束

步骤 4　同步骤 2,单击"环境"选项卡中的"载荷"→"力"按钮,如图 6-46 所示,此时在流程树中会出现"力"选项。

步骤 5　单击"力",在"力"的详细信息面板中做如下设置。

①在设置"几何结构"选项时确保图 6-47 所示的面被选中,此时在"几何结构"选项中显示"1 面",表明一个面已经被选中。

②在"定义依据"选项中选择"矢量"。

③在"大小"后面输入 1.e+007 N,其他选项默认即可。

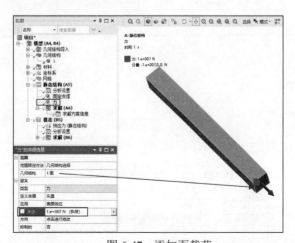

图 6-46　添加力　　　　　　　　　　　　图 6-47　添加面载荷

步骤 6 右击流程树中的"静态结构（A5）"选项，在弹出的快捷菜单中选择"求解"命令，如图 6-48 所示。

6.4.8 模态分析

右击流程树中的"模态（B5）"选项，在弹出的快捷菜单中选择"求解"命令，如图 6-49 所示。

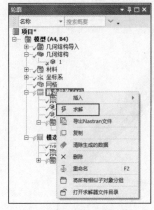

图 6-48 静态结构求解　　　　　　　图 6-49 模态求解

6.4.9 后处理

步骤 1 单击"求解"选项卡中的"变形"→"总计"命令，如图 6-50 所示，此时在流程树中会出现"总变形"选项。

步骤 2 再次单击"求解"选项卡中的"变形"→"总计"命令，此时在流程树中会出现"总变形 2"选项，单击"总变形 2"，在"总变形 2"的详细信息中"定义"项下的"模式"后面输入 2，代表定义"2 阶模态"的总变形，如图 6-51 所示。以此类推，一共创建"6 阶模态"总变形。

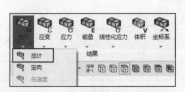

图 6-50 添加"总变形"选项　　　　图 6-51 添加"总变形 2"选项

步骤3 右击流程树中的"求解（B6）"选项，在弹出的快捷菜单中选择"评估所有结果"命令，如图6-52所示。

步骤4 单击流程树中的"求解（B6）"下的"总变形"选项，此时会出现图6-53所示的总变形分析云图。

图6-52 "评估所有结果"命令

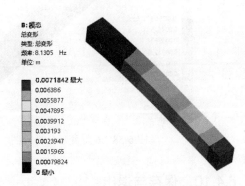

图6-53 总变形分析云图

步骤5 图6-54所示为方杆2阶变形分析云图。

步骤6 图6-55所示为方杆3阶变形分析云图。

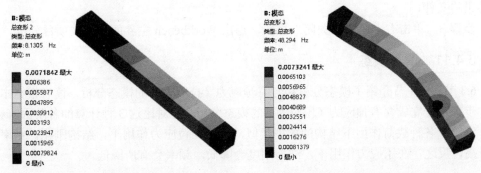

图6-54 2阶变形分析云图 　　　　　图6-55 3阶变形分析云图

步骤7 图6-56所示为方杆4阶变形分析云图。

步骤8 图6-57所示为方杆5阶变形分析云图。

图6-56 4阶变形分析云图 　　　　　图6-57 5阶变形分析云图

步骤 9　图 6-58 所示为方杆 6 阶变形分析云图。

步骤 10　图 6-59 所示为 6 阶模态频率数值。

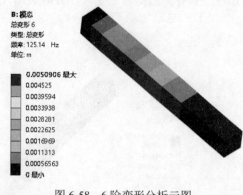

图 6-58　6 阶变形分析云图

模式	✓ 频率 [
1	1.	8.1305
2	2.	8.1305
3	3.	48.294
4	4.	48.294
5	5.	70.908
6	6.	125.14

图 6-59　各阶模态频率

6.4.10　保存与退出

步骤 1　单击 Mechanical 界面右上角的"关闭"按钮，返回 Workbench 主界面。

步骤 2　在 Workbench 主界面中单击工具栏中的 ▣（保存）按钮，在弹出的"另存为"对话框中的"文件名"文本框中输入"PreStressModal"，单击"保存"按钮，保存包含分析结果的文件。

步骤 3　单击右上角的"关闭"按钮，退出 Workbench 主界面，完成项目分析。

6.4.11　读者演练

6.3 节和 6.4 节介绍了模态分析和含有预应力（拉应力）的模态分析，读者根据本节的操作步骤自行完成含有预应力（压应力）的模态分析，并对比这 3 种计算的各阶固有频率。

结论：各种载荷作用下结构的振型类似，但是在拉应力作用下，结构刚化，频率会有所升高，反之，在压应力作用下，结构刚度会降低，频率会有所降低。

6.5　响应谱分析简介

响应谱分析是一种频域分析，其输入载荷为振动载荷的频谱，如地震响应谱、常用的频谱加速度频谱，也可以是速度频谱和位移频谱等。响应谱分析从频域的角度计算结构的峰值响应。

载荷频谱被定义为响应幅值与频率的关系曲线，响应谱分析计算结构各阶振型在给定的载荷频谱下的最大响应，这一最大响应是响应系数和振型的乘积，这些振型最大响应组合在一起就给出了结构的总体响应。因此响应谱分析需要首先计算结构的固有频率和振型，必须在模态分析之后进行。

响应谱分析的一个替代方法是瞬态分析，瞬态分析可以得到结构响应随时间的变化，当然也可以得到结构的峰值响应，瞬态分析结果更精确，但需要花费更多的时间。响应谱分析忽略了一些信息（如相位、时间历程等），但能够快速找到结构的最大响应，满足了很多动力设计的要求。

响应谱分析的应用非常广泛，典型的应用是土木行业的地震响应谱分析。响应谱分析是地震分析的标准分析方法，被应用到各种结构的地震分析中，如核电站、大坝、建筑、桥梁等。任何受到地震或者其他振动载荷的结构或部件都可以用响应谱分析来进行校核。

6.5.1　频谱的定义

频谱用来描述理想化振动系统在动力载荷激励作用下的响应曲线，通常为位移或者加速度响应，也称为响应谱。频谱是许多单自由度系统在给定激励下响应最大值的包络线，响应谱分析的频谱数据包括频谱曲线和激励方向。

我们可以通过图 6-60 来进一步说明，考虑安装于振动台的 4 个单自由度弹簧质量系统，频率分别为 f_1、f_2、f_3、f_4，且有 $f_1 < f_2 < f_3 < f_4$。给振动台施加一种振动载荷激励，记录下每个单自由度系统的最大响应 u，可以得到 u-f 关系曲线，此曲线就是给定激励的频谱（响应谱）曲线，如图 6-61 所示。

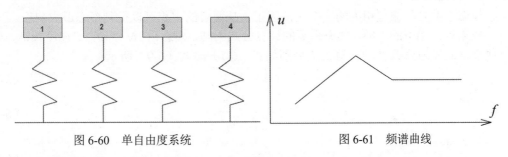

图 6-60　单自由度系统　　　　　　　图 6-61　频谱曲线

频率和周期具有倒数关系，频谱通常以响应值-周期的关系曲线的形式给出。

6.5.2　响应谱分析的基本概念

响应谱分析首先要进行模态分析，模态分析提取主要被激活振型的频率和振型，提取的频率应该位于频谱曲线频率范围内。

为了保证计算能够考虑所有影响显著的振型，通常频谱曲线频率范围不应太小，应该一直延伸到谱值较小的区域，模态分析提取的频率也应该延伸到谱值较小的频率区（但仍然位于频谱曲线范围内）。

谱分析（除了响应谱分析，还有随机振动分析）涉及以下 4 个概念：参与系数、模态系数、模态有效质量、模态组合。程序内部计算这些系数或进行相应的操作，用户并不需要直接面对这些概念，但了解这些概念有助于更好地理解谱分析。

1. 参与系数

参与系数用于衡量模态振型在激励方向上对变形的影响程度（进而影响应力），参与系数是振型和激励方向的函数，对于结构的每一阶模态 i，程序需要计算该模态在激励方向上的参与系数 γ_i。

参与系数的计算公式为

$$\gamma_i = \{u\}_i^{\mathrm{T}}[M]\{D\} \qquad (6\text{-}6)$$

式中，$\{u\}_i$ 是第 i 阶模态按照 $\{u\}_i^T[M]\{u\}=1$ 式归一化的振型位移向量，$[M]$ 为质量矩阵，$\{D\}$ 为描述激励方向的向量。

参与系数的物理意义很好理解，如图 6-62 所示的悬臂梁，若在 Y 方向施加激励，则模态 1 的参与系数最大，模态 2 的参与系数次之，模态 3 的参与系数为 0。若在 X 方向施加激励，则模态 1 和模态 2 的参与系数都为 0，模态 3 的参与系数反而最大。

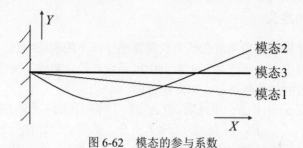

图 6-62 模态的参与系数

2. 模态系数

模态系数是与振型相乘的一个比例因子，从两者的乘积可以得到模态最大响应。

根据频谱类型的不同，模态系数的计算公式不同，模态 i 在位移频谱、速度频谱、加速度频谱下的模态系数 A_i 的计算公式分别如式（6-7）～式（6-9）所示。

$$A_i = S_{ui}\gamma_i \tag{6-7}$$

$$A_i = \frac{S_{vi}\gamma_i}{\omega_i} \tag{6-8}$$

$$A_i = \frac{S_{ai}\gamma_i}{\omega_i^2} \tag{6-9}$$

式中，S_{ui}, S_{vi}, S_{ai} 分别为第 i 阶模态频率对应的位移频谱、速度频谱、加速度频谱值；ω_i 为第 i 阶模态的圆频率；γ_i 为模态的参与系数。

模态的最大位移响应可计算如下：

$$\{u\}_{i\max} = A_i\{u\}_i \tag{6-10}$$

3. 模态有效质量

模态 i 的有效质量可计算如下：

$$M_{ei} = \frac{\gamma_i^2}{\{u\}_i^T[M]\{u\}_i} \tag{6-11}$$

由于模态位移满足质量归一化条件 $\{u\}_i^T[M]\{u\}=1$，因此 $M_{ei}=\gamma_i^2$。

4. 模态组合

得到每个模态在给定频谱下的最大响应后，将这些响应以某种方式进行组合就可以得到系统影响。

ANSYS Workbench 软件提供了 3 种模态组合方法：SRSS（平方根法）、CQC（完全平方组合法）、ROSE（倍和组合法），这 3 种组合方式的公式如式（6-12）～式（6-14）。

$$\{\boldsymbol{R}\} = (\sum_{i=1}^{N}\{\boldsymbol{R}\}_i^2)^{\frac{1}{2}} \tag{6-12}$$

$$\{\boldsymbol{R}\} = (\left|\sum_{i=1}^{N}\sum_{j=1}^{N}k\varepsilon_{ij}\{\boldsymbol{R}\}_i\{\boldsymbol{R}\}_j\right|)^{\frac{1}{2}} \tag{6-13}$$

$$\{\boldsymbol{R}\} = (\sum_{i=1}^{N}\sum_{j=1}^{N}k\varepsilon_{ij}\{\boldsymbol{R}\}_i\{\boldsymbol{R}\}_j)^{\frac{1}{2}} \tag{6-14}$$

6.6　实例 3——钢构架响应谱分析

本节主要介绍 ANSYS Workbench 的响应谱分析模块，分析钢构架在给定加速度频谱下的响应。

学习目标：熟练掌握 ANSYS Workbench 响应谱分析的方法及过程。

扫码观看
配套视频

6.6 钢构架响应谱分析

模型文件	配套资源\chapter06\chapter06-6\GANGJIEGOU.agdb
结果文件	配套资源\chapter06\chapter06-6\BeamResponseSpectrum.wbpj

6.6.1　问题描述

如图 6-63 所示的钢构架模型，请用 ANSYS Workbench 分析钢构架在给定水平加速度频谱下的响应情况，水平加速度谱值如表 6-1 所示。

表 6-1　　　　　　　　　　　　　　水平加速度谱值/g

自振周期/s	振动频率/Hz	水平地震谱值	自振周期/s	振动频率/Hz	水平地震谱值
0.05	20.0	0.181 3	0.40	2.5	0.193 0
0.1	10.0	0.25	0.425	2.352 9	0.182 7
0.20	5.0	0.25	0.45	2.222 2	0.173 6
0.225	4.444 4	0.25	0.475	2.105 3	0.165 3
0.25	4.0	0.25	0.50	2.0	0.157 9
0.275	3.636 4	0.25	0.60	1.666 7	0.134 0
0.30	3.333 3	0.25	0.80	1.25	0.103 4
0.325	3.076 9	0.232 6	1.0	1.0	0.084 6
0.35	2.857 1	0.217 6	2.0	0.5	0.045 3
0.375	2.666 7	0.204 5	3.0	0.333 3	0.031 5

图 6-63 钢构架模型

6.6.2 启动 Workbench 并建立分析项目

步骤 1 在 Windows 系统下启动 ANSYS Workbench，进入主界面。

步骤 2 双击主界面"工具箱"中的"分析系统"→"模态"选项，即可在"项目原理图"窗口创建分析项目 A，如图 6-64 所示。

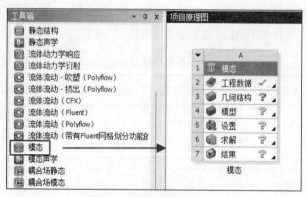

图 6-64 创建分析项目 A

6.6.3 导入几何体模型

步骤 1 在 A3 "几何结构"上右击，在弹出的快捷菜单中选择"导入几何模型"→"浏览……"命令，弹出"打开"对话框。

步骤 2 在弹出的"打开"对话框中选择文件路径，导入 GANGJIEGOU.agdb 几何体文件，此时 A3 "几何结构"后的 ❓ 变为 ✓，表示实体模型已经存在。

步骤 3 双击项目 A 中的 A3"几何结构"，进入 DesignModeler 界面，在 DesignModeler 软件绘图区域会显示几何模型，如图 6-65 所示。

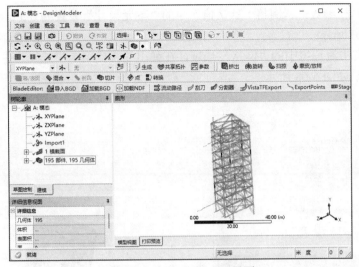

图 6-65　DesignModeler 界面

步骤 4　单击 DesignModeler 界面右上角的"关闭"按钮，返回 Workbench 主界面。

6.6.4　添加材料库

本实例选择的材料为"结构钢"，此材料为 ANSYS Workbench 默认被选中的材料，故不需要设置。

6.6.5　划分网格

步骤 1　双击主界面项目管理区项目 A 中的 A4"模型"项，进入图 6-66 所示 Mechanical 界面，在该界面下即可进行网格的划分、分析设置、结果观察等操作。

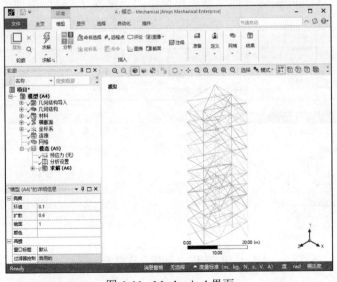

图 6-66　Mechanical 界面

步骤 2　单击 Mechanical 界面左侧流程树中的"网格"选项，此时可在"网格"的详细信息中修改网格参数，本例将"默认值"中的"单元尺寸"设置为 0.5 m，其余采用默认设置，如图 6-67 所示。

　　步骤 3　右击流程树中的"网格"选项，在弹出的快捷菜单中选择"生成网格"命令，最终的网格效果如图 6-68 所示。

图 6-67　修改网格参数

图 6-68　网格效果

6.6.6　施加约束

　　步骤 1　单击 Mechanical 界面左侧流程树中的"模态（A5）"选项，出现图 6-69 所示的"环境"选项卡。

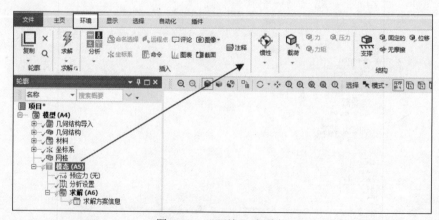

图 6-69　"环境"选项卡

　　步骤 2　单击"环境"选项卡中的"结构"→"固定的"按钮，如图 6-70 所示，此时在流程树中会出现"固定支撑"选项。

图 6-70 添加"固定支撑"约束

步骤 3 单击"固定支撑",选择需要施加"固定支撑"约束的面,在"固定支撑"的详细信息中设置"几何结构"选项时选中几何结构上表面,如图 6-71 所示。

步骤 4 右击流程树中的"模态(A5)"选项,在弹出的快捷菜单中选择"求解"命令,如图 6-72 所示。

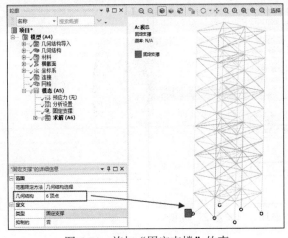

图 6-71 施加"固定支撑"约束

图 6-72 "求解"命令

6.6.7 结果后处理

步骤 1 单击 Mechanical 界面左侧流程树中的"求解(A6)"选项,出现图 6-73 所示的"求解"选项卡。

步骤 2 单击"求解"选项卡中的"变形"→"总计"命令,如图 6-74 所示,此时在流程树中会出现"总变形"选项。

图 6-73 "求解"选项卡

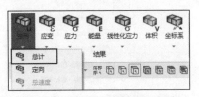

图 6-74 添加"总变形"选项

步骤 3 同步骤 2，单击"求解"选项卡中的"变形"→"总计"命令，此时在流程树中会出现"总变形 2"选项，单击"总变形 2"，在"总变形 2"的详细信息中"定义"项下"模式"后面输入 2，代表定义"2 阶模态"的总变形，如图 6-75 所示。以此类推，一共创建"6 阶模态"总变形。

图 6-75 添加"总变形 2"选项

步骤 4 右击流程树中的"求解（A6）"选项，在弹出的快捷菜单中选择"评估所有结果"命令，如图 6-76 所示。

步骤 5 单击流程树中的"求解（A6）"下的"总变形"选项，出现图 6-77 所示的总变形分析云图。

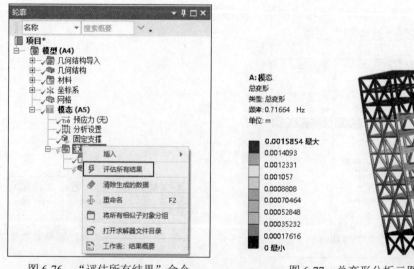

图 6-76 "评估所有结果"命令　　　　　　图 6-77 总变形分析云图

步骤 6 图 6-78 所示为钢构架 2 阶变形分析云图。

步骤 7 图 6-79 所示为钢构架 3 阶变形分析云图。

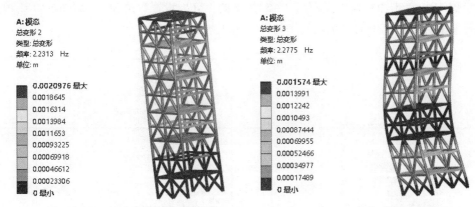

图 6-78　2 阶变形分析云图　　　　　图 6-79　3 阶变形分析云图

步骤 8 图 6-80 所示为钢构架 4 阶变形分析云图。

步骤 9 图 6-81 所示为钢构架 5 阶变形分析云图。

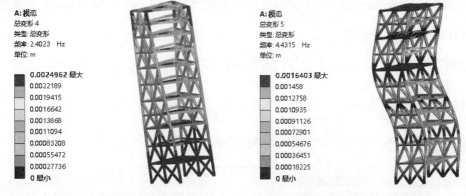

图 6-80　4 阶变形分析云图　　　　　图 6-81　5 阶变形分析云图

步骤 10 图 6-82 所示为钢构架 6 阶变形分析云图。

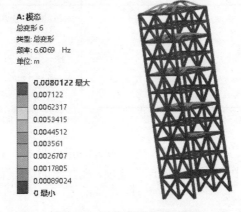

图 6-82　6 阶变形分析云图

步骤 11   图 6-83 所示为钢构架前 6 阶模态频率，Workbench 模态计算时的默认模态数量为 6。

步骤 12   单击流程树中"模态（A5）"下的"分析设置"选项，在图 6-84 所示的"分析设置"的详细信息中的"选项"下修改"最大模态阶数"。

图 6-83   各阶模态频率

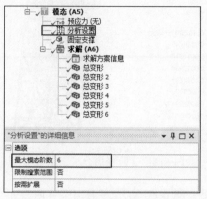

图 6-84   修改"最大模态阶数"

步骤 13   单击 Mechanical 界面右上角的"关闭"按钮，返回 Workbench 主界面。

6.6.8   响应谱分析

步骤 1   回到 Workbench 主界面，如图 6-85 所示，单击"工具箱"中的"分析系统"→"响应谱"选项不放，直接拖曳到项目 A 的 A6 中。

步骤 2   如图 6-86 所示，项目 A 与项目 B 直接实现了数据共享。

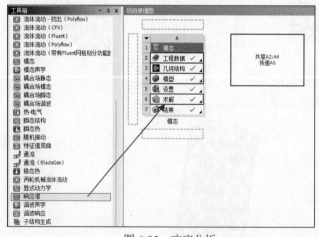

图 6-85   响应分析

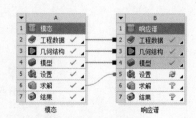

图 6-86   数据共享

步骤 3   双击项目 B 的 B5"设置"，进入 Mechanical 界面，如图 6-87 所示。

步骤 4   右击流程树中的"求解（A6）"选项，在弹出的快捷菜单中选择"求解"命令，如图 6-88 所示。

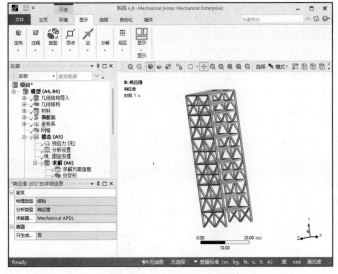

图 6-87 Mechanical 界面

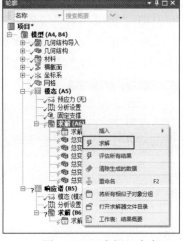

图 6-88 "求解"命令

6.6.9 添加加速度谱

步骤 1 单击 Mechanical 界面左侧流程树中的"响应谱（B5）"选项，出现图 6-89 所示的"环境"选项卡。

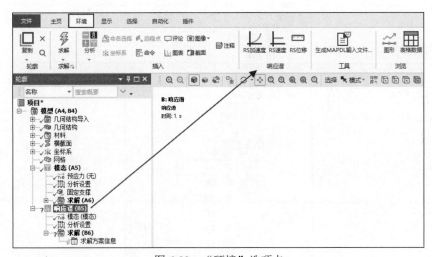

图 6-89 "环境"选项卡

步骤 2 单击"环境"选项卡中的"响应谱"→"RS 加速度"按钮，如图 6-90 所示，此时在流程树中会出现"RS 加速度"选项。

图 6-90 添加 RS 加速度

步骤 3　单击 Mechanical 界面左侧流程树中的"响应谱（B5）"→"RS 加速度"选项，在如图 6-92 所示的"RS 加速度"详细信息中做如下设置。

①在"范围"→"边界条件"中选择"所有支持"。

②在"定义"→"加载数据"中选择"表格数据"，然后在右侧的表格中填写表 6-1 中的数据，在"方向"选项中选择"X 轴"，其余默认即可。填完后如图 6-91 所示。

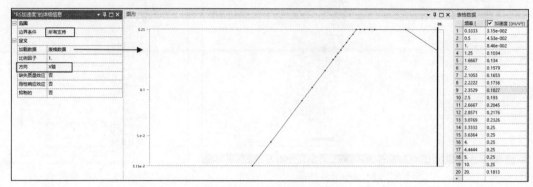

图 6-91　RS 加速度面板

步骤 4　右击流程树中的"响应谱（B5）"，在弹出的快捷菜单中选择"求解"命令，如图 6-92 所示。

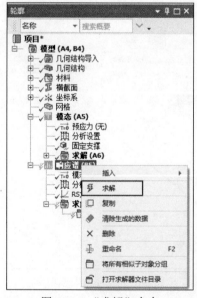

图 6-92　"求解"命令

6.6.10　后处理

步骤 1　单击 Mechanical 界面左侧流程树中的"求解（B6）"选项，出现图 6-93 所示的"求解"选项卡。

步骤 2　单击"求解"选项卡中的"变形"→"总计"命令，如图 6-94 所示，此时在流程树中会出现"总变形"选项。

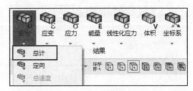

图 6-93 "求解"选项卡   图 6-94 添加"总变形"选项

步骤3 右击流程树中的"求解（B6）"选项，在弹出的快捷菜单中选择"评估所有结果"命令，如图 6-95 所示。

步骤4 单击流程树中的"求解（B6）"下的"总变形"选项，此时会出现图 6-96 所示的总变形分析云图。

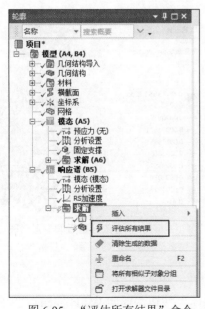

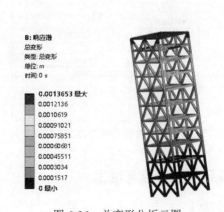

图 6-95 "评估所有结果"命令   图 6-96 总变形分析云图

步骤5 单击流程树中的"响应谱（B5）"下面的"分析设置"命令，在出现的图 6-97 所示的"分析设置"的详细信息中进行"模态组合类型"的选择，默认为 SRSS，此处选择 CQC。同时设定阻尼比率为 0.05，重新计算，得到图 6-98 所示的变形云图。

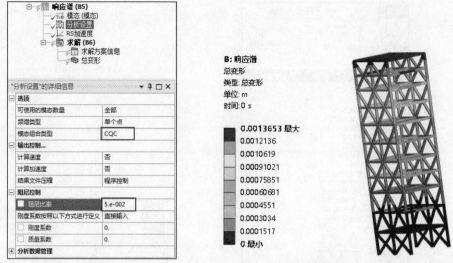

图 6-97 模态组合类型和阻尼比率设置　　　　图 6-98 设置参数后的变形云图

步骤 6 同样在"模态组合类型"中选择 ROSE，设定"阻尼比率"为 5e-002，如图 6-99 所示，重新计算，得到图 6-100 所示的变形云图。

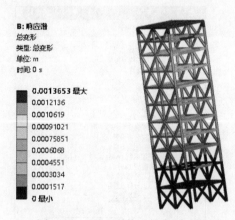

图 6-99 更改模态组合类型和阻尼比率　　　　图 6-100 更改参数后的变形云图

6.6.11 保存与退出

步骤 1 单击 Mechanical 界面右上角的"关闭"按钮，返回 Workbench 主界面。

步骤 2 在 Workbench 主界面中单击工具栏中的 ![按钮] 按钮，在弹出的"另存为"对话框的"文件名"文本框中输入"BeamResponseSpectrum"，单击"保存"按钮，保存包含分析结果的文件。

步骤 3 单击右上角的"关闭"按钮，退出 Workbench 主界面，完成项目分析。

6.6.12 读者演练

步骤 1 在"响应谱"分析中添加一个"RS 加速度",然后在"RS 加速度 2"的详细信息中进行设置。

①在"范围"→"边界条件"中选择"所有支持"。

②在"定义"→"加载数据"中选择"表格数据",然后在右侧的表格中填写表 6-1 中的数据,在"方向"选项中选择"Y 轴",其余默认即可。填完后如图 6-101 所示。

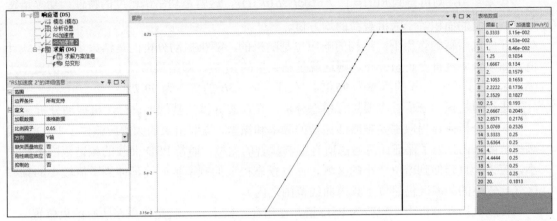

图 6-101　竖向加速度谱

步骤 2 重新计算。

6.7　随机振动分析简介

随机振动分析也称为功率谱密度分析,是一种基于概率统计学理论的谱分析技术。现实中很多情况下载荷是不确定的,如火箭每次发射会产生不同时间历程的振动载荷,汽车在路上行驶时每次的振动载荷也会有所不同,由于时间历程的不确定性,这种情况不能选择瞬态分析进行模拟计算,于是从概率统计学角度出发,将时间历程的统计样本转变为功率谱密度(PSD)函数——随机载荷时间历程的统计响应,在功率谱密度函数的基础上进行随机振动分析,得到响应的概率统计值。随机振动分析是一种频域分析,需要首先进行模态分析。

PSD 函数是随机变量自相关函数的频域描述,能够反映随机载荷的频率成分。设随机载荷历程为 $a(t)$,则其自相关函数可以表述为

$$R(\tau) = \lim_{\tau \to \infty} \frac{1}{T} \int_0^T a(t) a(t+\tau)\, \mathrm{d}t \tag{6-15}$$

当 $\tau = 0$ 时,自相关函数等于随机载荷的均方值:$R(0) = E(a^2(t))$。

自相关函数是一个实偶函数,它在 $R(\tau) - \tau$ 图形上的频率反映了随机载荷的频率成分,而且具有如下性质:$\lim_{\tau \to \infty} R(\tau) = 0$。因此它符合傅里叶变换的条件——$\int_{-\infty}^{\infty} R(\tau) \mathrm{d}\tau < \infty$,可以进一步用傅里叶变换描述随机载荷的具体的频率成分:

$$R(\tau) = \int_{-\infty}^{\infty} F(f) \mathrm{e}^{2\pi f \tau} \mathrm{d}f \qquad (6\text{-}16)$$

其中 f 表示圆频率，$F(f) = \int_{-\infty}^{\infty} R(\tau) \mathrm{e}^{2\pi f \tau} \mathrm{d}\tau$ 称为 $R(\tau)$ 的傅里叶变换，也就是随机载荷 $a(t)$ 的功率谱密度函数，也称为 PSD 谱。

功率谱密度曲线为功率谱密度值 $F(f)$ 与频率 f 的关系曲线，f 通常被转化为 Hz 的形式给出。加速度 PSD 的单位是"g^2/Hz"，速度 PSD 的单位是"$(\mathrm{m/s}^2)^2/\mathrm{Hz}$"，位移 PSD 的单位是"$\mathrm{m}^2/\mathrm{Hz}$"。

如果 $\tau = 0$，则可得到 $R(0) = \int_{-\infty}^{\infty} F(f) \mathrm{d}f = E(a^2(t))$，这就是功率谱密度的特性：功率谱密度曲线下面的面积等于随机载荷的均方值。

在随机载荷的作用下，结构的响应也是随机的，随机振动分析的是结果量的概率统计值，如果结果量符合正态分布，则这就是结果量的 1σ 值，即结果量位于 $-1\sigma \sim 1\sigma$ 的概率为 68.3%，位于 $-2\sigma \sim 2\sigma$ 的概率为 96.4%，位于 $-3\sigma \sim 3\sigma$ 的概率为 99.7%。

进行随机振动分析首先要进行模态分析，在模态分析的基础上进行随机振动分析。

模态分析应该提取主要被激活振型的频率和振型，提取出来的频谱应该位于 PSD 曲线频率范围之内，为了保证计算考虑所有影响显著的振型，通常 PSD 曲线的频谱范围不要太小，应该一直延伸到谱值较小的区域，而且模态提取的频率也应该延伸到谱值较小的频率区（此较小的频率区仍然位于频谱曲线范围之内）。

在随机振动分析中，载荷为 PSD 谱，作用在基础上，也就是作用在所有约束位置。

6.8 实例 4——钢构架随机振动分析

本节主要介绍 ANSYS Workbench 的随机振动学分析模块，计算钢构架的随机振动响应。

学习目标：熟练掌握 ANSYS Workbench 的随机振动学分析的方法及过程。

扫码观看
配套视频

6.8 钢构架随机振动分析

模型文件	配套资源\chapter06\chapter06-8\GANGJIEGOU.agdb
结果文件	配套资源\chapter06\chapter06-8\Random_Vibration.wbpj

6.8.1 问题描述

如图 6-102 所示的钢构架模型，请用 ANSYS Workbench 分析钢构架模型在自重加速度作用下的位移响应情况。

6.8.2 启动 Workbench 并建立分析项目

步骤 1 在 Windows 系统下启动 ANSYS Workbench，进入主界面。

步骤 2 双击主界面"工具箱"中的"分析系统"→"模态"选项，即可在"项目原理图"窗口创建分析项目 A，如图 6-103 所示。

图 6-102 钢构架模型

图 6-103　创建分析项目 A

6.8.3　导入几何体模型

步骤 1　在 A3 "几何结构"上右击，在弹出的快捷菜单中选择"导入几何模型"→"浏览……"命令，弹出"打开"对话框。

步骤 2　在弹出的"打开"对话框中选择文件路径，导入 GANGJIEGOU.agdb 几何体文件，此时 A3 "几何结构"后的 ❓ 变为 ✔，表示实体模型已经存在。

步骤 3　双击项目 A 中的 A3 "几何结构"，进入 DesignModeler 界面，在 DesignModeler 软件绘图区域会显示几何模型，如图 6-104 所示。

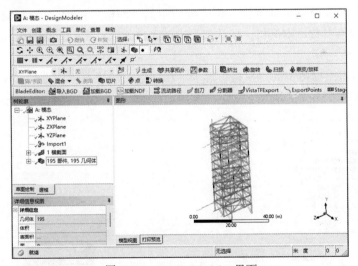

图 6-104　DesignModeler 界面

步骤 4　单击 DesignModeler 界面右上角的"关闭"按钮，返回 Workbench 主界面。

6.8.4　添加材料库

本实例选择的材料为"结构钢"，此材料为 ANSYS Workbench 默认被选中的材料，故不需要设置。

6.8.5　划分网格

步骤 1　双击主界面项目管理区项目 A 中的 A4 "模型"项，进入图 6-105 所示的

Mechanical 界面，在该界面下即可进行网格的划分、分析设置、结果观察等操作。

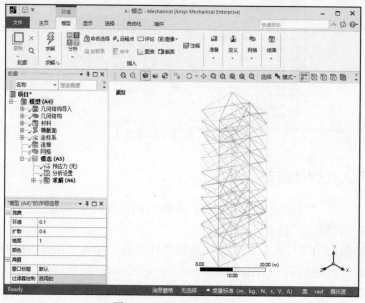

图 6-105   Mechanical 界面

　　步骤 2   单击 Mechanical 界面左侧流程树中的"网格"选项，此时可在"网格"的详细信息中修改网格参数，本例将"默认值"中的"单元尺寸"设置为 0.5 m，其余采用默认设置，如图 6-106 所示。

　　步骤 3   右击流程树中的"网格"选项，在弹出的快捷菜单中选择"生成网格"命令，最终的网格效果如图 6-107 所示。

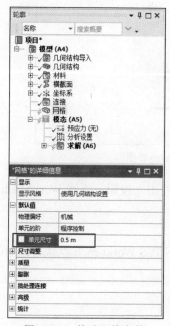

图 6-106   修改网格参数

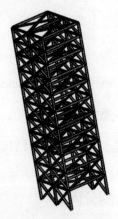

图 6-107   网格效果

6.8.6 施加约束

步骤1 单击 Mechanical 界面左侧流程树中的"模态（A5）"选项，此时会出现图6-108所示的"环境"选项卡。

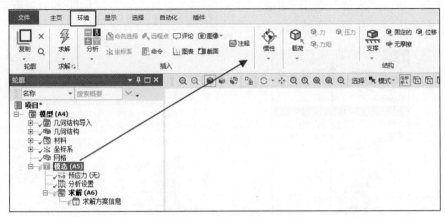

图6-108 "环境"选项卡

步骤2 单击"环境"选项卡中的"结构"→"固定的"按钮，如图6-109所示，此时在流程树中会出现"固定支撑"选项。

步骤3 单击"固定支撑"，选择需要施加"固定支撑"约束的面，在"固定支撑"的详细信息中设置"几何结构"选项时选择几何结构上表面，如图 6-110 所示。

图6-109 添加"固定支撑"约束

步骤4 右击流程树中的"模态（A5）"选项，在弹出的快捷菜单中选择"求解"命令，如图6-111所示。

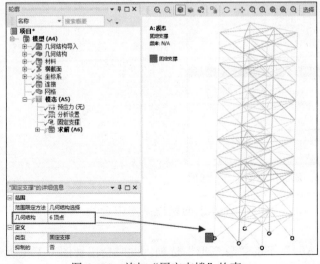

图6-110 施加"固定支撑"约束

图6-111 "求解"命令

6.8.7　结果后处理

步骤1　单击Mechanical界面左侧流程树中的"求解（A6）"选项，此时会出现图6-112所示的"求解"选项卡。

步骤2　单击"求解"选项卡中的"变形"→"总计"命令，如图6-113所示，此时在流程树中会出现"总变形"选项。

图6-112　"求解"选项卡

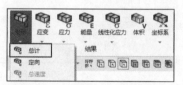

图6-113　添加"总变形"选项

步骤3　同步骤2，单击"求解"选项卡中的"变形"→"总计"命令，此时在流程树中会出现"总变形2"选项，单击"总变形2"，在"总变形2"的详细信息中"定义"下的"模式"后面输入2，代表定义"2阶模态"的总变形，如图6-114所示。以此类推，一共创建"6阶模态"总变形。

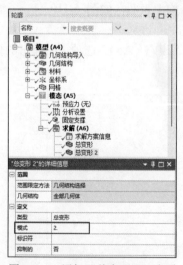

图6-114　添加"总变形2"选项

步骤4　右击流程树中的"求解（A6）"选项，在弹出的快捷菜单中选择"评估所有结果"命令，如图6-115所示。

步骤5　单击流程树中"求解（A6）"下的"总变形"选项，此时会出现图6-116所示的一阶模态总变形分析云图。

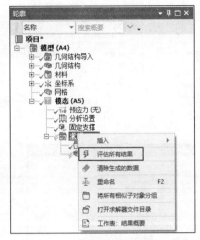

图 6-115 "评估所有结果"命令

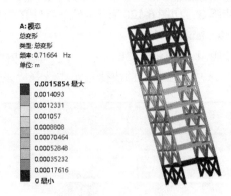

图 6-116 总变形分析云图

步骤 6 图 6-117 所示为钢构架 2 阶变形分析云图。

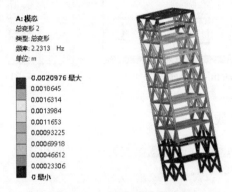

图 6-117 2 阶变形分析云图

6.8.8 随机振动分析

步骤 1 回到 Workbench 主界面，如图 6-118 所示，单击"工具箱"中的"分析系统"→"随机振动"选项不放，直接拖曳到项目 A 的 A6 中。

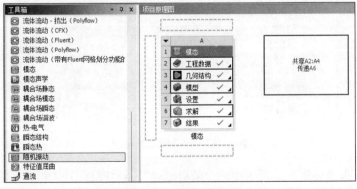

图 6-118 添加项目 B

步骤 2 如图 6-119 所示，项目 A 与项目 B 直接实现了数据共享。

步骤 3 如图 6-120 所示，双击项目 B 的 B5"设置"，进入 Mechanical 界面。

步骤 4 如图 6-121 所示，右击流程树中的"求解（A6）"选项，在弹出的快捷菜单中选择"求解"命令。

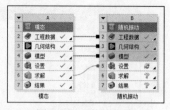

图 6-119 数据共享

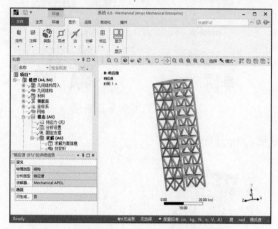

图 6-120 Mechanical 界面

图 6-121 "求解"命令

6.8.9 添加动态力载荷

步骤 1 单击 Mechanical 界面左侧流程树中的"随机振动（B5）"选项，此时会出现图 6-122 所示的"环境"选项卡。

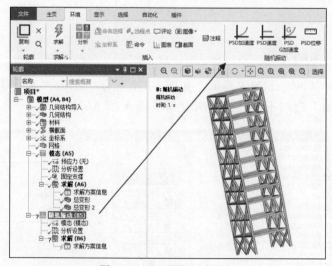

图 6-122 "环境"选项卡

步骤 2 单击"环境"选项卡中的"随机振动"→"PSD G 加速度"按钮，如图 6-123 所示，此时在流程树中会出现"PSD G 加速度"选项。

图 6-123   添加 "PSD G 加速度" 选项

步骤 3   单击 Mechanical 界面左侧流程树中的 "随机振动（B5）" → "PSD G 加速度" 选项，在如图 6-124 所示的 "PSD G 加速度" 详细信息中做如下设置。

①在 "范围" → "边界条件" 选项中选择 "所有固定支撑"。

②在 "定义" → "加载数据" 选项中选择 "表格数据"，然后在右侧的表格中填写表 6-2 中的数据，在 "方向" 选项中选择 "Y 轴"，其余默认即可。

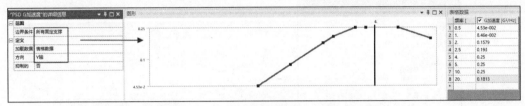

图 6-124   "PSD G 加速度" 的详细信息设置

表 6-2 　　　　　　　　　　　　　　　　　加速度值表

序号	频率/Hz	加速度/（G²/ Hz）	序号	频率/Hz	加速度/（G²/ Hz）
1	20.0	0.1813	5	2.5	0.1930
2	10.0	0.25	6	2.0	0.1579
3	5.0	0.25	7	1.0	0.0846
4	4.0	0.25	8	0.5	0.0453

步骤 4   右击流程树中的 "随机振动（B5）"，在弹出的快捷菜单中选择 "求解" 命令，如图 6-125 所示。

图 6-125   "求解" 命令

6.8.10 后处理

步骤 1 单击 Mechanical 界面左侧流程树中的"求解（B6）"选项，此时会出现图 6-126 所示的"求解"选项卡。

步骤 2 单击"求解"选项卡中的"变形"→"定向"命令，如图 6-127 所示，此时在流程树中会出现"定向变形"选项。

图 6-126　"求解"选项卡

图 6-127　添加"定向变形"选项

步骤 3 右击流程树中的"求解（B6）"选项，在弹出的快捷菜单中选择"评估所有结果"命令，如图 6-128 所示。

步骤 4 单击流程树中的"求解（B6）"下的"定向变形"选项，此时会出现图 6-129 所示的定向变形分析云图。

图 6-128　"评估所有结果"命令　　　图 6-129　X 方向 1σ 变形云图

步骤 5　在图 6-130 所示的"定向变形"的详细信息中更改"方向"选项可以更改变形方向，更改"比例因子"选项可以更改统计算法。

步骤 6　图 6-131 所示为 Y 方向 2σ 变形云图。

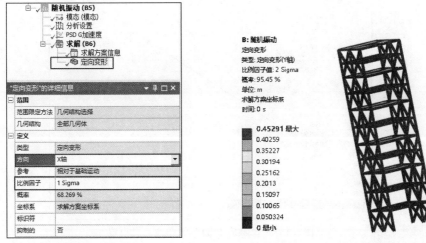

图 6-130　更改设置　　　　　　图 6-131　Y 方向 2σ 变形

步骤 7　如图 6-132 所示，右击"求解（B6）"，在弹出的快捷菜单中依次选择"插入"→"探针"→"响应 PSD"命令。

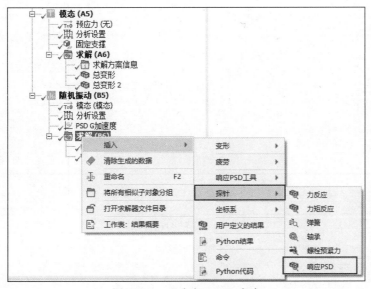

图 6-132　"响应 PSD"命令

步骤 8　如图 6-133 所示，在"响应 PSD"的详细信息中做如下设置。

在设置"几何结构"选项时确保钢构架的一个顶点被选中，此时在"几何结构"选项中会显示"1 顶点"，表示一个顶点被选中，其余默认即可，执行后处理计算。

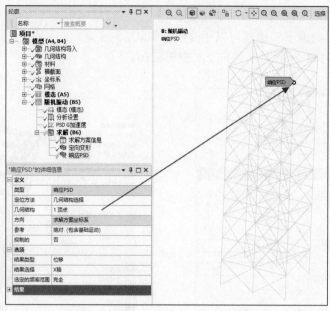

图 6-133 "响应 PSD"的详细信息设置

步骤 9 在右下角位置会显示出图 6-134 所示的坐标图和数据表，从表中可以看出频率为 2.231 3 Hz 时，钢构架的功率密度谱值最大，最大响应值为 1.120 4e−6 m²/Hz。

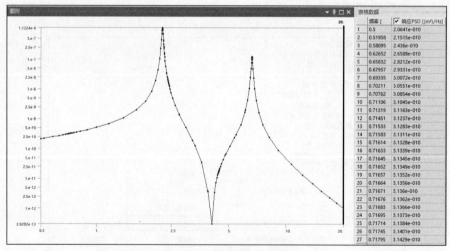

图 6-134 坐标图和数据表

6.8.11 保存与退出

步骤 1 单击 Mechanical 界面右上角的"关闭"按钮，返回 Workbench 主界面。

步骤 2 在 Workbench 主界面中单击工具栏中的 ▣ 按钮，在弹出的"另存为"对话框的"文件名"文本框中输入"Random_Vibration"，单击"保存"按钮，保存包含分析结果的文件。

步骤 3 单击右上角的"关闭"按钮，退出 Workbench 主界面，完成项目分析。

6.8.12 读者演练

读者可以参考后处理操作，查看速度谱和加速度谱值，并查看顶点的速度谱曲线和加速度谱曲线，同时通过图表查找到速度谱的最大响应频率和加速度谱的最大响应频率。

6.9 谐响应分析简介

6.9.1 谐响应分析的基本概念

谐响应分析也称为频率响应分析或者扫频分析，用于确定结构在已知频率和幅值的正弦载荷作用下的稳态响应。

如图 6-135 所示，谐响应分析是一种时域分析，计算结构响应的时间历程，但是局限于载荷是简谐变化的情况，只计算结构的稳态受迫振动，而不考虑激励开始时的瞬态振动。

谐响应分析可以进行扫频分析，分析结构在不同频率和幅值的简谐载荷作用下的响应，从而探测共振，指导设计人员避免结构发生共振（例如，借助阻尼器来避免共振），确保一个给定的结构能够经受住不同频率的各种简谐载荷（例如，以不同速度转动的发动机）。

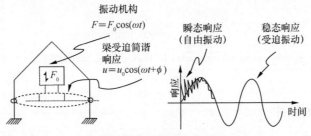

图 6-135 谐响应分析

谐响应分析的应用非常广泛，例如旋转机械的偏心转动力将产生简谐载荷，因此旋转设备（如压缩机、发动机、泵、涡轮机械等）的支座、固定装置和部件等经常需要应用谐响应分析来分析它们在各种不同频率和幅值的偏心简谐载荷作用下的刚强度。另外，流体的漩涡运动也会产生简谐载荷，谐响应分析也经常被用于分析受涡流影响的结构，如涡轮叶片、飞机机翼、桥、塔等。

6.9.2 谐响应分析的载荷与输出

谐响应分析的载荷是随时间正弦变化的简谐载荷，这种类型的载荷可以用频率和幅值来描述。谐响应分析可以同时计算一系列不同频率和幅值的载荷引起的结构的响应，这就是所谓的频率扫描（扫频）分析。

简谐载荷可以是加速度或者力，载荷可以作用于指定节点或者基础（所有约束节点），而且同时作用的多个激励载荷可以有不同的频率以及相位。

简谐载荷有两种描述方法：一种是采用频率、幅值、相位角来描述，另一种是通过频率、实部和虚部来描述。

谐响应分析的计算结果包括结构任意点的位移或应力的实部、虚部、幅值以及等值图，实部和虚部反映了结构响应的相位角，如果定义了非零的阻尼，则响应会与输入载荷之间有相位差。

6.9.3　谐响应分析通用方程

由经典力学理论可知，物体的动力学通用方程为

$$[M]\{x''\} + [C]\{x'\} + [K]\{x\} = \{F(t)\}$$ （6-17）

式中，$[M]$ 是质量矩阵；$[C]$ 是阻尼矩阵；$[K]$ 是刚度矩阵；$\{x\}$ 是位移矢量；$\{F(t)\}$ 是力矢量；$\{x'\}$ 是速度矢量；$\{x''\}$ 是加速度矢量。

而在谐响应分析中，式（6-17）右侧为 $F = F_0 \cos(\omega t)$。

6.10　实例 5——底座架谐响应分析

本节主要介绍 ANSYS Workbench 的谐响应分析模块，对底座架模型进行谐响应分析。

学习目标：熟练掌握 ANSYS Workbench 谐响应分析的方法及过程。

扫码观看
配套视频

6.10 底座架谐响应
分析

模型文件	配套资源\chapter06\chapter06-10\dizuojia.stp
结果文件	配套资源\chapter06\chapter06-10\Harmonic Response.wbpj

6.10.1　问题描述

如图 6-136 所示为底座架模型，计算底座架模型在受到频率为 10 Hz、载荷为 10 N 作用力下的响应。

6.10.2　启动 Workbench 并建立分析项目

步骤 1　在 Windows 系统下启动 ANSYS Workbench，进入主界面。

步骤 2　双击主界面"工具箱"中的"分析系统"→"模态"选项，即可在"项目原理图"窗口创建分析项目 A，如图 6-137 所示。

6.10.3　导入几何体模型

步骤 1　在 A3 "几何结构"上右击，在弹出的快捷菜单中选择"导入几何模型"→"浏览……"命令，此时会弹出"打开"对话框。

步骤 2　在弹出的"打开"对话框中选择文件路径，导入 dizuojia.stp 几何体文件，此时 A3 "几何结构"后的 ？ 变为 ✓，表示实体模型已经存在。

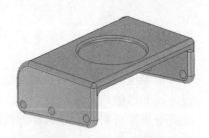

图 6-136　底座架模型

图 6-137　创建分析项目 A

步骤3 双击项目A中的A3"几何结构",进入DesignModeler界面,设置单位为"毫米",此时树轮廓中"导入1"前显示⚡,表示需要生成几何体,图形窗口中没有图形显示。

步骤4 单击常用命令栏的 ⚡ 按钮,即可显示生成的几何体,如图6-138所示,此时可在几何体上进行其他的操作,本例无须进行操作。

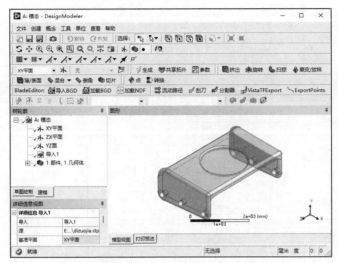

图6-138 生成几何体后的DesignModeler界面

步骤5 单击DesignModeler界面右上角的"关闭"按钮,返回Workbench主界面。

6.10.4 添加材料库

步骤1 双击项目A中的A2 "工程数据",进入图6-139所示的材料参数设置界面,在该界面下即可进行材料参数设置。

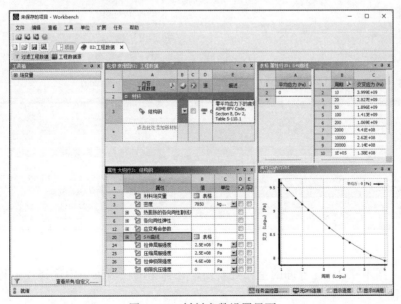

图6-139 材料参数设置界面

步骤 2   在界面的空白处右击，在弹出的快捷菜单中选择"工程数据源"，此时的界面会变为图 6-140 所示的界面。

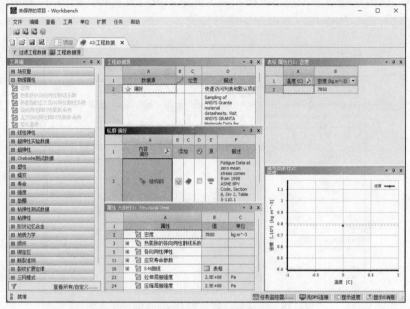

图 6-140   变化后的材料参数设置界面

步骤 3   在"工程数据源"表中单击 A4 "一般材料"，然后单击"轮廓 General Materials"表中 A11 "铝合金"后的 B11 中的 ⊞（添加）按钮，此时在 C11 中会显示 ✦（使用中的）标识，如图 6-141 所示，标识材料添加成功。

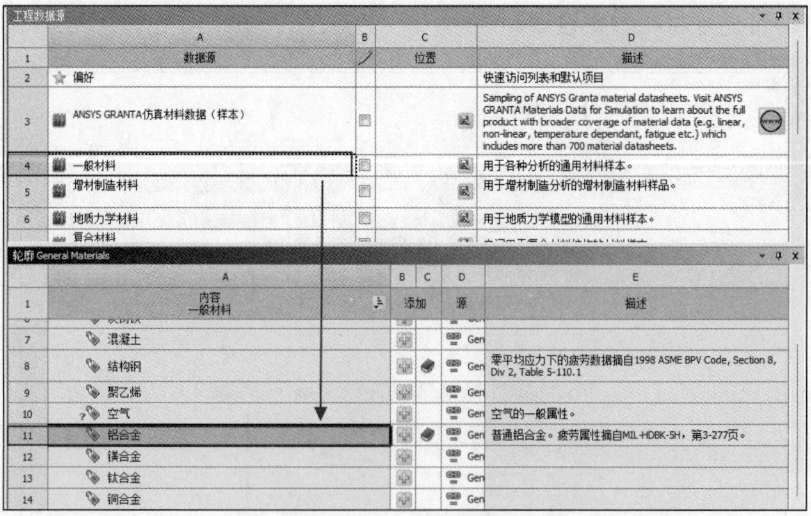

图 6-141   添加材料

步骤 4   同步骤 2，在界面的空白处右击，在弹出的快捷菜单中选择"工程数据源"，返回初始界面中。

步骤 5   单击工具栏中的 ⬚ 项目 选项卡，切换到 Workbench 主界面，材料库添加完毕。

6.10.5 添加模型材料属性

步骤 1 双击主界面项目管理区项目 A 中的 A4"模型"项，进入图 6-142 所示的 Mechanical 界面，在该界面下即可进行网格的划分、分析设置、结果观察等操作。

图 6-142 Mechanical 界面

步骤 2 单击 Mechanical 界面左侧流程树中"几何结构"选项下的 1，即可在 "1" 的详细信息中给模型添加材料，如图 6-143 所示。

步骤 3 单击"1"的详细信息中的"材料"下"任务"后面的 ⬝ 按钮，出现刚刚设置的材料"铝合金"，选择即可将其添加到模型中去。图 6-144 所示表示材料已经添加成功。

图 6-143 变更材料

图 6-144 修改材料后的流程树

6.10.6 划分网格

步骤 1 单击 Mechanical 界面左侧流程树中的"网格"选项，此时可在"网格"的详细信息中修改网格参数，本例将"尺寸调整"中的"使用自适应尺寸调整"设置为"是"，将"跨度角中心"设置为"精细"，其余采用默认设置，如图 6-145 所示。

步骤 2 右击流程树中的"网格"选项，在弹出的快捷菜单中选择"生成网格"命令，最终的网格效果如图 6-146 所示。

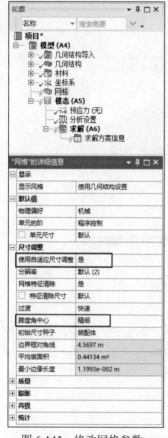

图 6-145 修改网格参数

图 6-146 网格效果

6.10.7 施加约束

步骤 1 单击 Mechanical 界面左侧流程树中的 "模态（A5）"选项，此时会出现"环境"选项卡。单击"环境"选项卡中的"结构"→"固定的"按钮，如图 6-147 所示，此时在流程树中会出现"固定支撑"选项。

图 6-147 添加"固定支撑"约束

步骤 2 单击"固定支撑"，选择需要施加"固定支撑"约束的面，在"固定支撑"的详细信息中设置"几何结构"选项时选中几何结构上表面，如图 6-148 所示。

步骤 3 右击流程树中的"模态（A5）"选项，在弹出的快捷菜单中选择"求解"命令，如图 6-149 所示。

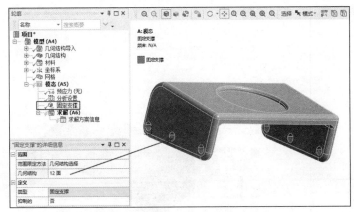

图 6-148　施加"固定支撑"约束

图 6-149　"求解"命令

6.10.8　结果后处理

步骤 1　单击 Mechanical 界面左侧流程树中的"求解（A6）"选项，此时会出现图 6-150 所示的"求解"选项卡。

步骤 2　单击"求解"选项卡中的"变形"→"总计"命令，如图 6-151 所示，此时在流程树中会出现"总变形"选项。

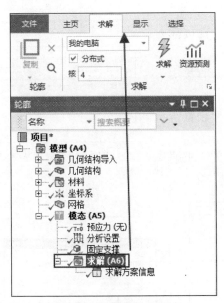

图 6-150　"求解"选项卡

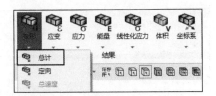

图 6-151　添加"总变形"选项

步骤 3　右击流程树中的"求解（B6）"选项，在弹出的快捷菜单中选择"评估所有结果"命令，如图 6-152 所示。

步骤 4　选择"分析树"中的"求解（B6）"下的"总变形"选项，此时会出现图 6-153 所示的第一阶模态的位移响应云图。

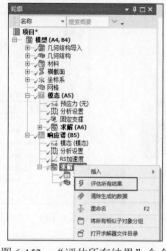

图 6-152   "评估所有结果"命令

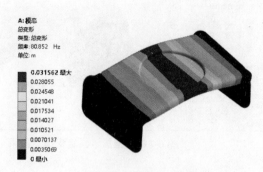

图 6-153   总变形分析云图

步骤 5   图 6-154 所示为底座架前 6 阶模态频率，Workbench 模态计算时的默认模态数量为6。

步骤 6   单击"关闭"按钮关闭 Mechanical 界面。

6.10.9   创建响应谱分析项目

步骤 1   回到 Workbench 主界面，单击"工具箱"中的"分析系统"→"谐波响应"选项不放，直接拖曳到项目 A 的 A6 中。

图 6-154   各阶模态频率

步骤 2   如图 6-155 所示，项目 A 与项目 B 直接实现了数据共享。

步骤 3   如图 6-156 所示，双击项目 B 的 B5"设置"，进入 Mechanical 界面。

步骤 4   如图 6-157 所示，右击流程树中的"求解（A6）"选项，在弹出的快捷菜单中选择"求解"命令。

图 6-155   数据共享

图 6-156   Mechanical 界面

图 6-157   "求解"命令

6.10.10 施加载荷与约束

步骤 1 单击 Mechanical 界面左侧流程树中的"谐波响应（B5）"→"分析设置"选项，在如图 6-158 所示的"分析设置"的详细信息中做如下设置：在"范围最大"后面输入 500Hz，在"求解方案间隔"后面输入 10。

步骤 2 单击"环境"选项卡中的"载荷"→"力"按钮，如图 6-159 所示，此时在流程树中会出现"力"选项。

步骤 3 单击"力"，在"力"的详细信息中做如下设置。

①在设置"几何结构"选项时确保图 6-160 所示的面被选中，此时在"几何结构"选项后面显示"1 面"，表明一个面已经被选中。

②在"定义依据"选项中选择"矢量"。

③在"大小"后面输入-10 N，在"相位角"后面输入 30°，其他选项默认即可。

图 6-158 参数设置

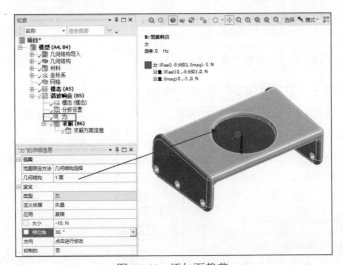

图 6-159 添加力

图 6-160 添加面载荷

步骤 4 右击流程树中的"谐波响应（B5）"，在弹出的快捷菜单中选择"求解"命令，如图 6-161 所示。

6.10.11 结果后处理

步骤 1 单击 Mechanical 界面左侧流程树中的"求解（B6）"选项，此时会出现图 6-162 所示的"求解"选项卡。

步骤 2 单击"求解"选项卡中的"变形"→"总计"命令，如图 6-163 所示，此时在流程树中会出现"总变形"选项。

图 6-161 "求解"命令

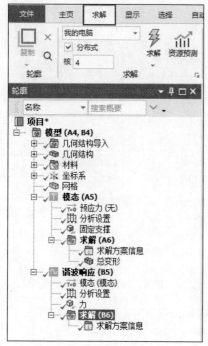

图 6-162　"求解"选项卡

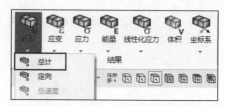

图 6-163　添加"总变形"选项

　　步骤 3　单击"求解"选项卡中的"频率响应"→"变形"命令，如图 6-164 所示，此时在流程树中会出现"频率响应"选项。单击"频率响应"选项，在"频率响应"的详细信息中设置"几何结构"时选中图 6-165 所示的面。

图 6-164　添加"频率响应"选项

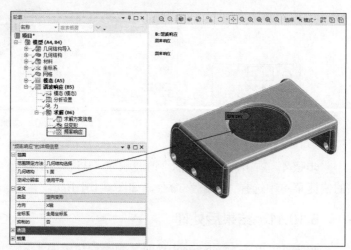

图 6-165　参数设置

　　步骤 4　右击流程树中的"求解（B6）"选项，在弹出的快捷菜单中选择"评估所有结果"命令，如图 6-166 所示。

　　步骤 5　单击流程树中的"求解（B6）"下的"总变形"选项，此时会出现图 6-167 所示的频率为 500 Hz、扫掠相为 0°时的总变形分析云图。

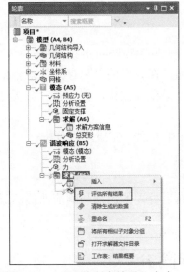

图 6-166 "评估所有结果"命令

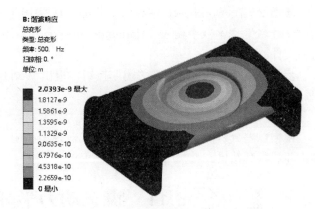

图 6-167 总变形分析云图

步骤6 单击流程树中的"求解（B6）"下的"频率响应"选项，此时会出现图 6-168 所示的节点随频率变化的曲线。

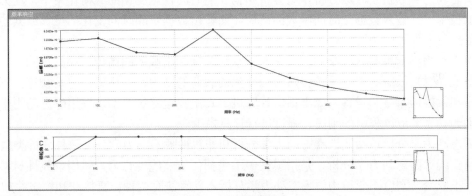

图 6-168 变化曲线

步骤7 图 6-169 所示为各阶响应频率、振幅和相位角。

	频率 [	✔ 振幅 [m]	✔ 相位角 [°]
1	50.	2.6471e-010	-150.
2	100.	3.4118e-010	30.
3	150.	1.139e-010	30.
4	200.	9.678e-011	30.
5	250.	6.2423e-010	30.
6	300.	4.6128e-011	-150.
7	350.	1.5923e-011	-150.
8	400.	8.074e-012	-150.
9	450.	4.8552e-012	-150.
10	500.	3.2304e-012	-150.

图 6-169 各阶响应频率、振幅和相位角

6.10.12　保存与退出

步骤 1　单击 Mechanical 界面右上角的"关闭"按钮，返回 Workbench 主界面。

步骤 2　在 Workbench 主界面中单击工具栏中的 ▪ 按钮，在弹出的"另存为"对话框的"文件名"文本框中输入"Harmonic Response"，单击"保存"按钮，保存包含分析结果的文件。

步骤 3　单击右上角的"关闭"按钮，退出 Workbench 主界面，完成项目分析。

6.10.13　读者演练

根据以上分析的步骤，读者自行完成对模型的应力分布后处理的添加与响应曲线的添加，并观察其结果。

6.11　瞬态动力学分析简介

6.11.1　瞬态动力学分析的基本概念

瞬态动力学分析是时域分析，是分析结构在随时间任意变化的载荷作用下，动力响应过程的技术。其输入数据是时间函数的载荷，而输出数据是随时间变化的位移或其他输出量，如应力应变等。

瞬态动力学分析具有广泛的应用。对于承受各种冲击载荷的结构，如汽车的门、缓冲器、车架、悬挂系统等；承受各种随时间变化的载荷的结构，如桥梁、建筑物等；以及承受撞击和颠簸的家庭和设备，如电话、计算机、真空吸尘器等，都可以用瞬态动力学分析对它们的动力响应过程中的刚度、强度进行计算模拟。

瞬态动力学分析包括线性瞬态动力学分析和非线性瞬态动力学分析两种分析类型。

所谓线性瞬态动力学分析，是指模型中不包括任何非线性行为，适用于线性材料、小位移、小应变、刚度不变结构的瞬态动力学分析，其算法有两种：直接法和模态叠加法。

非线性瞬态动力学分析具有更广泛的应用，可以考虑各种非线性行为，如材料非线性、大变形、大位移、接触、碰撞等，本节主要介绍线性瞬态动力学分析。

6.11.2　瞬态动力学分析基本公式

由经典力学理论可知，物体的动力学通用方程为

$$[M]\{x''\} + [C]\{x'\} + [K]\{x\} = \{F(t)\} \tag{6-18}$$

式中，$[M]$ 是质量矩阵；$[C]$ 是阻尼矩阵；$[K]$ 是刚度矩阵；$\{x\}$ 是位移矢量；$\{F(t)\}$ 是力矢量；$\{x'\}$ 是速度矢量；$\{x''\}$ 是加速度矢量。

6.12　实例 6——钢构架地震分析

本节主要介绍 ANSYS Workbench 的瞬态动力学分析模块，对钢构架模型进行瞬态动力学分析。

学习目标：熟练掌握 ANSYS Workbench 瞬态动力学分析的方法及过程。

模型文件	配套资源\chapter06\chapter06-12\GANGJIEGOU.agdb
结果文件	配套资源\chapter06\chapter06-12\Transient_Structural.wbpj

6.12.1 问题描述

图 6-170 所示为钢构架模型，请用 ANSYS Workbench 分析计算钢构架模型在表 6-4 所示的地震加速度谱作用下的结构响应。

图 6-170 钢构架模型

表 6-3 地震加速度谱数据（单位：m/s²）

时 间 步	水平加速度	竖向加速度	时 间 步	水平加速度	竖向加速度
0.1	0	0	1.5	2.951 3	5.902 7
0.2	0.271 9	0.543 7	1.6	0.905 6	1.811 2
0.3	1.114 6	2.229 2	1.7	0.307 5	0.615 1
0.4	1.187 7	2.375 3	1.8	2.067 8	4.135 6
0.5	0.224 3	0.448 6	1.9	0.518 2	1.036 5
0.6	−2.273 4	−4.546 8	2.0	0.482 5	0.965 1
0.7	−0.951 5	−1.903	2.1	−3.381 2	−6.762 4
0.8	2.293 8	4.587 6	2.2	0.521 6	1.053 4
0.9	4.009 9	8.019 8	2.3	−2.985 3	−5.970 6
1.0	1.981 2	3.962 3	2.4	−1.843 5	−3.687
1.1	1.609	3.218 1	2.5	−1.106 1	−2.212 2
1.2	−1.503 7	−3.007 4	2.6	1.298 1	2.596 2
1.3	1.626	3.252 1	2.7	2.322 7	4.645 3
1.4	0.800 3	1.600 6	2.8	2.361 7	4.723 5

续表

时 间 步	水平加速度	竖向加速度	时 间 步	水平加速度	竖向加速度
2.9	−2.803 5	−5.607	4.0	2.365 1	4.730 3
3.0	1.451	2.902 1	4.1	0.689 8	1.379 7
3.1	−5.447 3	−10.894 6	4.2	−6.256 1	−12.512 2
3.2	0.477 4	0.954 9	4.3	1.525 8	3.051 6
3.3	−8.164 2	−16.328 4	4.4	−3.520 5	−7.041 1
3.4	−0.363 6	−0.727 2	4.5	−0.429 9	−0.859 7
3.5	1.991 3	3.982 7	4.6	3.090 7	6.181 3
3.6	2.230 9	4.461 8	4.7	−0.395 9	−0.791 8
3.7	−5.082	−10.164	4.8	1.412	2.823 9
3.8	−3.868 7	−7.717 3	4.9	−4.164 5	−8.329
3.9	12.262 4	24.524 8	5.0	1.158 8	2.317 6

6.12.2 启动 Workbench 并建立分析项目

步骤 1 在 Windows 系统下启动 ANSYS Workbench，进入主界面。

步骤 2 双击主界面"工具箱"中的"分析系统"→"模态"选项，即可在"项目原理图"窗口创建分析项目 A，如图 6-171 所示。

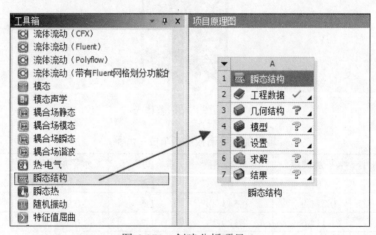

图 6-171 创建分析项目 A

6.12.3 导入几何体模型

步骤 1 在 A3 "几何结构"上右击，在弹出的快捷菜单中选择"导入几何模型"→"浏览……"命令，弹出"打开"对话框。

步骤 2 在弹出的"打开"对话框中选择文件路径，导入 GANGJIEGOU.agdb 几何体文件，此时 A3 "几何结构"后的 ❓ 变为 ✔，表示实体模型已经存在。

步骤 3 双击项目 A 中的 A3"几何结构"，进入 DesignModeler 界面，在 DesignModeler 软件绘图区域会显示几何模型，如图 6-172 所示。

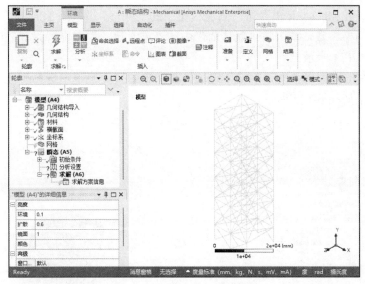

图 6-172 DesignModeler 界面

步骤 4 单击 DesignModeler 界面右上角的"关闭"按钮，返回 Workbench 主界面。

6.12.4 添加材料库

本实例选择的材料为"结构钢"，此材料为 ANSYS Workbench 默认被选中的材料，故不需要设置。

6.12.5 划分网格

步骤 1 双击主界面项目管理区项目 A 中的 A4"模型"项，进入图 6-173 所示的 Mechanical 界面，在该界面下即可进行网格的划分、分析设置、结果观察等操作。

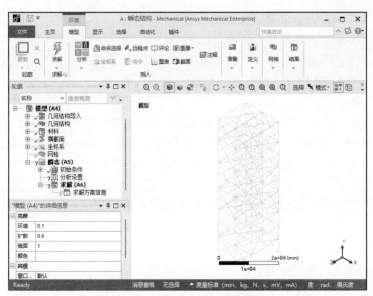

图 6-173 Mechanical 界面

步骤 2 单击 Mechanical 界面左侧流程树中的"网格"选项，此时可在"网格"的详细信息中修改网格参数，本例将"默认值"中的"单元尺寸"中设置为 0.5 m，其余采用默认设置，如图 6-174 所示。

步骤 3 右击流程树中的"网格"选项，在弹出的快捷菜单中选择"生成网格"命令，最终的网格效果如图 6-175 所示。

图 6-174 修改网格参数

图 6-175 网格效果

6.12.6 施加约束

步骤 1 单击 Mechanical 界面左侧流程树中的"瞬态（A5）"选项，此时会出现的"环境"选项卡。

步骤 2 单击"环境"选项卡中的"结构"→"固定的"按钮，如图 6-176 所示，此时在流程树中会出现"固定支撑"选项。

图 6-176 添加"固定支撑"约束

步骤 3 单击"固定支撑"，选择需要施加"固定支撑"约束的面，在"固定支撑"的详细信息中设置"几何结构"选项时选中几何结构上表面，如图 6-177 所示。

步骤 4 单击"瞬态（A5）"下的"分析设置"，在"分析设置"的详细信息中进行设置，如图 6-178 所示。

①在"步骤数量"后面输入 50，设置总时间步为 50。

②在"当前步数"后面输入 1，设置当前时间步。

③在"步骤结束时间"后面输入 0.1 s，设置第一个时间步结束的时间为 0.1 s。

④在"自动时步"选项中选择"关闭"，在"定义依据"选项中选择"子步"，在"子步数量"后面输入 5，设置子时间步为 1 步。

⑤在"求解器类型"选项中选择"直接"，在"弱弹簧"选项中选择"程序控制"，在

"大挠曲"选项中选择"开启"。

⑥其余选项默认即可。

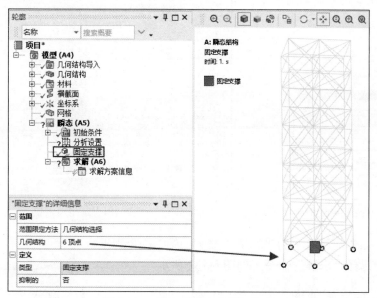

图 6-177 施加"固定支撑"约束

步骤 5 同样设置其余 49 个时间步的上述参数，完成后如图 6-179 所示。

图 6-178 分析设置

步数	结束时间 [s]	步数	结束时间 [s]
1	0.1	26 26	2.6
2	0.2	27 27	2.7
3	0.3	28 28	2.8
4	0.4	29 29	2.9
5	0.5	30 30	3.
6	0.6	31 31	3.1
7	0.7	32 32	3.2
8	0.8	33 33	3.3
9	0.9	34 34	3.4
10	1.	35 35	3.5
11	1.1	36 36	3.6
12	1.2	37 37	3.7
13	1.3	38 38	3.8
14	1.4	39 39	3.9
15	1.5	40 40	4.
16	1.6	41 41	4.1
17	1.7	42 42	4.2
18	1.8	43 43	4.3
19	1.9	44 44	4.4
20	2.	45 45	4.5
21	2.1	46 46	4.6
22	2.2	47 47	4.7
23	2.3	48 48	4.8
24	2.4	49 49	4.9
25	2.5	50 50	5.

图 6-179 时间步输入

步骤 6 单击"瞬态（B5）"命令，单击"环境"选项卡中的"惯性"→"加速度"命令，在出现的图 6-180 所示的"加速度"的详细信息中做如下设置。

在"定义依据"选项中选择"分量"，此时下面会出现"X 分量""Y 分量"及"Z 分量"3 项。

步骤 7 将表 6-4 中的数据输入右下侧的"表格数据"中，输入完成后如图 6-181 所示。

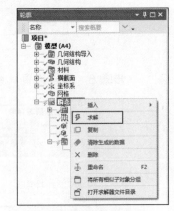

图 6-180　加速度设置

	步数	时间[s]	X[m/s²]	Y[m/s²]	Z[m/s²]
1	1	0.			0.
2	1	0.1			0.
3	2	0.2	0.5437	0.2719	0.
4	3	0.3	2.2292	1.1146	0.
5	4	0.4	2.3753	1.1877	0.
6	5	0.5	0.4486	0.2243	0.
7	6	0.6	-4.5468	-2.2734	0.
8	7	0.7	-1.903	-0.9515	0.
9	8	0.8	4.5876	2.2938	0.
10	9	0.9	8.0198	4.0099	0.
11	10	1.	3.9623	1.9812	0.
12	11	1.1	3.2181	1.609	0.
13	12	1.2	-3.0074	-1.5037	0.
14	13	1.3	3.2521	1.626	0.
15	14	1.4	1.6006	0.8003	0.
16	15	1.5	5.9027	2.9513	0.
17	16	1.6	1.8112	0.9056	0.
18	17	1.7	0.6151	0.3075	0.
19	18	1.8	4.1356	2.0678	0.
20	19	1.9	1.0365	0.5182	0.
21	20	2.	0.9651	0.4825	0.
22	21	2.1	-6.7624	-3.3812	0.
23	22	2.2	1.0534	0.5216	0.
24	23	2.3	-5.9706	-2.9853	0.
25	24	2.4	-3.687	-1.8435	0.
26	25	2.5	-2.2122	-1.1061	0.
27	26	2.6	2.5962	1.2981	0.
28	27	2.7	4.6453	2.3227	0.
29	28	2.8	4.7235	2.3617	0.
30	29	2.9	-5.607	-2.8035	0.
31	30	3.	2.9021	1.451	0.
32	31	3.1	-10.895	-5.4473	0.
33	32	3.2	0.9549	0.4774	0.
34	33	3.3	-16.328	-8.1642	0.
35	34	3.4	-0.7272	-0.3636	0.
36	35	3.5	3.9827	1.9913	0.
37	36	3.6	4.4618	2.2309	0.
38	37	3.7	-10.164	-5.082	0.
39	38	3.8	-7.7173	-3.8687	0.
40	39	3.9	24.525	12.262	0.
41	40	4.	4.7303	2.3651	0.
42	41	4.1	1.3797	0.6898	0.
43	42	4.2	-12.512	-6.2561	0.
44	43	4.3	3.0516	1.5258	0.
45	44	4.4	-7.0411	-3.5205	0.
46	45	4.5	-0.8597	-0.4299	0.
47	46	4.6	6.1813	3.0907	0.
48	47	4.7	-0.7918	-0.3959	0.
49	48	4.8	2.8239	1.412	0.
50	49	4.9	-8.329	-4.1645	0.
51	50	5.	2.3176	1.1588	0.

图 6-181　加速度谱值

步骤 8　右击流程树中的"瞬态（A5）"选项，在弹出的快捷菜单中选择"求解"命令，如图 6-182 所示。

6.12.7　结果后处理

步骤 1　单击 Mechanical 界面左侧流程树中的"求解（A6）"选项，此时会出现"求解"选项卡。

步骤 2　单击"求解"选项卡中的"变形"→"总计"命令，如图 6-183 所示，此时在流程树中会出现"总变形"选项。

步骤 3　单击"求解"选项卡中的"变形"→"总加速度"命令，此时在流程树中会出现"总加速度"选项。

步骤 4　右击流程树中的"求解（B6）"选项，在弹出的快捷菜单中选择"评估所有结果"命令，如图 6-184 所示。

图 6-182　"求解"命令

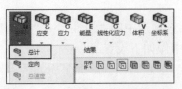

图 6-183　添加"总变形"选项

图 6-184　"评估所有结果"命令

步骤5 单击流程树中的"求解（B6）"下的"总变形"选项，此时会出现图6-185所示的总变形分析云图。单击流程树中的"求解（B6）"下的"总加速度"选项，此时会出现图6-186所示的总加速度分析云图。

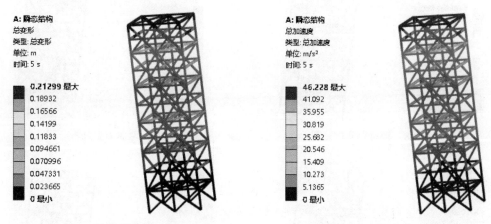

图6-185 总变形分析云图　　　　　图6-186 总加速度分析云图

步骤6 右击"求解（A6）"选项，在弹出的快捷菜单中选择"插入"→"梁结果"→"轴向力"（梁单元内力）命令，如图6-187所示。

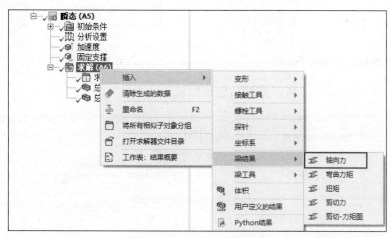

图6-187 "轴向力"命令

步骤7 同样方法选择"弯曲力矩""扭矩"及"剪切力"命令。

步骤8 右击流程树中的"求解（A6）"选项，在弹出的快捷菜单中选择"评估所有结果"命令。

步骤9 单击流程树中的"求解（A6）"下的"轴向力"，此时会出现图6-188所示的"轴向力"分析云图。

步骤10 同样方法查看"弯曲力矩""扭矩"及"剪切力"分析云图，如图6-189~图6-191所示。

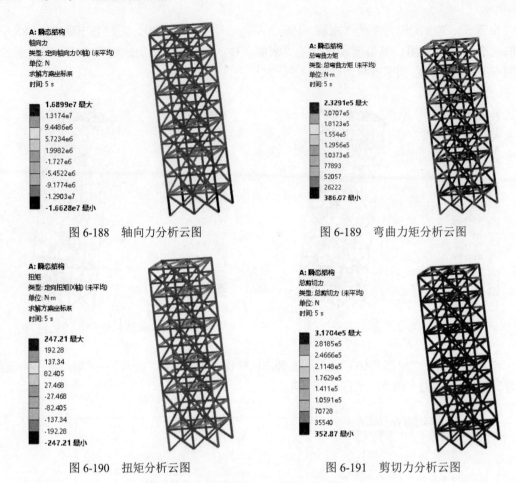

图 6-188 轴向力分析云图 图 6-189 弯曲力矩分析云图

图 6-190 扭矩分析云图 图 6-191 剪切力分析云图

步骤 11 单击图 6-192 所示的 按钮可以输出动画。

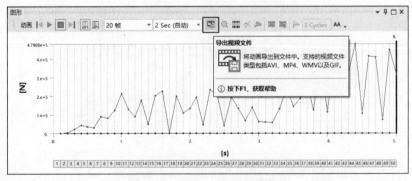

图 6-192 动态显示及动画输出

6.12.8 保存与退出

步骤 1 单击 Mechanical 界面右上角的"关闭"按钮，返回 Workbench 主界面。

步骤 2 在 Workbench 主界面中单击工具栏中的 按钮，在弹出的"另存为"对话框的"文件名"文本框中输入"Transient_Structural"，单击"保存"按钮，保存包含分析结果的文件。

步骤 3 单击右上角的"关闭"按钮，退出 Workbench 主界面，完成项目分析。

6.12.9 读者演练

读者可以参考以上后处理操作，查看顶点的速度曲线和加速度曲线，同时通过图表查找速度谱的最大值和加速度的最大值。

6.13 本章小结

线性材料结构动力学分析经常应用于土木行业的塔架、桥梁等的抗震计算，同时也在机械行业的振动疲劳分析中有广泛应用。

本章通过大量的典型案例，分别介绍了响应谱分析、谐响应分析及随机振动分析等动力学分析的一般过程，包括材料导入与建模、材料选择与材料属性赋予、有限元网格的划分、对模型施加边界条件与外载荷及结构后处理等。

通过本章的学习，读者应对 ANSYS Workbench 结构动力学分析模块及操作步骤有详细的了解，同时熟练掌握操作步骤与分析方法。

第 7 章　热力学分析

　　热力学是物理场中常见的一种现象，在工程分析中热力学包括热传导、热对流和热辐射 3 种基本形式，计算热力学在工程应用中至关重要，如高温作用下的压力容器，如果温度过高会导致容器内部气体膨胀使压力容器爆裂，刹车片刹车制动时瞬时间产生大量热容易使刹车片产生热应力等。本章主要介绍 ANSYS Workbench 热力学分析，讲解稳态和瞬态热力学计算过程。

　　学习目标：
　　（1）熟练掌握 ANSYS Workbench 温度场分析的方法及过程；
　　（2）熟练掌握 ANSYS Workbench 稳态温度场分析的设置与后处理；
　　（3）熟练掌握 ANSYS Workbench 瞬态温度场分析的时间设置方法；
　　（4）掌握零件热点处的瞬态温升曲线的处理方法。

7.1　热力学分析简介

　　在石油化工、动力、核能等许多重要部门中，在变温条件下工作的结构和部件，通常都存在温度应力问题。

　　在正常工况下存在稳态的温度应力，在启动或关闭过程中还会产生随时间变化的瞬态温度应力。这些应力已经占有相当的比重，甚至成为设计和运行中的控制应力。要计算稳态或者瞬态应力，首先要计算稳态或者瞬态温度场。

7.1.1　热力学分析的目的

　　热力学分析的目的就是计算模型内的温度分布以及热梯度、热流密度等物理量。热载荷包括热源、热对流、热辐射、热流量、外部温度场等。

7.1.2　热力学分析的两种类型

ANSYS Workbench 可以进行两种热力学分析，即稳态热力学分析和瞬态热力学分析。

1. 稳态热力学分析

稳态热力学分析的一般方程为

$$[K]\{I\} = \{Q\} \tag{7-1}$$

式中，$[K]$ 是传导矩阵，包括热系数、对流系数及辐射系数和形状系数；$\{I\}$ 是节点温度向量；$\{Q\}$ 是节点热流向量，包含热生成。

2. 瞬态热力学分析

瞬态热力学分析的一般方程为

$$[C]\{\dot{T}\} + [K]\{T\} = \{Q\} \qquad (7\text{-}2)$$

式中，$[K]$ 是传导矩阵，包括热系数、对流系数及辐射系数和形状系数；$[C]$ 是比热矩阵，考虑系统内能的增加；$\{T\}$ 是节点温度向量；$\{\dot{T}\}$ 是节点温度对时间的导数；$\{Q\}$ 是节点热流向量，包含热生成。

7.1.3 基本传热方式

基本传热方式有热传导、热对流及热辐射 3 种。

1. 热传导

当物体内部存在温差时，热量从高温部分传递到低温部分；不同温度的物体相接触时，热量从高温物体传递到低温物体。这种热量传递的方式叫热传导。

热传导遵循傅里叶定律：

$$q'' = -k\frac{\mathrm{d}T}{\mathrm{d}x} \qquad (7\text{-}3)$$

式中，q'' 是热流密度（$\mathrm{W/m^2}$）；k 是导热系数（$\mathrm{W/(m\cdot\,^\circ C)}$）。

2. 热对流

对流是指温度不同的各部分流体之间发生相对运动所引起的热量传递方式。高温物体表面附近的空气因受热而膨胀，密度降低而向上流动，密度较大的冷空气将下降替代原来的受热空气而引发对流现象。热对流分为自然对流和强迫对流两种。

热对流满足牛顿冷却方程：

$$q'' = h(T_s - T_b) \qquad (7\text{-}4)$$

式中，h 是对流换热系数（或称膜系数）；T_s 是固体表面温度；T_b 是周围流体温度。

3. 热辐射

热辐射是指物体发射电磁能，并被其他物体吸收转变为热的热量交换过程。与热传导和热对流不同，热辐射不需要任何传热介质。

实际上，真空的热辐射效率最高。同一物体，温度不同时的热辐射能力不一样，温度相同的不同物体的热辐射能力也不一定一样。同一温度下，黑体的热辐射能力最强。

在工程中，通常考虑两个或者多个物体之间的辐射，系统中每个物体同时辐射并吸收热量。它们之间的净热量传递可用斯特藩-玻尔兹曼方程来计算：

$$q = \varepsilon\sigma A_1 F_{12}(T_1^4 - T_2^4) \qquad (7\text{-}5)$$

式中，q 为热流率；ε 为辐射率（黑度）；σ 为黑体辐射常数，$\sigma \approx 5.67\times10^{-8}\,\mathrm{W/(m^2\cdot K^4)}$；$A_1$ 为辐射面 1 的面积；F_{12} 为由辐射面 1 到辐射面 2 的形状系数；T_1 为辐射面 1 的绝对温度；T_2 为辐射面 2 的绝对温度。

从热辐射的方程可知，如果分析包含热辐射，则分析是高度非线性的。

7.2 实例1——圆柱体热传递与对流分析

本节主要介绍 ANSYS Workbench 的稳态热力学分析模块，计算实体模型的稳态温度分布及热流密度。

学习目标：熟练掌握 ANSYS Workbench 建模方法及稳态热力学分析的方法及过程。

扫码观看
配套视频

7.2 圆柱体热传递与
对流分析

模型文件	配套资源\chapter07\chapter07-2\Cylinder.agdb
结果文件	配套资源\ chapter07\chapter07-2\Cylinder_Steady_State_Thermal.wbpj

7.2.1 问题描述

图 7-1 所示为圆柱实体模型，圆柱初始温度为 25℃，在圆柱底面施加 300℃的温度载荷，周围和顶面为对流传热面，周围空气温度为 25℃，请用 ANSYS Workbench 分析内部的温度场云图。

7.2.2 启动 Workbench 并建立分析项目

步骤 1 在 Windows 系统下启动 ANSYS Workbench，进入主界面。

步骤 2 双击主界面"工具箱"中的"分析系统"→"稳态热"选项，即可在"项目原理图"窗口创建分析项目 A，如图 7-2 所示。

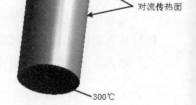

对流传热面

300℃

图 7-1 圆柱实体模型

图 7-2 创建分析项目 A

7.2.3 导入几何体模型

步骤 1 在 A3 "几何结构"上右击，在弹出的快捷菜单中选择"导入几何模型"→"浏览……"命令，弹出"打开"对话框。

步骤 2 在弹出的"打开"对话框中选择文件路径，导入 Cylinder.agdb 几何体文件，此时 A3 "几何结构"后的 ❓ 变为 ✔，表示实体模型已经存在。

步骤 3 双击项目 A 中的 A3"几何结构"，进入 DesignModeler 界面，在 DesignModeler 软件绘图区域会显示几何模型，如图 7-3 所示。

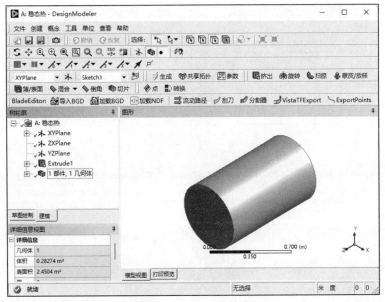

图 7-3　DesignModeler 界面

步骤 4　单击 DesignModeler 界面右上角的"关闭"按钮，返回 Workbench 主界面。

7.2.4　添加材料库

步骤 1　双击项目 A 中的 A2 "工程数据"，进入图 7-4 所示的材料参数设置界面，在该界面下即可进行材料参数设置。

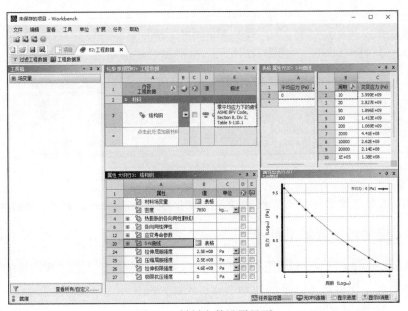

图 7-4　材料参数设置界面

步骤 2　单击 "点击此处添加新材料"，在空白处输入 New Material，此时新材料名称前会出现一个 **?**，表示需要在新材料中添加属性，如图 7-5 所示。

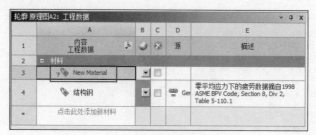

图 7-5　添加新材料

步骤 3　在"工具箱"中双击选择"热"→"各向同性热导率"命令，此时"各向同性热导率"选项被添加到 New Material 属性中，如图 7-6 所示。

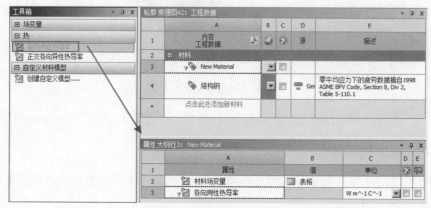

图 7-6　添加材料属性

步骤 4　在"属性 大纲行 3：New Material"表的 A3"各向同性热导率"后面的 B3 中输入 650，单位默认即可，如图 7-7 所示，材料属性添加成功。

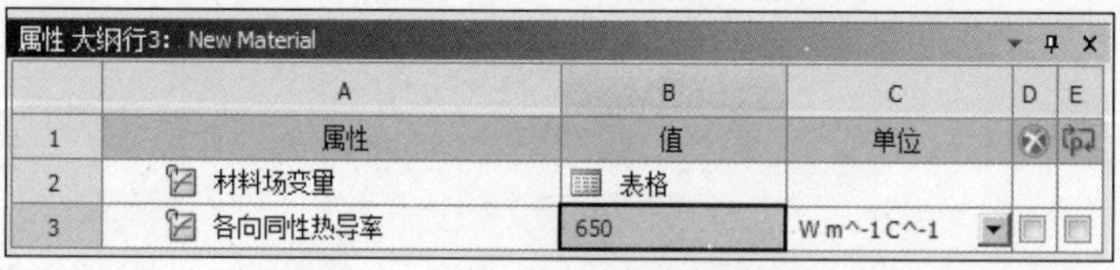

	A	B	C	D	E
属性 大纲行3: New Material					
1	属性	值	单位		
2	材料场变量	表格			
3	各向同性热导率	650	W m^-1 C^-1		

图 7-7　材料属性添加成功

步骤 5　单击工具栏中的 项目 选项卡，切换到 Workbench 主界面，材料库添加完毕。

7.2.5　添加模型材料属性

步骤 1　双击主界面项目管理区项目 A 中的 A4"模型"，进入图 7-8 所示的 Mechanical 界面，在该界面下即可进行网格的划分、分析设置、结果观察等操作。

步骤 2　选择 Mechanical 界面左侧流程树中"几何结构"选项下的 Solid，此时即可在"Solid"的详细信息中给模型变更材料。单击"Solid"的详细信息中的"材料"下"任务"后面的 按钮，出现刚刚设置的材料 New Material，选择即可将其添加到模型中去，如图 7-9 所示。

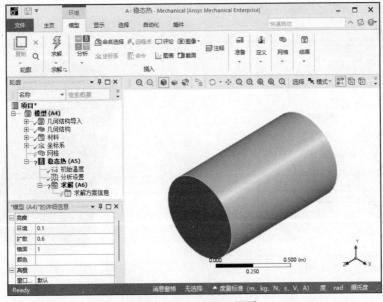

图 7-8　Mechanical 界面

图 7-9　变更材料

7.2.6　划分网格

步骤 1　单击 Mechanical 界面左侧流程树中的"网格"选项，可在"网格"的详细信息中修改网格参数，本例将"默认值"中的"单元尺寸"中设置为 2.e-002 m，其余采用默认设置，如图 7-10 所示。

步骤 2　右击流程树中的"网格"选项，在弹出的快捷菜单中选择"生成网格"命令，最终的网格效果如图 7-11 所示。

图 7-10 修改网格参数

图 7-11 网格效果

7.2.7 施加载荷与约束

步骤 1 单击 Mechanical 界面左侧流程树中的"稳态热（A5）"选项，此时会出现的"环境"选项卡。

步骤 2 单击"环境"选项卡中的"热"→"温度"按钮，如图 7-12 所示，此时在流程树中会出现"温度"选项。

图 7-12 添加"温度"载荷

步骤 3 单击"温度"，在"温度"的详细信息中设置"几何结构"选项时选中圆柱底面，如图 7-13 所示。在"大小"后面输入 300℃，完成一个"温度"载荷的施加。

图 7-13 施加"温度"载荷

步骤4 单击"环境"选项卡中的"热"→"对流"按钮，如图7-14所示，此时在流程树中会出现"对流"选项。

图7-14 添加"对流"载荷

步骤5 单击"对流"，在"对流"的详细信息中设置"几何结构"选项时选中圆柱顶面和侧面，如图7-15所示。在"定义"→"薄膜系数"后面输入650W/m²·℃，在"环境温度"后面输入25℃，完成一个"对流"载荷的施加。

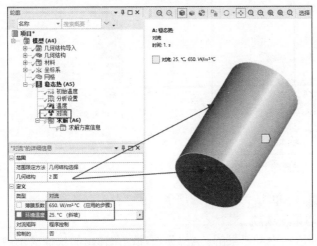

图7-15 施加"对流"载荷

步骤6 单击流程树中的"稳态热（A5）"选项，在"初始温度"的详细信息中将"定义"下的"初始温度值"改为25℃，如图7-16所示。

步骤7 右击流程树中的"稳态热（A5）"选项，在弹出的快捷菜单中选择"求解"命令进行求解，如图7-17所示。

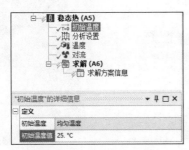

图7-16 初始温度设置

图7-17 "求解"命令

7.2.8　结果后处理

步骤 1　单击 Mechanical 界面左侧流程树中的"求解（A6）"选项，此时会出现图 7-18 所示的"求解"选项卡。

步骤 2　单击"求解"选项卡中的"热"→"温度"命令，如图 7-19 所示，此时在流程树中会出现"温度"选项。

图 7-18　"求解"选项卡

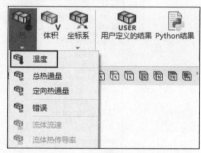

图 7-19　添加"温度"选项

步骤 3　同步骤 2，单击"求解"选项卡中的"热"→"总热通量"命令，此时在流程树中会出现"总热通量"选项。

步骤 4　右击流程树中的"求解（A6）"选项，在弹出的快捷菜单中选择"评估所有结果"命令，如图 7-20 所示。

步骤 5　单击流程树中的"求解（A6）"下的"温度"选项，此时会出现如图 7-21 所示的"温度"分析云图。

图 7-20　"评估所有结果"命令

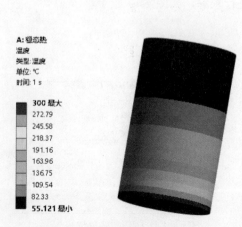

图 7-21　温度分析云图

步骤 6 同样的操作方法，查看"总热通量"，如图 7-22 所示为"总热通量"分析云图。

步骤 7 在绘图区域中单击 Z 轴，使图形 Z 轴垂直于绘图平面，如图 7-23 所示。

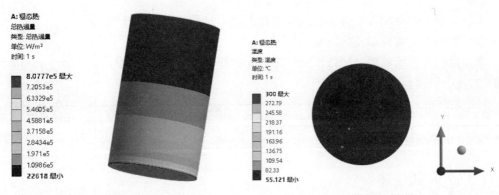

图 7-22 总热通量分析云图　　　　　图 7-23 选中 Z 方向视图

步骤 8 单击工具栏中的 按钮，然后在绘图区域中从右侧向左侧画一条直线，如图 7-24 中箭头方向所示。

步骤 9 旋转视图，如图 7-25 所示为温度场在圆柱体内部的分布情况。

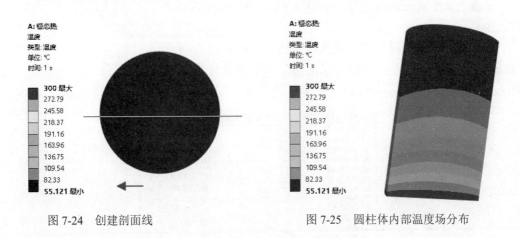

图 7-24 创建剖面线　　　　　　　图 7-25 圆柱体内部温度场分布

7.2.9 保存与退出

步骤 1 单击 Mechanical 界面右上角的"关闭"按钮，返回 Workbench 主界面。

步骤 2 在 Workbench 主界面中单击工具栏中的 按钮，在弹出的"另存为"对话框中的"文件名"文本框中输入"Cylinder_Steady_State_Thermal"，单击 按钮，保存包含分析结果的文件。

步骤 3 单击右上角的 按钮，退出 Workbench 主界面，完成项目分析。

7.2.10 读者演练

参考前面章节所讲的操作方法，请读者将材料更改为铝合金，然后重新计算，并对比温度分布情况，从而得到导热系数与温度分布的关系。

7.3 实例2——实体模块热传递与对流分析

本节主要介绍 ANSYS Workbench 的稳态热力学分析模块，计算实体模型的稳态温度分布及热流密度。

学习目标：熟练掌握 ANSYS Workbench 建模方法及稳态热力学分析的方法及过程。

扫码观看
配套视频

7.3 实体模块热传递
与对流分析

模型文件	配套资源\chapter07\chapter07-3\model.agdb
结果文件	配套资源\chapter07\chapter07-3\model_Steady_State_Thermal.wbpj

7.3.1 问题描述

实体模型的参数如图 7-26 所示，请用 ANSYS Workbench 分析内部的温度场云图。

7.3.2 启动 Workbench 并建立分析项目

步骤 1 在 Windows 系统下启动 ANSYS Workbench，进入主界面。

步骤 2 双击主界面"工具箱"中的"分析系统"→"稳态热"选项，即可在"项目原理图"窗口创建分析项目 A，如图 7-27 所示。

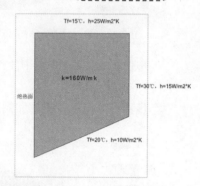

图 7-26 实体模型

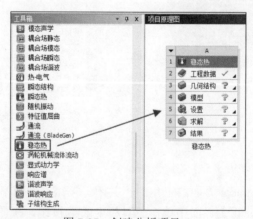

图 7-27 创建分析项目 A

7.3.3 导入几何体模型

步骤 1 在 A3 "几何结构"上右击，在弹出的快捷菜单中选择"导入几何模型"→"浏览……"命令，弹出"打开"对话框。

步骤 2 在弹出的"打开"对话框中选择文件路径，导入 model.agdb 几何体文件，此时 A3 "几何结构"后的 🎁 变为 ✓，表示实体模型已经存在。

步骤 3 双击项目 A 中的 A3"几何结构"，进入 DesignModeler 界面，在 DesignModeler 软件绘图区域会显示几何模型，如图 7-28 所示。

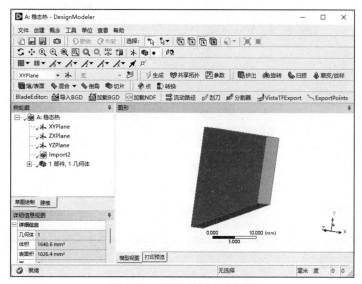

图 7-28 DesignModeler 界面

步骤 4 单击 DesignModeler 界面右上角的"关闭"按钮，返回 Workbench 主界面。

7.3.4 添加材料库

步骤 1 双击项目 A 中的 A2 "工程数据"，进入图 7-29 所示的材料参数设置界面，在该界面下即可进行材料参数设置。

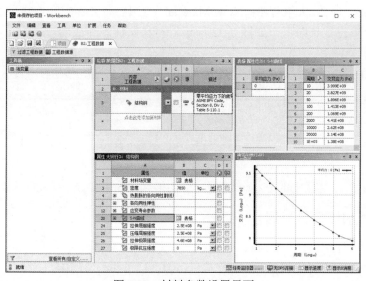

图 7-29 材料参数设置界面

步骤 2 单击 "点击此处添加新材料"，在空白处输入 New Material，此时新材料名

称前会出现一个 **?**，表示需要在新材料中添加属性，如图 7-30 所示。

图 7-30 添加新材料

步骤 3 在"工具箱"中双击 "热"→"各向同性热导率"，此时"各向同性热导率"选项被添加到了 New Material 属性中，如图 7-31 所示。

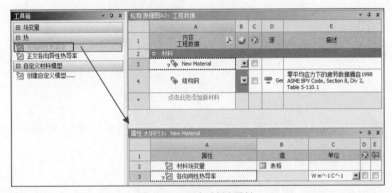

图 7-31 添加材料属性

步骤 4 在"属性 大纲行 3：New Material"表中 A3"各向同性热导率"后面的 B3 中输入 237.5，单位默认即可，如图 7-32 所示，材料属性添加成功。

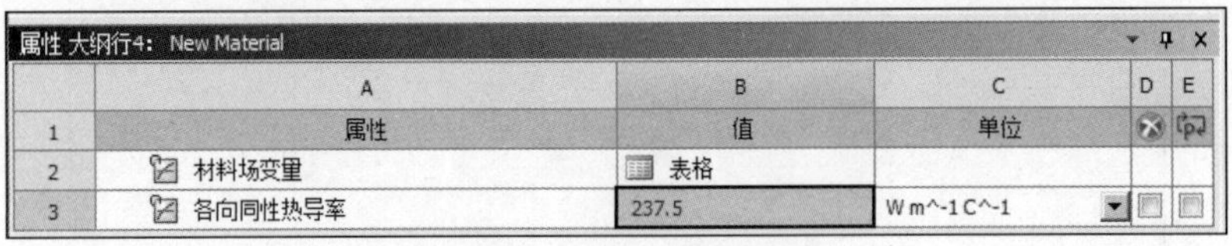

	A	B	C	D	E
	属性	值	单位		
1					
2	材料场变量	表格			
3	各向同性热导率	237.5	W m^-1 C^-1		

图 7-32 材料属性参数设置

步骤 5 单击工具栏中的 项目 选项卡，切换到 Workbench 主界面，材料库添加完毕。

7.3.5 添加模型材料属性

步骤 1 双击主界面项目管理区项目 A 中的 A4"模型"，进入图 7-33 所示的 Mechanical 界面，在该界面下即可进行网格的划分、分析设置、结果观察等操作。

步骤 2 单击 Mechanical 界面左侧流程树中"几何结构"选项下的"1"，此时可在"1"的详细信息中给模型变更材料。单击"1"的详细信息中的"材料"下"任务"后面的 按钮，会出现刚刚设置的材料New Material，选择即可将其添加到模型中去，如图7-34所示。

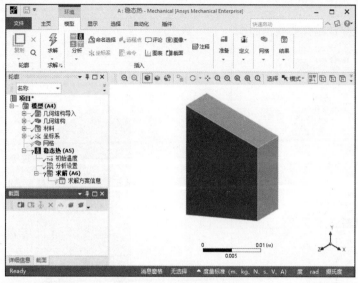

图7-33 Mechanical界面

图7-34 变更材料

7.3.6 划分网格

步骤1 单击Mechanical界面左侧流程树中的"网格"选项，可在"网格"的详细信息中修改网格参数，本例将"默认值"中的"单元尺寸"设置为2.5e-004 m，其余采用默认设置，如图7-35所示。

步骤 2 右击流程树中的"网格"选项，在弹出的快捷菜单中选择"生成网格"命令，最终的网格效果如图 7-36 所示。

图 7-35 修改网格参数

图 7-36 网格效果

7.3.7 施加载荷与约束

步骤 1 单击 Mechanical 界面左侧流程树中的"稳态热（A5）"选项，此时会出现"环境"选项卡。

步骤 2 单击"环境"选项卡中的"热"→"内部热生成"命令，如图 7-37 所示，此时在流程树中会出现"内部热生成"选项。

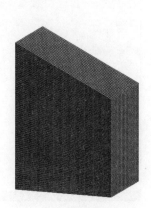

图 7-37 添加"内部热生成"载荷

步骤 3 单击"内部热生成"，在"内部热生成"的详细信息中设置"几何结构"选项时选中几何体，如图 7-38 所示。在"大小"后面输入 1000 W/m³，完成"内部热生成"载荷的施加。

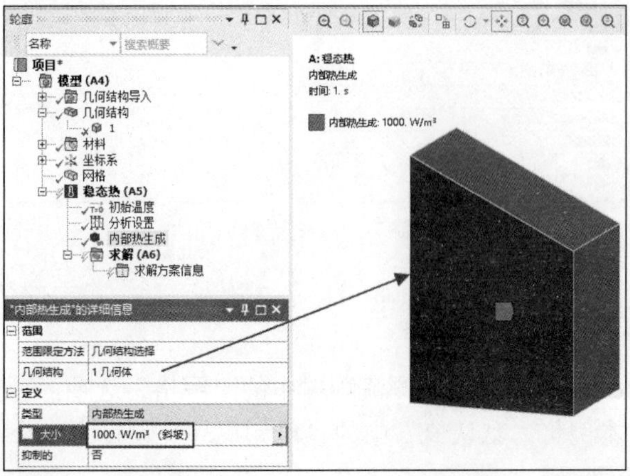

图 7-38 施加"内部热生成"载荷

步骤 4 单击"环境"工具栏中的"热"→"对流"按钮，如图 7-39 所示，此时在流程树中会出现"对流"选项。

图 7-39 添加"对流"载荷

步骤 5 单击"对流"，在"对流"的详细信息中设置"几何结构"选项时选中模型顶面，如图 7-40 所示。在"定义"→"薄膜系数"后面输入 25 W/m²·℃，在"环境温度"后面输入 15℃，完成"对流"载荷的施加。

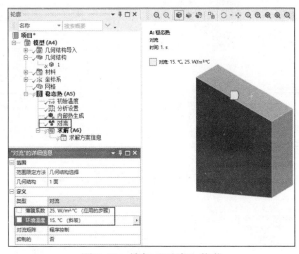

图 7-40 施加"对流"载荷

步骤 6 同步骤 5，同理设置其他两个侧面，如图 7-41 和图 7-42 所示。

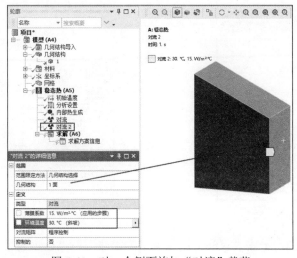

图 7-41 对一个侧面施加"对流"载荷

步骤 7 右击流程树中的"稳态热（A5）"选项，在弹出的快捷菜单中选择"求解"命令进行求解，如图 7-43 所示。

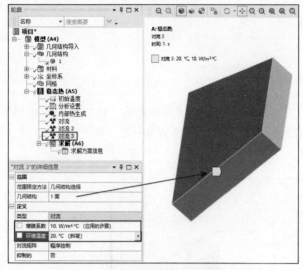

图 7-42 对另一个侧面施加"对流"载荷

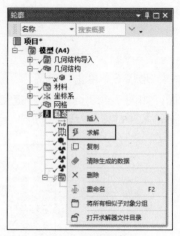

图 7-43 "求解"命令

7.3.8 结果后处理

步骤 1 单击 Mechanical 界面左侧流程树中的"求解（A6）"选项，此时会出现图 7-44 所示的"求解"选项卡。

步骤 2 单击"求解"选项卡中的"热"→"温度"命令，如图 7-45 所示，此时在流程树中会出现"温度"选项。

图 7-44 "求解"选项卡

图 7-45 添加"温度"选项

步骤 3 同步骤 2，单击"求解"选项卡中的"热"→"总热通量"命令，此时在流程树中会出现"总热通量"选项。

步骤 4 右击流程树中的"求解（A6）"选项，在弹出的快捷菜单中选择"评估所有结果"命令，如图 7-46 所示。

步骤 5 单击流程树中的"求解（A6）"下的"温度"选项，此时会出现如图 7-47 所示的"温度"分析云图。

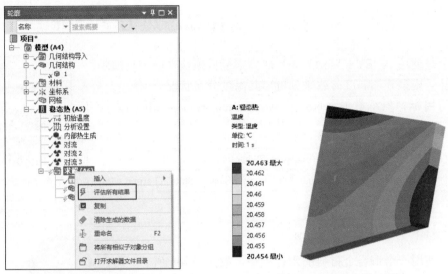

图 7-46 "评估所有结果"命令　　　　　图 7-47 温度分析云图

步骤 6 同样的操作方法，查看"总热通量"，如图 7-48 所示为"总热通量"分析云图。

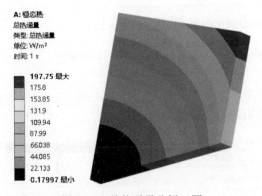

图 7-48 总热通量分析云图

7.3.9 保存与退出

步骤 1 单击 Mechanical 界面右上角的"关闭"按钮，返回 Workbench 主界面。

步骤 2 在 Workbench 主界面中单击工具栏中的 按钮，在弹出的"另存为"对话框的"文件名"文本框中输入"Model_Steady_State_Thermal"，单击"保存"按钮，保存包含分析结果的文件。

步骤 3 单击右上角的"关闭"按钮，退出 Workbench 主界面，完成项目分析。

7.3.10 读者演练

参考前面章节所讲的操作方法，请读者完成热流密度的后处理云图操作，并通过使用"探针"命令查看关键节点上的温度值。

7.4 实例 3——水杯稳态热力学分析

本节是使用 ANSYS Workbench 热力学分析模块功能进行演示。通过对杯子模型施加温度荷载来分析出其温度分布状况。

学习目标：熟练掌握 ANSYS Workbench 热力学分析的方法及过程。

扫码观看
配套视频

7.4 水杯稳态热力学
分析

模型文件	配套资源\chapter07\chapter07-4\cup.x_t
结果文件	配套资源\chapter07\chapter07-4\ cup _Steady_State_Thermal.wbpj

7.4.1 问题描述

本节使用一个铜合金材料的水杯模型，如图 7-49 所示。在内表面施加 100℃的温度载荷，在外表面施加对流传热系数来模拟当水杯装满热水时的温度以及热流分布状况，以演示 ANSYS Workbench 热力学分析模块的基本操作过程。

7.4.2 启动 Workbench 并建立分析项目

步骤 1 在 Windows 系统下启动 ANSYS Workbench，进入主界面。

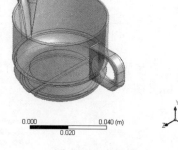

0.000   0.040 (m)
      0.020

图 7-49 水杯模型

步骤 2 双击主界面"工具箱"中的"分析系统"→"稳态热"选项，即可在"项目原理图"窗口创建分析项目 A，如图 7-50 所示。

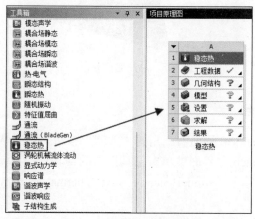

图 7-50 创建分析项目 A

7.4.3 添加材料库

步骤 1 双击项目 A 中的 A2"工程数据",进入图 7-51 所示的材料参数设置界面,在该界面下即可进行材料参数设置。

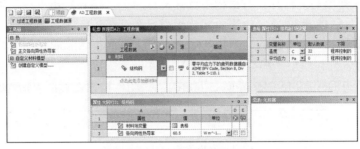

图 7-51 材料参数设置界面

步骤 2 在界面的空白处右击,在弹出的快捷菜单中选择"工程数据源",此时的界面会变为图 7-52 所示的界面。

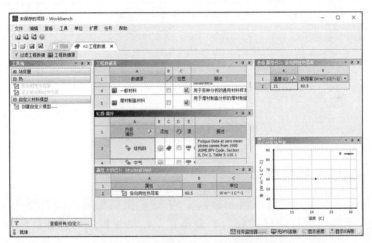

图 7-52 变化后的材料参数设置界面

步骤 3 在"工程数据源"表中单击 A4 "一般材料",然后单击"轮廓 General Materials"表中 A14"铜合金"后的 B14 中的 ▓ (添加)按钮,在 C14 中会显示 ● (使用中的)标识,如图 7-53 所示,标识材料添加成功。

步骤 4 同步骤 2,在界面的空白处右击,在弹出的快捷菜单中选择"工程数据源",返回初始界面中。

步骤 5 单击工具栏中的 项目 选项卡,切换到 Workbench 主界面,材料库添加完毕。

图 7-53 添加材料

7.4.4 导入几何体模型

步骤 1 在 A3 "几何结构"上右击,在弹出的快捷菜单中选择"导入几何模型"→"浏览……"命令,弹出"打开"对话框。

步骤 2 在弹出的"打开"对话框中选择文件路径,导入 cup.x_t 几何体文件,此时 A3 "几何结构"后的 ❓ 变为 ✓,表示实体模型已经存在。

步骤 3 双击项目 A 中的 A3 "几何结构",进入 DesignModeler 界面,单击常用命令栏中的 ✗ 按钮导入几何模型,模型显示后如图 7-54 所示。

步骤 4 单击 DesignModeler 界面右上角的"关闭"按钮,返回 Workbench 主界面。

图 7-54 DesignModeler 界面

7.4.5 添加模型材料属性

步骤 1 双击主界面项目管理区项目 A 中的 A4"模型",进入图 7-55 所示的 Mechanical 界面,在该界面下即可进行网格的划分、分析设置、结果观察等操作。

图 7-55 Mechanical 界面

步骤 2　单击 Mechanical 界面左侧流程树中"几何结构"选项下的"固体",此时可在"固体"的详细信息中给模型变更材料。单击"固体"的详细信息中的"材料"下"任务"后面的 ▸ 按钮,出现刚刚设置的材料"铜合金",选择即可将其添加到模型中去,如图 7-56 所示。

图 7-56　变更材料

7.4.6　划分网格

步骤 1　单击 Mechanical 界面左侧流程树中的"网格"选项,此时可在"网格"的详细信息中修改网格参数,本例将"默认值"中的"单元尺寸"设置为 5.e-004m,其余采用默认设置,如图 7-57 所示。

步骤 2　右击流程树中的"网格"选项,在弹出的快捷菜单中选择"生成网格"命令,最终的网格效果如图 7-58 所示。

图 7-57　修改网格参数

图 7-58　网格效果

7.4.7　定义荷载

步骤 1　单击 Mechanical 界面左侧流程树中的"稳态热（A5）"选项，此时会出现的"环境"选项卡。

步骤 2　在杯子内表面定义 100℃ 的表面温度来模拟杯子装满热水时的温度荷载。单击"环境"选项卡中的"热"→"温度"按钮，如图 7-59 所示，此时在流程树中会出现"温度"选项。

图 7-59　添加"温度"载荷

步骤 3　单击"温度"，在"温度"的详细信息中设置"几何结构"选项时选中杯子内部所有面，如图 7-60 所示。在"大小"后面输入 100℃，完成"温度"载荷的施加。

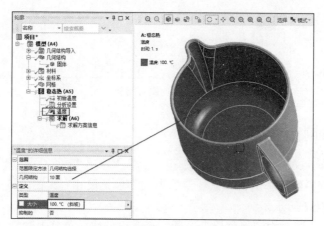

图 7-60　施加"温度"载荷

步骤 4　单击"环境"选项卡中的"热"→"对流"按钮，如图 7-61 所示，此时在流程树中会出现"对流"选项。

图 7-61　添加"对流"载荷

步骤 5　单击"对流"，在"对流"的详细信息中设置"几何结构"选项时选中杯子所有外表面（底面除外），如图 7-62 所示。在"定义"→"薄膜系数"后面输入 $2.e\text{-}002 \ W/mm^2 \cdot ℃$，来模拟模型置于自然对流环境时的外表面对流膜传热系数，在"环境温度"后面输入 22℃，完成"对流"载荷的施加。

> **提示：** 输入的 $2e\text{-}002 \ W/mm^2 \cdot ℃$ 对流膜传热系数为粗略估计值，实际空气侧自然对流膜传热系数一般而言为 $0.01 \sim 0.1 \ W/mm^2 \cdot ℃$，具体问题需要参考其他资料具体计算。

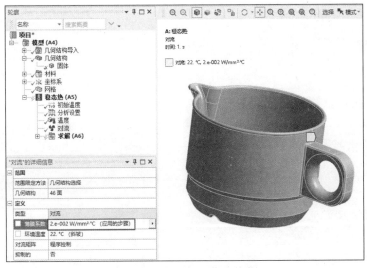

图 7-62 施加"对流"载荷

步骤 6 右击流程树中的"稳态热（A5）"选项，在弹出的快捷菜单中选择"求解"命令进行求解，如图 7-63 所示。

图 7-63 "求解"命令

提示：稳态热力学分析中由于需要运算的参数相对较少，所以可以分析与其他模块分析项目相同甚至更多的网格，而所耗费的时间更少。就笔者计算机而言，最多执行过约 520 万单元的热力学分析运算而所耗时间与执行 200 万单元静态力学分析相当。

7.4.8 结果后处理

步骤 1 单击 Mechanical 界面左侧流程树中的"求解（A6）"选项，此时会出现图 7-64 所示的"求解"选项卡。

步骤 2 单击"求解"选项卡中的"热"→"温度"命令，此时在流程树中会出现"温度"选项，如图 7-65 所示。

步骤 3 同步骤 2，单击"求解"选项卡中的"热"→"总热通量"命令，此时在流程树中会出现"总热通量"选项。

图 7-64   "求解"选项卡

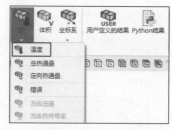

图 7-65   添加温度选项

步骤 4   右击流程树中的"求解（A6）"选项，在弹出的快捷菜单中选择"评估所有结果"命令，如图 7-66 所示。

步骤 5   单击流程树中的"求解（A6）"下的"温度"选项，此时会出现图 7-67 所示的"温度"分析云图。

图 7-66   "评估所有结果"命令

图 7-67   温度分析云图

步骤 6   同样的操作方法，查看"总热通量"，如图 7-68 所示为"总热通量"分析云图。

图 7-68   总热通量分析云图

7.4.9 保存与退出

步骤 1 单击 Mechanical 界面右上角的"关闭"按钮，返回 Workbench 主界面。

步骤 2 在 Workbench 主界面中单击工具栏中的 按钮，在弹出的"另存为"对话框中的"文件名"文本框中输入"cup _Steady_State_Thermal"单击"保存"按钮，保存包含分析结果的文件。

步骤 3 单击右上角的"关闭"按钮，退出 Workbench 主界面，完成项目分析。

7.5 实例4——散热片瞬态热力学分析

本节主要介绍 ANSYS Workbench 的瞬态热力学分析模块，计算铝制散热片的暂态温度场分布。

学习目标：熟练掌握 ANSYS Workbench 瞬态热力学分析的方法及过程。

扫码观看
配套视频

7.5 散热片瞬态热力
学分析

模型文件	配套资源\chapter07\chapter07-5\sanrepian.stp
结果文件	配套资源\chapter07\chapter07-5\sanrepian_Transient_Thermal.wbpj

7.5.1 问题描述

如图 7-69 所示为铝制散热片模型，请用 ANSYS Workbench 分析内部的温度场云图。

7.5.2 启动 Workbench 并建立分析项目

步骤 1 在 Windows 系统下启动 ANSYS Workbench，进入主界面。

图 7-69 铝制散热片模型

步骤 2 双击主界面"工具箱"中的"分析系统"→"稳态热"选项，即可在"项目原理图"窗口创建分析项目 A，如图 7-70 所示。

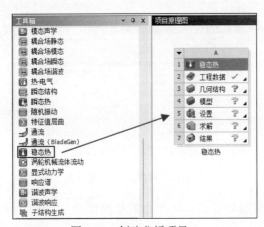

图 7-70 创建分析项目 A

7.5.3 导入几何体模型

步骤 1 在 A3 "几何结构"上右击，在弹出的快捷菜单中选择"导入几何模型"→"浏览……"命令，弹出"打开"对话框。

步骤 2 在弹出的"打开"对话框中选择文件路径，导入 sanrepian.stp 几何体文件，此时 A3 "几何结构"后的 ❓ 变为 ✓，表示实体模型已经存在。

步骤 3 双击项目 A 中的 A3 "几何结构"，进入 DesignModeler 界面，单击常用命令栏的 按钮导入几何模型，设置单位为"毫米"，模型显示后如图 7-71 所示。

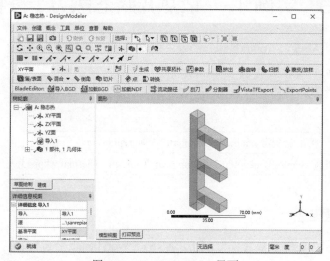

图 7-71 DesignModeler 界面

步骤 4 单击 DesignModeler 界面右上角的"关闭"按钮，返回 Workbench 主界面。

7.5.4 添加材料库

步骤 1 双击项目 A 中的 A2"工程数据"，进入图 7-72 所示的材料参数设置界面，在该界面下即可进行材料参数设置。

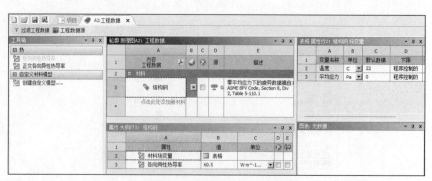

图 7-72 材料参数设置界面

步骤 2 在界面的空白处右击，在弹出的快捷菜单中选择"工程数据源"，此时的界面会变为图 7-73 所示的界面。

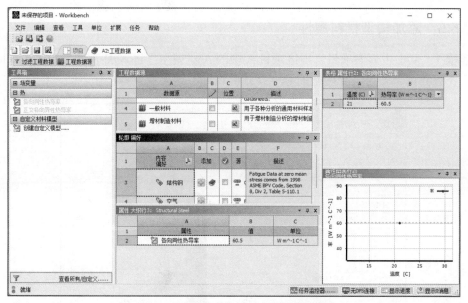

图 7-73 变化后的材料参数设置界面

步骤 3 在"工程数据源"表中单击 A4"一般材料",然后单击"轮廓 General Materials"表中 A11 "铝合金"后的 B11 中的 按钮,此时在 C11 中会显示 （使用中的）标识,如图 7-74 所示,标识材料添加成功。

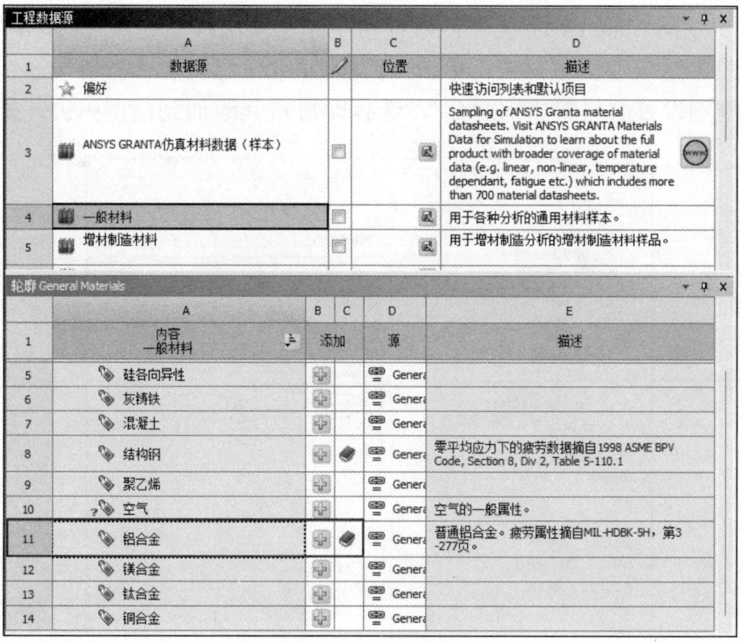

图 7-74 添加材料

步骤 4 同步骤 2,在界面的空白处右击,在弹出的快捷菜单中选择"工程数据源",返回初始界面中。

步骤 5 单击工具栏中的 项目 选项卡,切换到 Workbench 主界面,材料库添加完毕。

7.5.5 添加模型材料属性

步骤 1 双击主界面项目管理区项目 A 中的 A4"模型",进入图 7-75 所示的 Mechanical 界面,在该界面下即可进行网格的划分、分析设置、结果观察等操作。

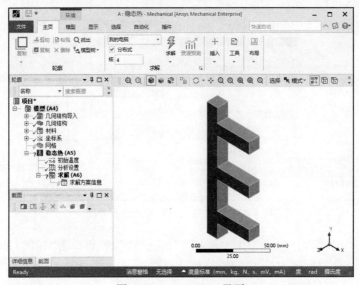

图 7-75 Mechanical 界面

步骤 2 单击 Mechanical 界面左侧流程树中"几何结构"选项下的"1",此时即可在"1"的详细信息中给模型变更材料。单击"1"的详细信息中的"材料"下"任务"后面的 ▸ 按钮,出现刚刚设置的材料"铝合金",选择即可将其添加到模型中去,如图 7-76 所示。

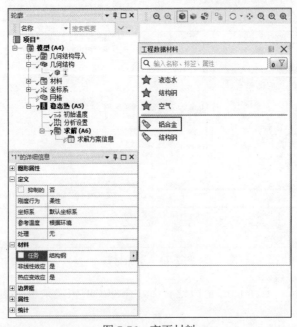

图 7-76 变更材料

7.5.6 划分网格

步骤1 单击 Mechanical 界面左侧流程树中的"网格"选项，可在"网格"的详细信息中修改网格参数，本例将"默认值"中的"单元尺寸"设置为 1.0 mm，其余采用默认设置，如图 7-77 所示。

步骤2 右击流程树中的"网格"选项，在弹出的快捷菜单中选择"生成网格"命令，最终的网格效果如图 7-78 所示。

图 7-77 修改网格参数

图 7-78 网格效果

7.5.7 施加载荷与约束

步骤1 单击 Mechanical 界面左侧流程树中的"稳态热（A5）"选项，此时会出现的"环境"选项卡。

步骤2 单击"环境"选项卡中的"热"→"温度"按钮，如图 7-79 所示，此时在流程树中会出现"温度"选项。

图 7-79 添加"温度"载荷

步骤3 单击"温度"，在"温度"的详细信息中设置"几何结构"选项时选中散热片左侧面，如图 7-80 所示。在"大小"后面输入 90℃，完成"温度"载荷的施加。

步骤4 单击"环境"选项卡中的"热"→"对流"按钮，如图 7-81 所示，此时在流程树中会出现"对流"选项。

步骤5 单击"对流"，在"对流"的详细信息中设置"几何结构"选项时选中其余侧面（前后两面除外），如图 7-82 所示。在"定义"→"薄膜系数"后面输入 30 W/m²·℃，在"环境温度"后面输入 28℃，完成"对流"载荷的施加。

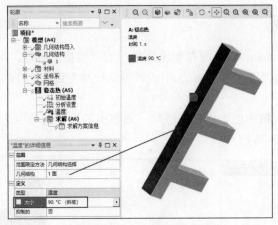

图 7-80 施加"温度"载荷

图 7-81 添加"对流"载荷

步骤 6 右击流程树中的"稳态热（A5）"选项，在弹出的快捷菜单中选择"求解"命令进行求解，如图 7-83 所示。

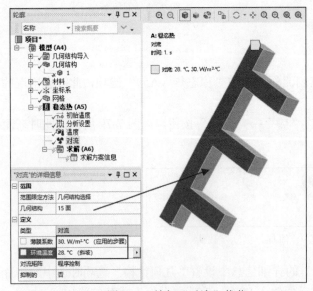

图 7-82 施加"对流"载荷

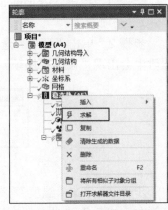

图 7-83 "求解"命令

7.5.8 瞬态热力学分析

步骤 1 回到 Workbench 主界面，如图 7-84 所示，单击"工具箱"中的"分析系统"→"瞬态热"选项不放，直接拖曳到项目 A 的 A6 中。

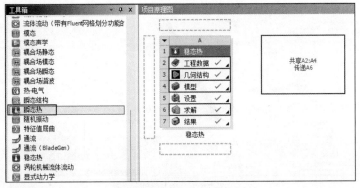

图 7-84 瞬态热力学分析

步骤 2 如图 7-85 所示，项目 A 与项目 B 直接实现了数据共享。

7.5.9 设置分析选项

步骤 1 双击项目 B 的 B5"设置"，进入 Mechanical 界面。

图 7-85 数据共享

步骤 2 单击流程树中的"瞬态热（B5）"选项下的"分析设置"，在 "分析设置"的详细信息中进行设置，在"步骤结束时间"后面输入 300 s，"自动时步"设置为"关闭"，"定义依据"设置为"时间"，同时设置"时步"为 1 s，如图 7-86 所示。

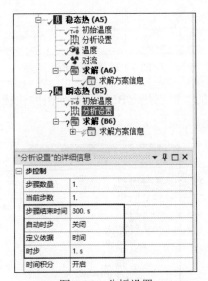

图 7-86 分析设置

步骤 3 添加"瞬态热"的"温度"载荷，如图 7-87 所示，在"温度"的详细信息中做如下设置。

①在设置"几何结构"选项时选中散热片左侧面。

②在"大小"后面输入右侧表格中的数据，0 s 时温度为 28℃，300 s 时的温度为 90℃。

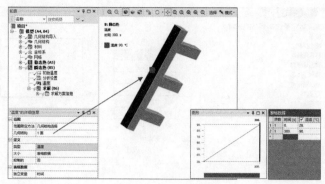

图 7-87 添加激励

步骤 4 复制边界条件。如图 7-88 所示,首先右击"稳态热(A5)"中的"对流"命令,在弹出的快捷菜单中选择"复制"命令,然后右击"瞬态热(B5)"命令,在弹出的快捷菜单中选择"粘贴"命令,此时一个"对流"已经成功被复制到了"瞬态热(B5)"下。

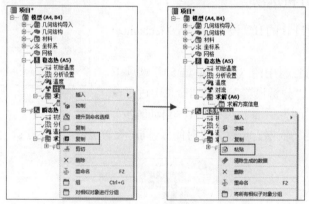

图 7-88 复制对流

步骤 5 右击流程树中的"瞬态热(B5)",在弹出的快捷菜单中选择"求解"命令进行求解,如图 7-89 所示。

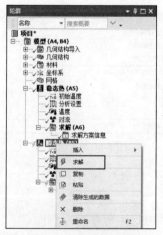

图 7-89 "求解"命令

7.5.10 后处理

步骤1 单击 Mechanical 界面左侧流程树中的"求解（B6）"选项，出现图 7-90 所示的"求解"选项卡。

步骤2 单击"求解"选项卡中的"热"→"温度"命令，此时在流程树中会出现"温度"选项，如图 7-91 所示。

图 7-90 "求解"选项卡

图 7-91 添加温度选项

步骤3 右击流程树中的"求解（B6）"选项，在弹出的快捷菜单中选择"评估所有结果"命令，如图 7-92 所示。

步骤4 单击流程树中的"求解（B6）"下的"温度"选项，此时会出现图 7-93 所示的"温度"分析云图。

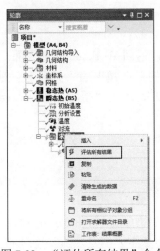

图 7-92 "评估所有结果"命令

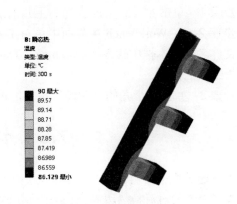

图 7-93 温度分析云图

步骤5 如图 7-94 所示，右击"求解"（B5）在弹出的快捷菜单中选择"插入"→"探针"→"温度"命令,再选择红框中的点。

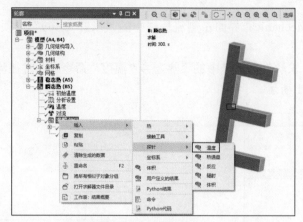

图 7-94 添加命令

步骤 6 查看节点温度变化曲线,如图 7-95 所示。

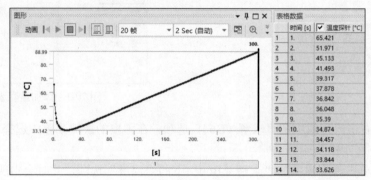

图 7-95 节点温度曲线

7.5.11 保存与退出

步骤 1 单击 Mechanical 界面右上角的"关闭"按钮,返回 Workbench 主界面。

步骤 2 在 Workbench 主界面中单击工具栏中的 ▣ 按钮,在弹出的"另存为"对话框的"文件名"文本框中输入"sanrepian _Transient_Thermal",单击"保存"按钮,保存包含分析结果的文件。

步骤 3 单击右上角的"关闭"按钮,退出 Workbench 主界面,完成项目分析。

7.6 本章小结

本章通过典型实例分别介绍了稳态热力学分析与瞬态热力学分析,在分析过程中考虑了与周围空气的对流换热边界,在后处理工程中得到了温度分布云图及热流密度分布云图。

通过本章的学习,读者应该对 ANSYS Workbench 平台的简单热力学分析的过程有了详细了解。

第8章 接触分析

本章介绍 ANSYS Workbench 软件的接触分析模块,并通过典型案例对接触分析的一般步骤进行详细讲解,包括几何建模(外部几何数据的导入)、材料赋予、网格设置与划分、边界条件的设定,后处理操作。

学习目标:

(1)熟练掌握 ANSYS Workbench 软件接触分析的过程;

(2)了解接触分析与其他分析的不同之处;

(3)了解接触分析的应用场合。

8.1 接触分析简介

两个独立表面相互接触并相切,称为接触。一般物理意义上,接触的表面包含如下特征。

(1)不会渗透。

(2)可传递法向压缩力和切向摩擦力。

(3)通常不传递法向拉伸力,即可自由分离和互相移动。

> **提示:**接触的状态改变是非线性的。也就是说,系统刚度取决于接触状态,即零件间是接触或分离状态。

从物理意义上说,接触体间不相互渗透,所以程序必须建立两表面间的相互关系以阻止分析中的相互渗透。程序阻止渗透称为强制接触协调性。

对非线性实体表面接触,可以使用罚(Pure Penalty)函数或增强拉格朗日(Augmented Lagrange)公式。

(1)两种方法都基于罚函数方程:$F_{\text{normal}} = k_{\text{normal}} \cdot x_{\text{penetration}}$。

(2)对于一个有限的接触力 F_{normal},存在一个接触刚度的 k_{normal} 的概念,接触刚度越高,穿透量 $x_{\text{penetration}}$ 越小,如图 8-1 所示。

(3)对于理想无限大的 k_{normal},零穿透,但对于罚函数法,这在数值计算中是不可能的,但是只要 $x_{\text{penetration}}$ 足够小或者可忽略,求解的结果就是精确的。

罚函数法和增强拉格朗日法这两种方法的区别就是后者加大了接触力(压力)的计算:

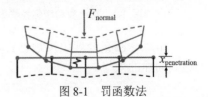

图 8-1 罚函数法

罚函数法 $$F_{\text{normal}} = k_{\text{normal}} \cdot x_{\text{penetration}}$$

增强拉格朗日法 $$F_{\text{normal}} = k_{\text{normal}} \cdot x_{\text{penetration}} + \lambda$$

因为有额外因子 λ，增强的拉格朗日法对于罚刚度 k_{normal} 的值变得不敏感。

拉格朗日乘子公式：增强拉格朗日方法增加了额外的自由度（接触压力）来满足接触协调性。所以接触力（接触压力）作为一额外自由度直接求解，而不通过接触刚度和穿透计算得到。因此，此方法可以得到 0 或者接近 0 的穿透量，也不需要压力自由度法向接触刚度（零弹性滑动），但是需要直接求解器，这样要消耗更多的计算代价。

使用法向拉格朗日（Normal Lagrange）方法会出现接触扰动（chattering）：如果不允许渗透，如图 8-2 所示，在 Gap 为 0 处，无法判断接触状态是开放或闭合（如阶跃函数）。有时这导致收敛变得更加困难，因为接触点总是在 open/closed 中间来回震荡，这就成为接触扰动，但是如果允许一个微小的渗透，如图 8-3 所示，则收敛变得更加容易，因为接触状态不再是一个阶跃变化。

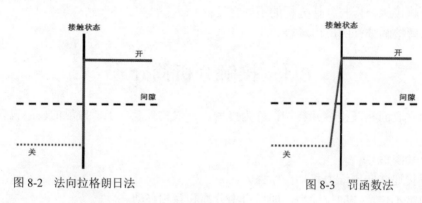

图 8-2　法向拉格朗日法　　　　　　图 8-3　罚函数法

另外值得一提的是算法不同，接触探测不同。

（1）罚函数和增强拉格朗日公式使用积分点探测，这导致更多的探测点，图 8-4 所示为 10 个探测点。

（2）法向拉格朗日和 MPC 公式使用节点探测（目标法向），这导致更少的探测点，图 8-5 所示为 6 个探测点。

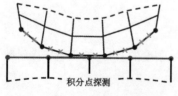

图 8-4　罚函数和增强拉格朗日法

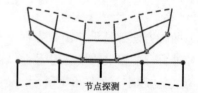

图 8-5　法向拉格朗日和 MPC 法

节点探测在处理边接触时会稍微好一些，但是，通过局部网格细化，积分点探测也会达到同样的效果。

8.2 实例 1——挖掘机臂静态接触受力分析

本节主要介绍 ANSYS Workbench 的接触分析功能，当挖掘机臂一端受到 5 0000 N 力的作用时，分析挖掘机臂受力情况及接触部分的应力分布。

本例利用软件默认的接触设置（Bonded）来分析挖掘机臂受力情况。

学习目标：熟练掌握 ANSYS Workbench 接触设置及求解的方法及过程。

扫码观看
配套视频

8.2 挖掘机臂静态
接触受力分析

模型文件	配套资源\chapter08\chapter08-2\Grab_Arm_Contact.x_t
结果文件	配套资源\chapter08\chapter08-2\Grab_Arm_Contact.wbpj

8.2.1 问题描述

如图 8-6 所示为挖掘机臂模型，请用 ANSYS Workbench 分析当挖掘机臂一端受到 50 000 N 力的作用时，挖掘机臂受力情况及接触部分的应力分布。

8.2.2 启动 Workbench 并建立分析项目

步骤 1 在 Windows 系统下启动 ANSYS Workbench，进入主界面。

步骤 2 双击主界面"工具箱"中的"分析系统"→"静态结构"选项，即可在"项目原理图"窗口创建分析项目 A，如图 8-7 所示。

8.2.3 导入几何体模型

步骤 1 在 A3"几何结构"上右击，在弹出的快捷菜单中选择"导入几何模型"→"浏览……"命令，弹出"打开"对话框。

图 8-6 挖掘机臂模型

图 8-7 创建分析项目 A

步骤 2 在弹出的"打开"对话框中选择文件路径，导入 Grab_Arm_Contact.x_t 几何体文件，此时 A3 "几何结构"后的 ❓ 变为 ✔，表示实体模型已经存在。

步骤 3 双击项目 A 中的 A3"几何结构"，进入 DesignModeler 界面，设置单位为"毫米"，此时流程树中"导入 1"前显示 ⚡，表示需要生成几何体，此时图形窗口中没有图形显示。

步骤 4 单击常用命令栏的 ⚡ 按钮，即可显示生成的几何体，如图 8-8 所示，此时可在几何体上进行其他的操作，本例无须进行操作。

步骤 5 单击 DesignModeler 界面右上角的"关闭"按钮，返回 Workbench 主界面。

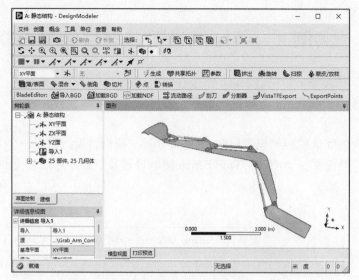

图 8-8　生成几何体后的 DesignModeler 界面

8.2.4　添加材料库

本实例选择的材料为"结构钢"，此材料为 ANSYS Workbench 默认被选中的材料，故不需要设置。

8.2.5　接触设置

步骤 1　双击主界面项目管理区项目 A 中的 A4"模型"项，进入 Mechanical 界面，在该界面下即可进行网格的划分、分析设置、结果观察等操作。

步骤 2　依次单击 Mechanical 界面左侧流程树中的"连接"→"接触"命令，此时会展开软件自动刺探到的装配模型中的所有接触区域，如图 8-9 所示，并将接触区域定义为"绑定"。

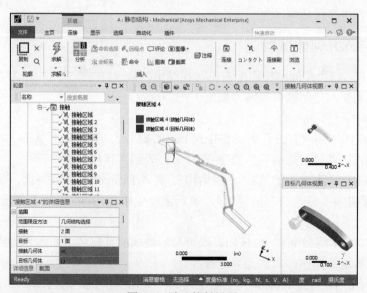

图 8-9　默认接触设置

> **注意**：可以通过以下步骤修改平台自动刺探到的接触区域。在流程树中单击"接触"，在下面出现的"接触区域"的详细信息中将"定义"下面的"类型"更改为想要设置的类型。

本例使用默认接触设置完成分析。

8.2.6 划分网格

步骤 1 单击 Mechanical 界面左侧流程树中的"网格"选项，此时可在"网格"的详细信息中修改网格参数，本例将"默认值"中的"单元尺寸"设置为 2.e-002 m，其余采用默认设置，如图 8-10 所示。

步骤 2 右击流程树中的"网格"选项，在弹出的快捷菜单中选择"生成网格"命令，最终的网格效果如图 8-11 所示。

图 8-10 修改网格参数

图 8-11 网格效果

8.2.7 施加载荷与约束

步骤 1 单击 Mechanical 界面左侧流程树中的"静态结构（A5）"选项，此时会出现图 8-12 所示的"环境"选项卡。

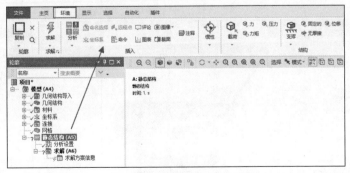

图 8-12 "环境"选项卡

步骤 2 单击"环境"选项卡中的"结构"→"固定的"按钮，如图 8-13 所示，此时在流程树中会出现"固定支撑"选项。

图 8-13 添加"固定支撑"约束

步骤 3 单击"固定支撑",选择需要施加"固定支撑"约束的面,在"固定支撑"的详细信息中设置"几何结构"选项时选中几何结构上表面,如图 8-14 所示。

步骤 4 同步骤 2,单击"环境"选项卡中的"载荷"→"力"按钮,如图 8-15 所示,此时在流程树中会出现"力"选项。

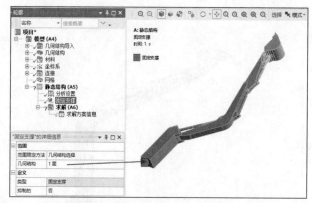

图 8-14 施加"固定支撑"约束

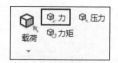

图 8-15 添加力

步骤 5 单击"力",在"力"的详细信息中做如下设置。

①在设置"几何结构"选项时确保图 8-16 所示的面被选中,此时在"几何结构"选项中显示"1 面",表明一个面已经被选中。

②在"定义依据"选项中选择"矢量"。

③在"大小"后面输入-5 000 0 N,其他选项保持默认即可。

步骤 6 右击流程树中的"静态结构（A5）"选项,在弹出的快捷菜单中选择"求解"命令,如图 8-17 所示。

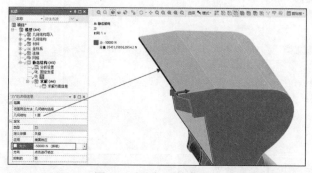

图 8-16 添加面载荷

图 8-17 "求解"命令

8.2.8　结果后处理

步骤 1　单击 Mechanical 界面左侧流程树中的"求解（A6）"选项，此时会出现图 8-18 所示的"求解"选项卡。

步骤 2　单击"求解"选项卡中的"应力"→"等效（Von-Mises）"命令，如图 8-19 所示，此时在流程树中会出现"等效应力"选项。

图 8-18　"求解"选项卡

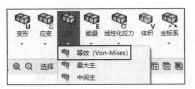

图 8-19　添加"等效应力"选项

步骤 3　同步骤 2，单击"求解"选项卡中的"应变"→"等效（Von-Mises）"命令，如 图 8-所示，此时在流程树中会出现"等效弹性应变"选项。

步骤 4　同步骤 2，单击"求解"选项卡中的"变形"→"总计"命令，如图 8-21 所示，此时在流程树中会出现"总变形"选项。

图 8-20　添加"等效弹性应变"选项

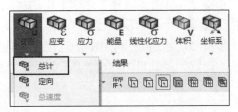

图 8-21　添加"总变形"选项

步骤 5　右击流程树中的"求解（A6）"选项，在弹出的快捷菜单中选择"评估所有结果"命令，如图 8-22 所示。

步骤 6　单击流程树中的"求解（A6）"下的"等效应力"选项，此时会出现图 8-23 所示的应力分析云图。

步骤 7　单击流程树中的"求解（A6）"下的"等效弹性应变"选项，此时会出现图 8-24 所示的等效弹性应变分析云图。

步骤 8　单击流程树中的"求解（A6）"下的"总变形"选项，此时会出现图 8-25 所示的总变形分析云图。

图 8-22　"评估所有结果"命令

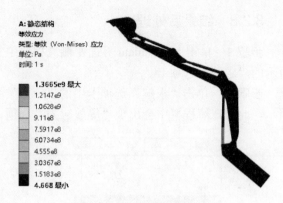

图 8-23　应力分析云图

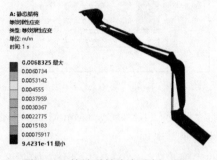

图 8-24　等效弹性应变分析云图

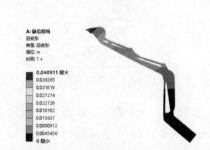

图 8-25　总变形分析云图

步骤 9　单击"求解"选项卡中的"工具箱"→"接触工具"命令，如图 8-26 所示，此时在流程树中会出现"接触工具"选项。

步骤 10　在流程树中单击"接触工具"，在"接触工具"的详细信息中将"范围限定方法"设置为"几何结构选择"，在设置"几何结构"选项时选中图 8-27 所示的接触面。

图 8-26　接触工具

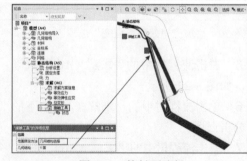

图 8-27　接触面选择

步骤 11　右击流程树中的"接触工具"，在弹出的快捷菜单中选择"评估所有结果"命令。

步骤 12　单击"接触工具"下的"状态"，此时被选中的接触面将以云图的形式显示 5 种状态的变化，如图 8-28 所示。

步骤 13 右击流程树中的"接触工具",在弹出的快捷菜单中选择"插入"→"压力"("渗透""间隙"及"滑动距离"),如图 8-29 所示。

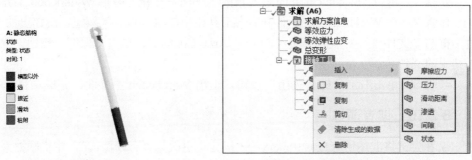

图 8-28 接触状态   图 8-29 接触工具内的分析变量

步骤 14 右击流程树中的"接触工具",在弹出的快捷菜单中选择"评估所有结果"命令,即可查看"压力""渗透""滑动距离"及"间隙"分析云图,如图 8-30～图 8-33 所示。

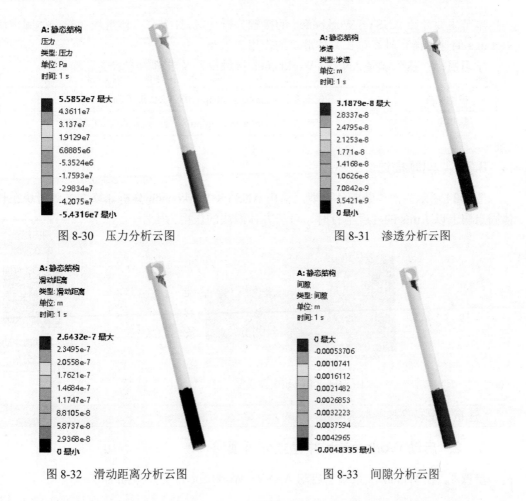

图 8-30 压力分析云图   图 8-31 渗透分析云图

图 8-32 滑动距离分析云图   图 8-33 间隙分析云图

8.2.9 保存与退出

步骤 1 单击 Mechanical 界面右上角的"关闭"按钮，返回 Workbench 主界面。

步骤 2 在 Workbench 主界面中单击工具栏中的 按钮，在弹出的"另存为"对话框的"文件名"文本框中输入"Grab_Arm_Contact"，单击"保存"按钮，保存包含分析结果的文件。

步骤 3 单击右上角的"关闭"按钮，退出 Workbench 主界面，完成项目分析。

8.2.10 读者演练

读者尝试将上述所有接触由默认的"绑定"更改为"有摩擦的"，并将摩擦系数设置为 0.15，重新计算。

8.3 实例 2——移动滑块动态接触分析

本节主要介绍 ANSYS Workbench 的接触分析功能，计算立方体滑块在长方体固定块上以 1 m/s 的速度滑行时，对长方体滑块的作用力大小。

学习目标：熟练掌握 ANSYS Workbench 接触设置及求解的方法及过程。

模型文件	配套资源\chapter08\chapter08-3\Block_Contact.agdb
结果文件	配套资源\chapter08\chapter08-3\assemb_contact.wbpj

8.3.1 问题描述

图 8-34 所示为滑块装配体模型，请用 ANSYS Workbench 分析计算立方体滑块在长方体固定块上以 1 m/s 的速度滑行时，对长方体滑块的作用力大小。

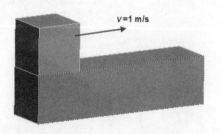

扫码观看
配套视频

8.3 移动滑块动态
接触分析

图 8-34 滑块装配体模型

> **注意**：滑动摩擦系数为 0.2。

8.3.2 启动 Workbench 并建立分析项目

步骤 1 在 Windows 系统下启动 ANSYS Workbench，进入主界面。

步骤 2 双击主界面"工具箱"中的"分析系统"→"瞬态结构"选项，即可在"项目原理图"窗口创建分析项目 A，如图 8-35 所示。

8.3.3 导入几何体模型

步骤 1 在 A3"几何结构"上右击，在弹出的快捷菜单中选择"导入几何模型"→"浏览……"命令，此时会弹出"打开"对话框。

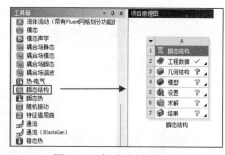

图 8-35 创建分析项目 A

步骤 2 在弹出的"打开"对话框中选择文件路径，导入 Block_Contact.agdb 几何体文件，此时 A3"几何结构"后的 ❓ 变为 ✔，表示实体模型已经存在。

步骤 3 双击项目 A 中的 A3"几何结构"，进入 DesignModeler 界面，如图 8-36 所示，此时可在几何体上进行其他的操作，本例无须进行操作。

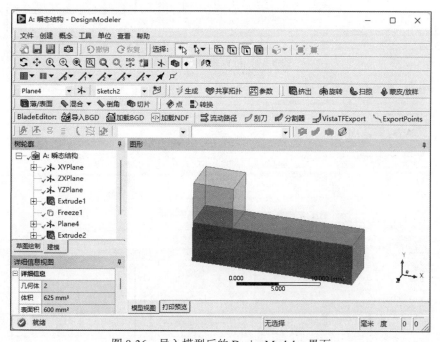

图 8-36 导入模型后的 DesignModeler 界面

步骤 4 单击 DesignModeler 界面右上角的"关闭"按钮，返回 Workbench 主界面。

8.3.4 添加材料库

步骤 1 双击项目 A 中的 A2"工程数据"，进入图 8-37 所示的材料参数设置界面，在该界面下即可进行材料参数设置。

步骤 2 在界面的空白处右击，在弹出的快捷菜单中选择"工程数据源"，此时的界面会变为图 8-38 所示的界面。

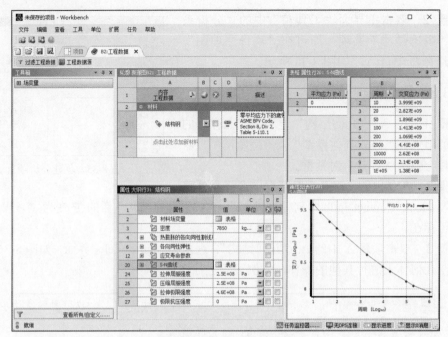

图 8-37 材料参数设置界面

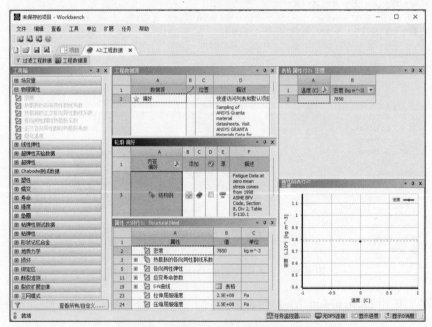

图 8-38 变化后的材料参数设置界面

步骤 3 在"工程数据源"表中单击 A4 "一般材料",然后单击"轮廓 General Materials"表中 A11 "铝合金"后的 B11 中的▦按钮,此时在 C11 中会显示●(使用中的)标识,如图 8-39 所示,标识材料添加成功。

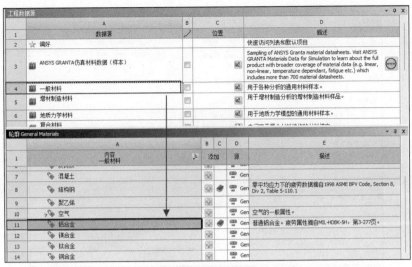

图 8-39 添加材料

步骤 4 同步骤 2，在界面的空白处右击，在弹出的快捷菜单中选择"工程数据源"，返回初始界面。

步骤 5 根据实际工程材料的属性，在"属性 大纲行 4：铝合金"表中可以修改材料的属性，如图 8-40 所示，本实例采用的是默认值。

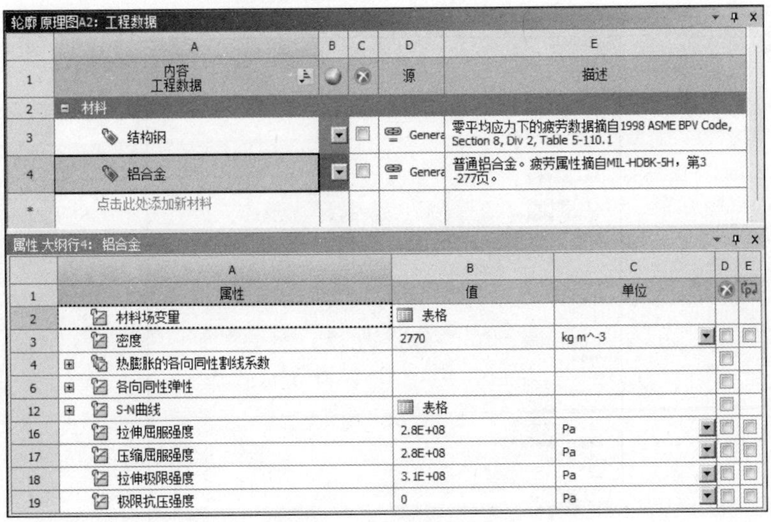

图 8-40 材料属性窗口

步骤 6 单击工具栏中的 项目 选项卡，切换到 Workbench 主界面，材料库添加完毕。

8.3.5 添加模型材料属性

步骤 1 双击主界面项目管理区项目 A 中的 A4 "模型"项，进入图 8-41 所示的 Mechanical 界面，在该界面下即可进行网格的划分、分析设置、结果观察等操作。

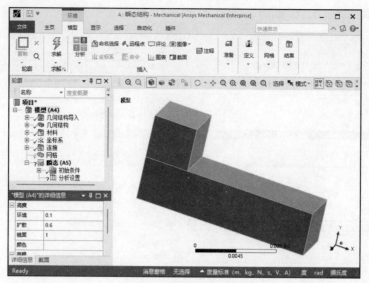

图 8-41　Mechanical 界面

步骤 2　同时选择 Mechanical 界面左侧流程树中"几何结构"选项下的两个"Solid"，即可在"多个选择"的详细信息中给模型添加材料。单击"多个选择"的详细信息中的"材料"下"任务"后面的 按钮，会出现刚刚设置的材料"铝合金"，选择即可将其添加到模型中去，如图 8-42 所示。

图 8-42　变更材料

8.3.6　创建接触

单击 Mechanical 界面左侧流程树中的"连接"→"接触"→"摩擦的-Solid 至 Solid"命令，在"摩擦的-Solid 至 Solid"的详细信息中修改接触类型。将"定义"下的"类型"

修改为"摩擦的"，并在"摩擦系数"后面输入 0.2，其他保持默认，如图 8-43 所示。

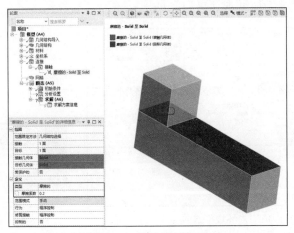

图 8-43　修改接触类型

8.3.7　划分网格

步骤 1　单击 Mechanical 界面左侧流程树中的"网格"选项，此时可在"网格"的详细信息中修改网格参数，本例将"默认值"中的"单元尺寸"设置为 1.e-003 m，其余采用默认设置，如图 8-44 所示。

步骤 2　右击流程树中的"网格"选项，在弹出的快捷菜单中选择"生成网格"命令，最终的网格效果如图 8-45 所示。

图 8-44　修改网格参数

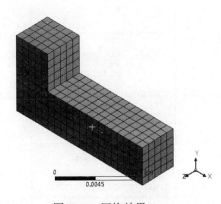

图 8-45　网格效果

8.3.8　施加载荷与约束

步骤 1　单击 Mechanical 界面左侧流程树中的"瞬态（A5）"选项，此时会出现图 8-46 所示的"环境"选项卡。

步骤 2　单击"环境"选项卡中的"惯性"→"标准地球重力"命令，如图 8-47 所示，此时在流程树中会出现"标准地球重力"选项。

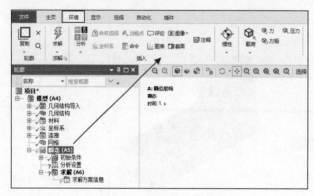

图 8-46　"环境"选项卡　　　　　图 8-47　添加标准地球重力

步骤 3　如图 8-48 所示，单击"标准地球重力"，在"标准地球重力"的详细信息中设置"几何结构"时，选中全部几何体，将"方向"设置为"-Y 方向"。

步骤 4　如图 8-49 所示，在"分析设置"的详细信息中做如下设置。

①在"步骤结束时间"后面输入 1 s。

②在"初始时步"后面输入 1.e-002 s。

③在"最小时步"后面输入 1.e-003 s。

④在"最大时步"后面输入 5.e-002 s，其余保持默认。

图 8-48　施加载荷　　　　　　　图 8-49　参数设置

步骤 5　如图 8-50 所示，添加"位移"选项，在"位移"的详细信息中做如下设置。

①在设置"几何结构"时确保立方体的左侧面被选中。

②在"X 分量"选项中选择"表格数据"，同时在时间为 0 s 时设置 X 值为 0 m；在时间为 1 s 时设置 X 值为 1.5e-002 m。

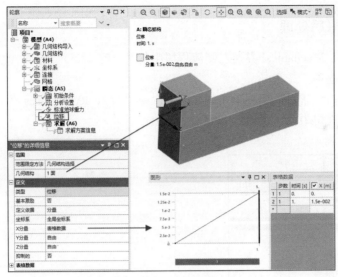

图 8-50 位移设置

步骤6 单击"环境"选项卡中的"结构"→"固定的"按钮，如图 8-51 所示，此时在流程树中会出现"固定支撑"选项。

图 8-51 添加"固定支撑"约束

步骤7 单击流程树中的"固定支撑"，在"固定支撑"的详细信息中设置"几何结构"选项时选中图 8-52 所示长方体的底面。

步骤8 右击流程树中的"瞬态（A5）"选项，在弹出的快捷菜单中选择"求解"命令，如图 8-53 所示。

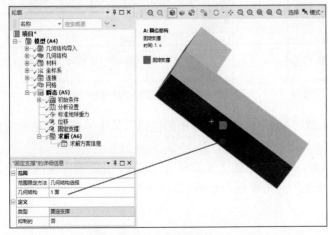

图 8-52 施加约束

图 8-53 "求解"命令

8.3.9　结果后处理

步骤 1　单击 Mechanical 界面左侧流程树中的"求解（A6）"选项，此时会出现图 8-54 所示的"求解"选项卡。

步骤 2　单击"求解"选项卡中的"应力"→"等效（Von-Mises）"命令，如图 8-55 所示，此时在流程树中会出现"等效应力"选项。

图 8-54　"求解"选项卡

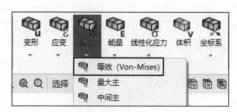

图 8-55　添加"等效应力"选项

步骤 3　同步骤 2，单击"求解"选项卡中的"应变"→"等效（Von-Mises）"命令，如图 8-56 所示，此时在流程树中会出现"等效弹性应变"选项。

步骤 4　同步骤 2，单击"求解"选项卡中的"变形"→"总计"命令，如图 8-57 所示，此时在流程树中会出现"总变形"选项。

图 8-56　添加"等效弹性应变"选项

图 8-57　添加"总变形"选项

步骤 5　右击流程树中的"求解（A6）"选项，在弹出的快捷菜单中选择"评估所有结果"命令，如图 8-58 所示。

步骤 6　单击流程树中的"求解（A6）"下的"等效应力"选项，此时会出现图 8-59 所示的等效应力分析云图。随时间变化的应力曲线及数值如图 8-60 所示。

图 8-58 "评估所有结果"命令

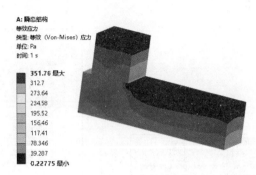

图 8-59 等效应力分析云图

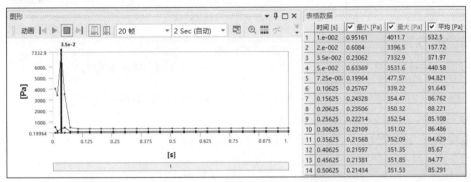

图 8-60 随时间变化的应力曲线及数值

步骤 7 单击流程树中的"求解（A6）"下的"等效弹性应变"选项，此时会出现图 8-61 所示的等效弹性应变分析云图。

步骤 8 单击流程树中的"求解（A6）"下的"总变形"选项，此时会出现图 8-62 所示的总变形分析云图。

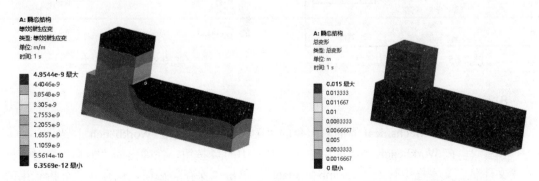

图 8-61 等效弹性应变分析云图　　　　图 8-62 总变形分析云图

步骤 9 单击"求解"选项卡中的"工具箱"→"接触工具"命令，如图 8-63 所示，此时在流程树中会出现"接触工具"选项。

步骤 10 在流程树中单击"接触工具",在"接触工具"的详细信息中将"范围限定方法"设置为"几何结构选择",在设置"几何结构"选项时选中图 8-64 所示的两个几何体。

图 8-63 "接触工具"命令

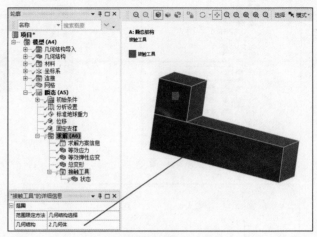

图 8-64 接触体选择

步骤 11 如图 8-65 所示,右击"接触工具",在弹出的快捷菜单中依次选择"插入"→"摩擦应力"命令。

步骤 12 后处理被评估后的摩擦应力如图 8-66 所示。

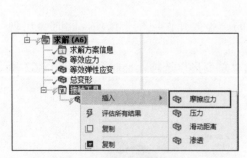

图 8-65 插入"摩擦应力"

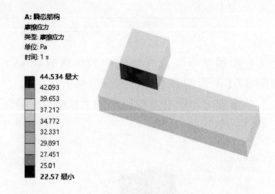

图 8-66 摩擦应力

8.3.10 保存与退出

步骤 1 单击 Mechanical 界面右上角的"关闭"按钮,返回 Workbench 主界面。

步骤 2 在 Workbench 主界面中单击工具栏中的 ▣ 按钮,在弹出的"另存为"对话框的"文件名"文本框中输入"assemb_contact",单击"保存"按钮,保存包含分析结果的文件。

步骤 3 单击右上角的"关闭"按钮,退出 Workbench 主界面,完成项目分析。

8.3.11 读者演练

本案例模拟了滑块在自重的情况下，与长方体固定块的接触分析，请读者根据前面所学的内容，在滑块的上端面施加一外力 $F = 1000\,\text{N}$，再进行接触分析。

8.4 本章小结

本章通过两个典型实例详细介绍了 ANSYS Workbench 软件接触分析功能，包括几何导入、网格划分、接触设置、边界条件设定、后处理等操作。通过本章的学习，读者应该对接触分析的过程有详细的了解。

第 9 章 电磁场分析

自 2007 年，ANSYS 公司收购了 ANSOFT 系列软件后，ANSYS 公司的电磁场分析部分已经停止研发，并将计算交由 ANSOFT 完成。本章我们首先对电磁场的基本理论做简要概述，然后介绍 ANSYS Workbench 平台自带的"电场分析"模块及"磁场分析"模块，分别讲解电场分析及磁场分析的基本过程，最后通过实例介绍集成到 ANSYS Workbench 平台中的 ANSOFT Maxwell 软件的电场与磁场分析步骤。

学习目标：

（1）了解 ANSYS Workbench 的电场分析方法及基本流程；

（2）了解 ANSYS Workbench 的磁场分析方法及基本流程；

（3）熟练掌握 ANSOFT Maxwell 软件的电磁场分析方法及基本流程。

9.1 电磁场基本理论

在电磁学里，电磁场是一种由带电物体产生的物理场。处于电磁场中的带电物体会感受到电磁场的作用力。电磁场与带电物体（电荷或电流）之间的相互作用可以用麦克斯韦方程和洛伦兹定律来描述。

电磁场是有内在联系、相互依存的电场和磁场的统一体的总称。随时间变化的电场产生磁场，随时间变化的磁场产生电场，两者互为因果，形成电磁场。

电磁场可由变速运动的带电粒子引起，也可由强弱变化的电流引起，不论原因如何，电磁场总以光速向四周传播，形成电磁波。电磁场是电磁作用的媒介物，具有能量和动量，是物质存在的一种形式。电磁场的性质、特征及其运动变化规律由麦克斯韦方程确定。

9.1.1 麦克斯韦方程

电磁场理论由麦克斯韦方程组描述，分析和研究电磁场的出发点就是麦克斯韦方程组的研究，包括这个方面的求解与实验验证。麦克斯韦方程组实际上由 4 个定律组成，它们分别是安培环路定律、法拉第电磁感应定律、高斯电通定律（简称高斯定律）和高斯磁通定律（亦称磁通连续性定律）。

1. 安培环路定律

无论介质和磁场强度 H 的分布如何，磁场中的磁场强度沿任何一条闭合路径的线积分等于穿过该积分路径所确定的曲面 Ω 的电流的总和。这里的电流包括传导电流（自由电荷产生）和位移电流（电场变化产生）。

$$\oint_{\Gamma} H \mathrm{d}l = \iint_{\Omega} \left(J + \frac{\partial D}{\partial t} \right) \mathrm{d}S \tag{9-1}$$

式中，J 为传导电流密度矢量（A/m²）；$\dfrac{\partial D}{\partial t}$ 为位移电流密度；D 为电通密度（C/m²）。

2. 法拉第电磁感应定律

闭合回路中的感应电动势与穿过此回路的磁通量随时间的变化率成正比。用积分表示为

$$\oint_{\Gamma} E \mathrm{d}l = -\iint_{\Omega} (J + \frac{\partial B}{\partial t}) \mathrm{d}S \tag{9-2}$$

式中，E 为电场强度（V/m）；B 为磁感应强度（T 或 Wb/m²）。

3. 高斯电通定律

在电场中，不管电解质与电通密度矢量的分布如何，穿出任何一个闭合曲面的电通量等于这个已闭合曲面所包围的电荷量，这里指出电通量也就是电通密度矢量对此闭合曲面的积分，表示为

$$\oiint_{S} D \mathrm{d}S = \iiint_{V} \rho \mathrm{d}v \tag{9-3}$$

式中，ρ 为电荷体密度（C/m³）；V 为闭合曲面 S 所围成的体积区域。

4. 高斯磁通定律

磁场中，不论磁介质与磁通密度矢量的分布如何，穿出任何一个闭合曲面的磁通量恒等于零，这里指出磁通量即为磁通量矢量对此闭合曲面的有向积分，表示为

$$\oiint_{S} B \mathrm{d}S = 0 \tag{9-4}$$

式（9-1）～式（9-4）还分别有自己的微分形式，也就是微分形式的麦克斯韦方程组，它们分别对应式（9-5）～式（9-8）。

$$\nabla \times H = J + \frac{\partial D}{\partial t} \tag{9-5}$$

$$\nabla \times E = \frac{\partial B}{\partial t} \tag{9-6}$$

$$\nabla D = \rho \tag{9-7}$$

$$\nabla B = 0 \tag{9-8}$$

9.1.2　一般形式的电磁场微分方程

在电磁场计算中，经常对上述这些偏微分进行简化，以便能够用分离变量法、格林函数等解得电磁场的解析解，其解的形式为三角函数的指数形式以及一些用特殊函数（如贝塞尔函数、勒让德多项式等）表示的形式。

但在工程实践中，要精确得到问题的解析解，除了极个别情况，通常是很困难的。只能根据具体情况给定的边界条件和初始条件，用数值解法求其数值解，有限元法就是其中

有效且应用广泛的一种数值计算方法。

1. 矢量磁势和标量电势

对于电磁场的计算，为了使问题得到简化，通过定义两个量来把电场和磁场变量分离开来，分别形成一个独立的电场和磁场的偏微分方程，这样有利于数值求解。这两个量一个是矢量磁势 A（亦称磁矢位），另一个是标量电势 ϕ，它们的定义如下。

矢量磁势定义为

$$B = \nabla \times A \tag{9-9}$$

也就是说，磁势的旋度等于磁通量的密度。而标量电势可定义为

$$E = -\nabla \phi \tag{9-10}$$

2. 电磁场偏微分方程

按式（9-9）及式（9-10）定义的矢量磁势和标量电势能自动满足法拉第电磁感应定律和高斯磁通定律。然后再应用到安培环路定律和高斯电通定律中，经过推导，分别得到了磁场偏微分方程（9-11）和电场偏微分方程（9-12）：

$$\nabla^2 A - \mu\varepsilon \frac{\partial^2 A}{\partial t^2} = -\mu J \tag{9-11}$$

$$\nabla^2 \phi - \mu\varepsilon \frac{\partial^2 \phi}{\partial t^2} = -\frac{\rho}{\varepsilon} \tag{9-12}$$

式中，μ 和 ε 分别为介质的磁导率和介电常数，∇^2 为拉普拉斯算子：

$$\nabla^2 = \left(\frac{\partial^2}{\partial x^2} + \frac{\partial^2}{\partial y^2} + \frac{\partial^2}{\partial z^2} \right) \tag{9-13}$$

很显然式（9-11）和式（9-12）具有相同的形式，是彼此对称的，这意味着求解它们的方法相同。至此，我们可以对式（9-11）和式（9-12）进行数值求解，如采用有限元法，解得磁势和电势的场分布值，然后经过转化（即后处理）可得到电磁场的各种物理量，如磁感应强度、储能。

9.1.3 电磁场中常见边界条件

在实际求解过程中，电磁场问题有各种各样的边界条件，但归结起来可概括为 3 种：狄利克雷（Dirichlet）边界条件、诺伊曼（Neumann）边界条件及它们的组合。

狄利克雷边界条件表示为

$$\phi|_{\Gamma} = g(\Gamma) \tag{9-14}$$

式中，Γ 为狄利克雷边界；$g(\Gamma)$ 是位置的函数，可以为常数和零。当为零时，称此狄利克雷边界为奇次边界条件，如平行板电容器的一个极板电势可假定为零，而另外一个可假定为常数，为零的边界条件即为奇次边界条件。

诺伊曼边界条件可表示为

$$\frac{\partial \phi}{\partial n}\bigg|_{\Gamma} + f(\Gamma)\phi|_{\Gamma} = h(\Gamma) \tag{9-15}$$

式中，Γ 为诺伊曼边界；n 为边界 Γ 的外法线矢量；$f(\Gamma)$ 和 $h(\Gamma)$ 为一般函数（可为常数和零），当为零时，为奇次诺伊曼条件。

实际上在电磁场微分方程的求解中，只有在边界条件和初始条件限制时，电磁场才有确定解。鉴于此，我们通常称求解此类问题为边值问题和初值问题。

9.1.4 ANSYS Workbench 平台电磁分析

ANSYS 以麦克斯韦方程组作为电磁场分析的出发点。有限元方法计算的未知量（自由度）主要是磁位或通量，其他物理量可以由这些自由度导出。根据单元类型和单元选项的不同，ANSYS 计算的自由度可以是标量磁位、矢量磁位或边界通量。

ANSYS Workbench 利用 Emag 模块中的电磁场分析功能，可以分析计算以下设备中的电磁场：电力发电机、磁带及磁盘驱动器、变压器、波导、螺线管传动器、谐振腔、电动机、连接器、磁成像系统、天线辐射、图像显示设备传感器、滤波器、回旋加速器等。

一般在电磁场分析中关心的典型物理量有磁通密度、能量损耗、磁场强度、漏磁、磁力及磁矩、s-参数、阻抗、品质因数 Q、电感、回波损耗、涡流、本征频率等。

9.1.5 ANSOFT 软件电磁分析

ANSOFT 系列软件包括分析低频电磁场的 Maxwell 软件、分析高频电磁场的 HFSS 软件及多域机电系统设计与仿真分析软件 Simplorer，除此之外还有 Designer、Nexxim、Q3D Extractor、SIwave 及 TPA 等用于各种分析和提取不同计算结果的软件。

下面对低频电磁分析软件 Maxwell 做简要介绍。

1. Maxwell 软件的边界条件

Maxwell15.0 求解电磁场问题时的边界条件除了有上面介绍的狄利克雷边界条件和诺伊曼边界条件，还有以下 4 种。

（1）自然边界条件：是软件系统的默认边界条件，不需要用户指定，是不同媒质交界面场量的切向和法向边界条件。

（2）对称边界条件：包括奇对称和偶对称两大类。奇对称边界可以模拟一个设备的对称面，在对称面的两侧，电荷、电位及电流等满足大小相等、符号相反。偶对称边界可以模拟一个设备的对称面，在对称面的两侧，电荷、电位及电流等满足大小相等、符号相同。采用对称边界条件可以减小模型的尺寸，有效地节省计算资源。

（3）匹配边界条件：是模拟周期性结构的对称面，使主边界和从边界场量具有相同的幅度（对于时谐量和相位），相同或相反的方向。

（4）气球边界条件：是 Maxwell 2D 求解器常见的边界条件，常指定在求解域的边界处，用于模拟绝缘系统等。

2. Maxwell 2D/3D 电磁场求解器分类

（1）Maxwell 2D 电磁分析模块，分为以下 6 种。

①静态磁场求解器：用于分析由恒定电流、永磁体及外部激励引起的磁场，适用于激励器、传感器、电机及永磁体等。分析的对象包括非线性的此项材料（如钢材、铁氧体、钕铁硼永磁体）和各向异性材料。该模块可自动计算磁场力、转矩、电感和储能。

②涡流场求解器：用于分析受涡流、趋肤效应、邻近效应影响的系统。其求解的频率范围可以从零到数百兆赫兹，应用范围覆盖母线、电机、变压器、绕组及无损系统评价。其能够自动计算损耗、不同频率所对应的阻抗、力、转矩、电感与储能。

此外，还能以云图或矢量图的形式给出整个相位的磁力线、磁通密度和磁场强度的分布、电流分布及能量密度等结果。

③静态电场求解器：用于分析由直流电压源、永久极化材料、高压绝缘体中的电荷/电荷密度、套管、断路器及其他静态泄放装置所引起的静电场。材料类型包括各种绝缘体（各向异性及特性随位置变化的材料）及理想导体。该模块能自动计算力、转矩、电容及储能等参数。

④恒定电场求解器：假定电流只在模型截面中流动，其用于分析直流电压分布，计算损耗介质中流动的电流、电纳和储能。如印刷线路板中电流在绝缘基板上非常薄的轨迹中流动，由于轨迹非常薄，其厚度可以忽略，因此该电流可以用一个俯视投影来建模。用户既可以得到电流的分布，又可以获得轨迹上的电阻值。

⑤交变电场求解器：除了电介质及正弦电压源的传导损耗，该求解器与静态电场求解器类似，通过计算系统的电容与电导，计算出绝缘介质的损耗。

⑥瞬态求解器：用于求解某些涉及运动和任意波形的电压、电流源激励的设备（如电动机、无摩擦轴承、涡流断路器），获得精确的预测性能。该模块能同时求解磁场、电路及运动等强耦合的方程，因而可轻而易举地解决上述装置的性能分析问题。

（2）Maxwell 3D 电磁分析模块，分为以下 4 种。

①三维静电场：用于计算由静态电荷分布和电压引起的静电问题。其利用直接求取的电标量位，仿真器可自动计算出静电场及电通量密度。用户可根据这些基本的场量求取力、转矩、能量及电容值。在分析高压绝缘体、套管及静电设备中的电荷密度产生的电场时，静电场功能尤为适用。

②三维静磁场：用来准确地仿真直流电压和电流源、永磁体及外加磁场激励引起的磁场，典型的应用包括激励器、传感器、永磁体。可直接用于计算磁场强度和电流分布，再由磁场强度获得磁通密度。此外，能计算力、转矩、电感，解决各种线性、非线性和各向异性材料的饱和问题。

③三维交流场：用于分析涡流、位移电流、趋肤效应及邻近效应具有不可忽视作用的系统。可以分析母线、变压器、线圈中涡流的整体特性；在交流磁场模块中采用吸收边界条件来仿真装置的辐射电磁场。这种全波特性使它既能分析汽车遥控开关，又能分析油井探测天线。

④三维瞬态场：可方便地设计出任意波形电压、电流及包括直线或旋转运动的装置，利用线路图绘制器和嵌入式仿真器可与外部电路协同仿真，从而支持包括电力电子开关电路和绕组连接方式在内的任意拓扑结构的仿真。

9.2 实例 1——Electric 直流传导分析

本节主要介绍应用 ANSYS Workbench 的电场分析模块计算圆形铝板的电压分布。

学习目标：了解 ANSYS Workbench 电场分析模块的方法及操作过程。

模型文件	配套资源\chapter09\chapter09-2\Circle_Electric.agdb
结果文件	配套资源\chapter09\chapter09-2\ Circle_Electric.wbpj

9.2.1　问题描述

图 9-1 所示为圆形铝板模型，请用 ANSYS Workbench 分析铝板上端电压为 50 V、下端接地时的电场分布。

9.2.2　启动 Workbench 并建立分析项目

步骤 1　在 Windows 系统下启动 ANSYS Workbench，进入主界面。

步骤 2　双击 Workbench 平台左侧的"工具箱"→"分析系统"中的"电气"，此时在"项目原理图"窗口中出现图 9-2 所示的"电气"分析流程图表。

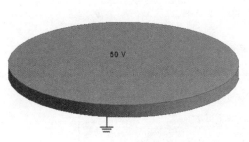

图 9-1　圆形铝板模型

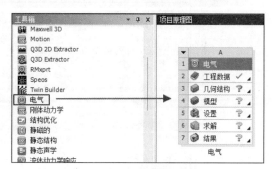

图 9-2　电气分析流程图表

步骤 3　双击表 A 中的 A2"工程数据"，定义材料，如图 9-3 所示。在弹出的工程数据对话框中做如下设置。

①在"轮廓 原理图 A2：工程数据"表中输入新材料的名称 Aluminum。

②双击"工具箱"→"电的"中的"各向同性电阻率"选项，则此项出现在"属性 大纲行 4：Aluminum"表的 A2 中。

③在 B2 中输入 2.83E-08。

图 9-3　定义电阻率

步骤 4　返回 Workbench 平台。

9.2.3 导入几何体模型

步骤1 在 A3 "几何结构"上右击,在弹出的快捷菜单中选择"导入几何模型"→"浏览……"命令,此时会弹出"打开"对话框。

步骤2 在弹出的"打开"对话框中选择几何文件名为 Circle_Electric.agdb,单击"打开"按钮。

步骤3 双击项目 A 中的 A3 "几何结构",进入 DesignModeler 界面,如图 9-4 所示,此时可在几何体上进行其他的操作,本例无须进行操作。

步骤4 单击 DesignModeler 界面右上角的"关闭"按钮,退出 DesignModeler,返回 Workbench 主界面。

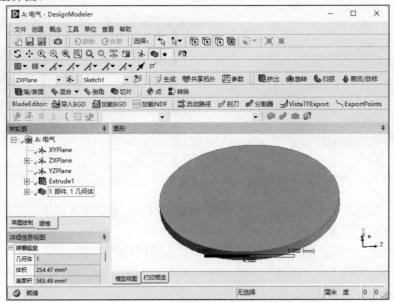

图 9-4 DesignModeler 界面

9.2.4 添加模型材料属性

步骤1 双击主界面项目管理区项目 A 中的 A4 "模型",进入 Mechanical 界面,在该界面下即可进行网格的划分、分析设置、结果观察等操作。

步骤2 单击 Mechanical 界面左侧流程树中"几何结构"选项下的"Solid",此时即可在"Solid"的详细信息中给模型添加材料。单击"Solid"的详细信息中的"材料"下"任务"后面的 ▶ 按钮,此时会出现刚刚设置的材料"铝",选择即可将其添加到模型中去,如图 9-5 所示。

图 9-5 变更材料

9.2.5 划分网格

步骤 1 单击 Mechanical 界面左侧流程树中的"网格"选项,可在"网格"的详细信息中修改网格参数,本例将"默认值"中的"单元尺寸"设置为 5.e-004 m,其余采用默认设置,如图 9-6 所示。

步骤 2 右击流程树中的"网格"选项,在弹出的快捷菜单中选择"生成网格"命令,最终的网格效果如图 9-7 所示。

图 9-6 修改网格参数

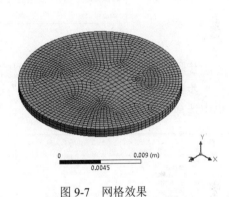

图 9-7 网格效果

9.2.6 边界条件设定

步骤 1 单击 Mechanical 界面左侧流程树中的"稳态导电(A5)"选项,此时会出现图 9-8 所示的"环境"选项卡。

步骤 2 单击"环境"选项卡中的"电"→"电压"按钮,如图 9-9 所示,此时在流程树会出现"电压"选项。

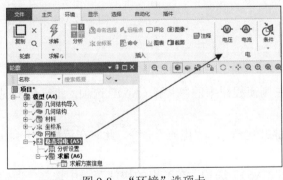

图 9-8 "环境"选项卡

图 9-9 添加"电压"选项

步骤 3 单击"电压"选项,选择几何模型的上表面,在"电压"的详细信息中"大小"后面输入 50 V，如图 9-10 所示。

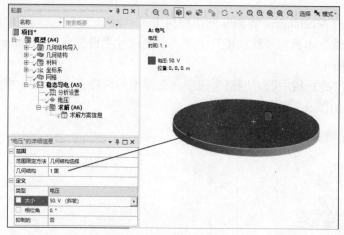

图 9-10　设定电压

步骤 4　同样操作设定几何模型的下表面电压为 0 V，表示接地，如图 9-11 所示。

步骤 5　右击"稳态导电（A5）"选项，此时会弹出图 9-12 所示的快捷菜单，在快捷菜单中选择"求解"命令。

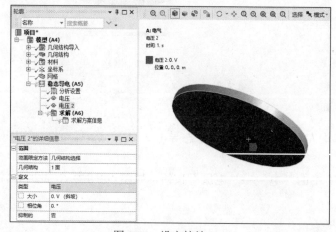

图 9-11　设定接地

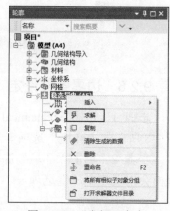

图 9-12　"求解"命令

9.2.7　后处理

步骤 1　单击 Mechanical 界面左侧流程树中的"求解（A6）"选项，此时会出现图 9-13 所示的"求解"选项卡。

步骤 2　单击"求解"选项卡中的"电气"→"电压"命令，此时在流程树中会出现"电压"选项，如图 9-14 所示。

步骤 3　右击流程树中的"求解（A6）"选项，在弹出的快捷菜单中选择"评估所有结果"命令，如图 9-15 所示。

步骤 4　单击流程树中的"求解（A6）"下的"电压"选项，此时会出现图 9-16 所示的电压分布梯度云图。

图 9-13　"求解"选项卡

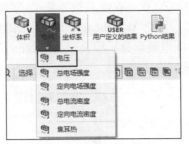

图 9-14　添加"电压"选项

图 9-15　"评估所有结果"命令

图 9-16　电压分布梯度云图

9.2.8　保存与退出

步骤 1　单击 Mechanical 界面右上角的"关闭"按钮，返回 Workbench 主界面。

步骤 2　在 Workbench 主界面中单击工具栏中的 🔲 按钮，在弹出的"另存为"对话框的"文件名"文本框中输入"Circle_Electric"，单击"保存"按钮，保存包含分析结果的文件。

步骤 3　单击右上角的"关闭"按钮，退出 Workbench 主界面，完成项目分析。

9.3　实例2——Maxwell 直流传导分析

本节将利用 Maxwell 软件对圆柱的直流传导进行分析。

学习目标：熟练掌握 Maxwell 电场分析模块的方法及操作过程。

模型文件	无
结果文件	配套资源\chapter09\chapter09-3\circle_electric_maxwell.wbpj

扫码观看
配套视频

9.3 Maxwell 直
流传导分析

9.3.1 启动 Workbench 并建立分析项目

步骤 1 在 Windows 系统下启动 ANSYS Workbench，进入主界面。

步骤 2 双击 Workbench 平台左侧的"工具箱"→"分析系统"中的 Maxwell 3D（Maxwell3D 电磁场分析模块），此时在"项目原理图"窗口中出现图 9-17 所示的电磁场分析流程图表。

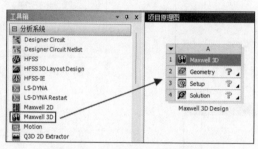

图 9-17 电磁场分析流程图表

步骤 3 双击表 A 中的 A2 "Geometry" 进入 Maxwell 软件界面，如图 9-18 所示。在 Maxwell 软件中可以建立几何模型和进行有限元分析。

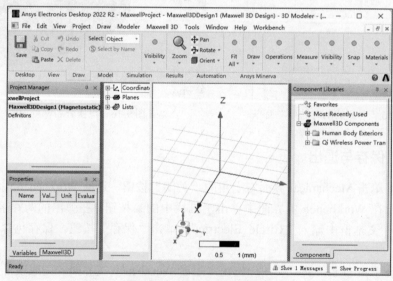

图 9-18 Maxwell 软件界面

9.3.2 创建几何体模型

步骤 1 单击工具栏中的 🛢 按钮，创建圆柱模型，在绘图区域绘制圆柱，圆心为坐标原点，半径为 9 mm，高度为 1 mm，如图 9-19 所示。

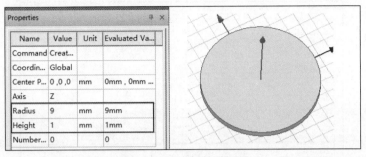

图 9-19　创建圆柱模型

步骤 2　单击菜单栏 Maxwell 3D→Solution Type…命令，在弹出的 Solution Type 对话框中选择选中 DC Conduction 单选按钮，单击 OK 按钮，如图 9-20 所示。

步骤 3　单击工具栏中的 ▦ 按钮，添加求解域，在弹出的 Region 对话框中将 Percentage Offset 的值设置为 500，如图 9-21 所示。

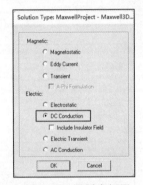

图 9-20　设置求解器

图 9-21　设置求解域

步骤 4　此时出现图 9-22 所示的求解域模型，透明的长方体为求解域。

步骤 5　选择圆柱模型，使其处于加亮状态，然后右击，在弹出的快捷菜单中选择 Assign Material…命令，如图 9-23 所示。

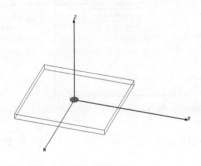

图 9-22　求解域模型

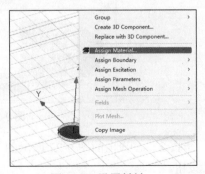

图 9-23　设置材料

步骤 6　在弹出的 Select Definition 对话框中选择 aluminum，并单击“确定”按钮，如

图 9-24 所示。求解域的材料默认为真空。

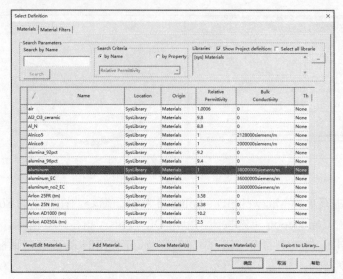

图 9-24 选择材料

步骤 7 单击工具栏中的 🔲 按钮，在弹出的 Active View Visibility 对话框中取消选中 Region，并单击 Done 按钮，如图 9-25 所示。

9.3.3 边界条件设定

步骤 1 在工具栏中将选择模型修改为 face，然后右击圆柱的上表面，在弹出的快捷菜单中依次选择 Assign Excitation→Voltage…命令，如图 9-26 所示。

图 9-25 隐藏求解域对话框

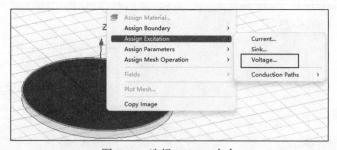

图 9-26 选择 Voltage 命令

步骤 2 在弹出的图 9-27 所示的 Voltage Excitation 对话框中输入电压值为 50 V，单击 OK 按钮。

步骤 3 同样操作将圆柱另一个面设置为接地，即电压值为 0 V，如图 9-28 所示。

步骤 4 单击工具栏中的 🔩 按钮，建立求解器，在弹出的图 9-29 所示的 Solve Setup

对话框中保持默认设置并单击"确定"按钮。

步骤 5 单击工具栏中的 ✅ 按钮，检查前面的操作是否有问题，红色的叉号表示有问题，绿色的对号表示没问题，如图 9-30 所示。

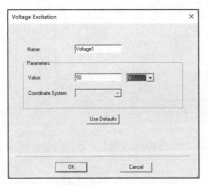
图 9-27 设置圆柱一个面电压为 50 V

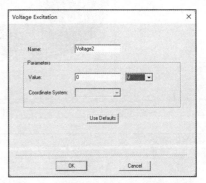
图 9-28 设置圆柱另一个面电压为 0 V

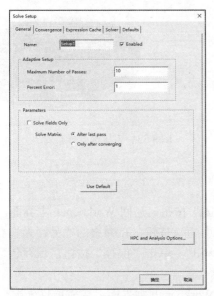
图 9-29 求解器设置

图 9-30 检查

9.3.4 求解计算

单击工具栏中的 🐌 按钮，进行有限元分析计算。

9.3.5 后处理

步骤 1 在工具栏中将选择模型修改为 Object，然后右击圆柱，弹出图 9-31 所示的快捷菜单，依次选择 Fields→Voltage 命令。

步骤 2 如图 9-32 所示，在 Create Field Plot 对话框中的 Quantity 列表框中选择 Voltage，在 In Volume 列表框中选择 Cylinder 1，并单击 Done 按钮。

步骤 3 电压梯度分布云图如图 9-33 所示。

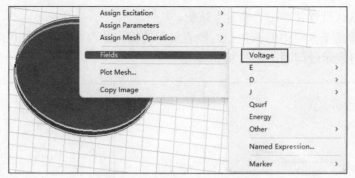

图 9-31 选择 Voltage 命令

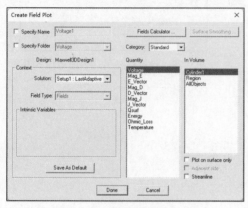

图 9-32 选择过滤器

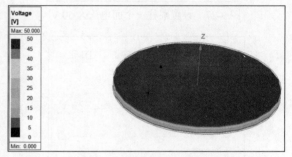

图 9-33 电压梯度分布云图

9.3.6 保存与退出

步骤 1 单击 Mechanical 界面右上角的"关闭"按钮，返回 Workbench 主界面。

步骤 2 在 Workbench 主界面中单击工具栏中的 ▣ 按钮，在弹出的"另存为"对话框的"文件名"文本框中输入"circle_electric_maxwell"，单击"保存"按钮，保存包含分析结果的文件。

步骤 3 单击右上角的"关闭"按钮，退出 Workbench 主界面，完成项目分析。

9.4 本章小结

本章通过一个简单的例子分别介绍了用 Electric 模块和 Maxwell 软件进行电场分析的过程，读者应该熟练掌握 Maxwell 软件的电场分析的操作步骤，了解 Electric 模块电场分析的一般步骤。

第 10 章　线性屈曲分析

许多结构，如细长柱、压缩部件、真空容器等都需要进行结构稳定性计算。在不稳定（屈曲）开始时，在本质上没有变化的载荷作用下（超过一个很小的动荡）在 x 方向上的微小位移会使得结构有一个很大的改变。

学习目标：

（1）熟练掌握 ANSYS Workbench 软件的线性屈曲分析方法及基本流程；

（2）了解 ANSYS Workbench 软件的线性屈曲分析与其他分析的不同之处；

（3）了解线性屈曲分析的应用场合。

10.1　线性屈曲分析简介

10.1.1　结构稳定性

屈曲分析是用来分析结构稳定性的技术，结构稳定性涉及：临界载荷和极限载荷。

临界载荷是结构在理论上的失稳载荷。图 10-1 所示为一个理想的下端固定的柱体，当增加轴向载荷（F）时，柱体将呈现下述行为。

● 当 $F<F_{Cr}$（F_{Cr} 为临界载荷）时，柱体处于稳定平衡状态，若引入一个小的扰动 $P\neq0$，然后卸载，柱体将返回它的初始位置。

● 当 $F>F_{Cr}$ 时，柱体将处于不稳定平衡状态，任何扰动力均将引起结构崩溃。

● 当 $F=F_{Cr}$ 时，柱体将处于中性平衡状态。

极限载荷是结构在实际工作环境中的失稳载荷。在实际工作环境中，载荷很难达到临界载荷，因为扰动和非线性行为，结构在低于临界载荷时通常就会变得不稳定，这个失稳载荷称为极限载荷。

结构稳定性分析技术包括线性屈曲分析和非线性屈曲分析。

线性屈曲分析（又叫特征值屈曲分析）预测的是理想线弹性结构的理论屈曲强度（分歧点）；而非理想和非线性行为阻止许多真实的结构达到它们理论上的弹性屈曲强度。

线性屈曲通常产生非保守的结果，但是线性屈曲有以下优点：

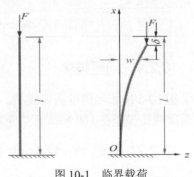

图 10-1　临界载荷

（1）比非线性屈曲计算更节省时间，并且应作为第一步计算来评估临界载荷（屈曲开始时的载荷）；

（2）线性屈曲分析可以用来作为决定产生什么样的屈曲模型形状的设计工具，为设计做指导。

10.1.2 线性屈曲分析

线性屈曲分析的一般方程为

$$[K] + \lambda_i[S]\{\psi_i\} = 0 \qquad (10\text{-}1)$$

式中，$[K]$ 和 $[S]$ 是常量；λ_i 是屈曲载荷因子；$\{\psi_i\}$ 是屈曲模态。

ANSYS Workbench 屈曲模态分析步骤与其他有限元分析步骤大同小异，软件支持在模态分析中存在接触对，但是由于屈曲分析是线性分析，所以其接触行为不同于非线性接触行为。接触类型如表 10-1 所示。

表 10-1   线性屈曲分析的接触类型

初始接触	内 Pinball 区域	外 Pinball 区域
绑定	绑定	自由
无分离	无分离	自由
绑定	自由	自由
无分离	自由	自由

10.2 实例 1——圆筒线性屈曲分析

本节主要介绍 ANSYS Workbench 的屈曲分析模块，计算一个底部固定，上部受均匀压力的薄壁钢制圆筒进行线性屈曲分析，圆筒内径 10 m、厚 16 mm、高 15 m，计算其临界屈曲载荷及屈曲模态。

学习目标：熟练掌握 ANSYS Workbench 屈曲分析的方法及过程。

扫码观看
配套视频

10.2 圆筒线性屈曲分析

模型文件	配套资源\chapter10\chapter10-1\Pipe_Buckling.agdb
结果文件	配套资源\chapter10\chapter10-1\Pipe_Buckling.wbpj

10.2.1 问题描述

图 10-2 所示为薄壁圆筒模型，请用 ANSYS Workbench 分析计算薄壁圆筒模型在 100 N/m 压力下的屈曲响应情况。

10.2.2 启动 Workbench 并建立分析项目

步骤 1 在 Windows 系统下启动 ANSYS Workbench，进入主界面。

步骤 2 双击主界面"工具箱"中的"分析系统"→"静态

图 10-2 薄壁圆筒模型

结构"选项，即可在"项目原理图"窗口创建分析项目A，如图10-3所示。

图10-3 创建分析项目A

10.2.3 导入几何体模型

步骤1 在A3"几何结构"上右击，在弹出的快捷菜单中选择"导入几何模型"→"浏览……"命令，弹出"打开"对话框。

步骤2 在弹出的"打开"对话框中选择文件路径，导入Pipe_Buckling.adgb几何体文件，此时A3"几何结构"后的 ❓ 变为 ✔，表示实体模型已经存在。

步骤3 双击项目A中的A3"几何结构"，进入DesignModeler界面，如图10-4所示。

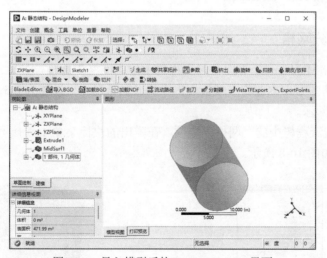

图10-4 导入模型后的DesignModeler界面

步骤4 单击DesignModeler界面右上角的"关闭"按钮，返回Workbench主界面。

10.2.4 设置材料

本实例选择的材料为"结构钢"，此材料为ANSYS Workbench默认被选中的材料，故不需要设置。

10.2.5 添加模型材料属性

步骤 1 双击主界面项目管理区项目 A 中的 A4"模型"项，进入图 10-5 所示的
Mechanical 界面，在该界面下即可进行网格的划分、分析设置、结果观察等操作。

步骤 2 单击 Mechanical 界面左侧流程树中"几何结构"选项下的 Surface Body，即
可在"Surface Body"的详细信息中查看模型材料，如图 10-6 所示。

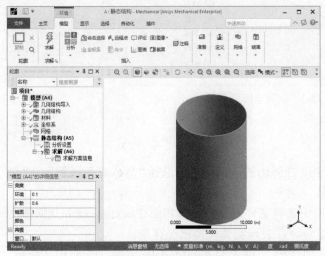

图 10-5 Mechanical 界面

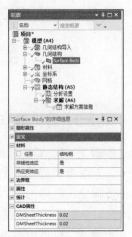

图 10-6 查看模型材料

10.2.6 划分网格

步骤 1 单击 Mechanical 界面左侧流程树中的"网格"选项，此时可在"网格"的详
细信息中修改网格参数，本例将"默认值"中的"单元尺寸"设置为 0.5 m，其余采用默认
设置，如图 10-7 所示。

步骤 2 右击流程树中的"网格"选项，在弹出的快捷菜单中选择"生成网格"命令，
最终的网格效果如图 10-8 所示。

图 10-7 修改网格参数

图 10-8 网格效果

10.2.7　施加载荷与约束

步骤 1　单击 Mechanical 界面左侧流程树中的"静态结构 A5"，单击"环境"选项卡中的"结构"→"固定的"按钮，如图 10-9 所示，此时在流程树中会出现"固定支撑"选项。

图 10-9　添加"固定支撑"约束

步骤 2　单击"固定支撑"，在"固定支撑"的详细信息中设置"几何结构"选项时选中薄壁圆筒下侧边，如图 10-10 所示。

步骤 3　同步骤 2，单击"环境"选项卡中的"载荷"→"线压力"命令，如图 10-11 所示，此时在流程树中会出现"线压力"选项。

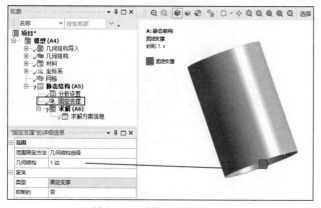

图 10-10　固定支撑设置

图 10-11　添加"线压力"载荷

步骤 4　选中"线压力"，在"线压力"的详细信息中做如下设置：在设置"几何结构"选项时选中薄壁圆筒上侧边，在"大小"后面输入 100 N/m，保持其他选项默认即可，如图 10-12 所示。

步骤 5　右击流程树中的"静态结构（A5）"，在弹出的快捷菜单中选择"求解"命令，如图 10-13 所示。

图 10-12　设置"线压力"载荷

图 10-13　"求解"命令

10.2.8　结果后处理

　　步骤 1　单击 Mechanical 界面左侧流程树中的"求解（A6）"选项，出现图 10-14 所示的"求解"选项卡。

　　步骤 2　单击"求解"选项卡中的"应力"→"等效（Von-Mises）"命令，此时在流程树中会出现"等效应力"选项，如图 10-15 所示。

　　步骤 3　同步骤 2，单击"求解"选项卡中的"变形"→"总计"命令，如图 10-16 所示，此时在流程树中会出现"总变形"选项。

图 10-14　"求解"选项卡

图 10-15　添加"等效应力"选项

　　步骤 4　右击流程树中的"求解（A6）"，在弹出的快捷菜单中选择"评估所有结果"命令，如图 10-17 所示。

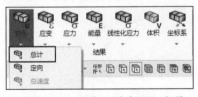

图 10-16　添加"总变形"选项

图 10-17　"评估所有结果"命令

　　步骤 5　单击流程树中的"求解（A6）"下的"等效应力"选项，出现图 10-18 所示的等效应力分析云图。

　　步骤 6　单击流程树中的"求解（A6）"下的"总变形"选项，出现图 10-19 所示的总变形分析云图。

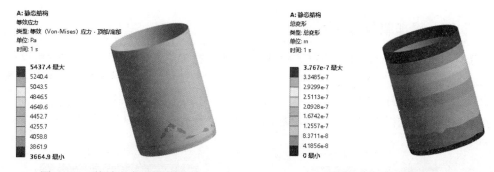

图 10-18 等效应力分析云图   图 10-19 总变形分析云图

10.2.9 创建线性屈曲分析项目

步骤 1 回到 Workbench 主界面，单击"工具箱"中的"分析系统"→"特征值屈曲"选项不放，直接拖曳到项目 A 的 A6 中，如图 10-20 所示。

步骤 2 如图 10-21 所示，项目 A 与项目 B 直接实现了数据共享。

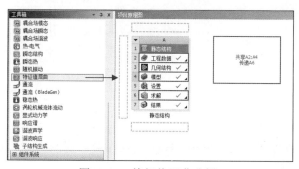

图 10-20 特征值屈曲分析

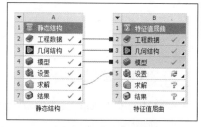

图 10-21 数据共享

步骤 3 双击项目 B 的 B5"设置"，进入 Mechanical 界面，如图 10-22 所示。

步骤 4 右击流程树中的"求解（A6）"，在弹出的快捷菜单中选择"求解"命令，如图 10-23 所示。

图 10-22 Mechanical 界面

图 10-23 "求解"命令

10.2.10　施加载荷与约束

步骤 1　单击 Mechanical 界面左侧流程树中的"特征值屈曲（B5）"→"分析设置"，在如图 10-24 所示的"分析设置"的详细信息中做如下设置：在"最大模态阶数"中输入 10，表示 10 阶模态将被计算。

步骤 2　右击流程树中的"特征值屈曲（B5）"，在弹出的快捷菜单中选择"求解"命令，如图 10-25 所示。

图 10-24　设置最大模态阶数

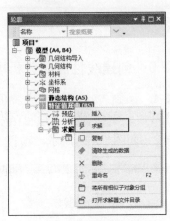

图 10-25　"求解"命令

10.2.11　结果后处理

步骤 1　单击 Mechanical 界面左侧流程树中的"求解（B6）"，此时会出现图 10-26 所示的"求解"选项卡。

步骤 2　单击"求解"选项卡中的"变形"→"总计"命令，如图 10-27 所示，此时在流程树中会出现"总变形"选项。

图 10-26　"求解"选项卡

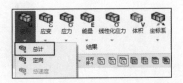

图 10-27　添加"总变形"选项

步骤 3　单击流程树中的"求解（B6）"→"总变形"，在"总变形"的详细信息中，在"模式"后面输入 1，其他保持默认，如图 10-28 所示。

步骤 4 右击流程树中的"求解（B6）"，在弹出的快捷菜单中选择"评估所有结果"命令，如图 10-29 所示。

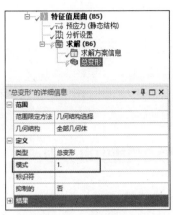

图 10-28 设置模式 图 10-29 "评估所有结果"命令

步骤 5 图 10-30 所示为一阶屈曲变形云图。从"总变形"的详细信息中可以查到第一阶屈曲载荷因子为 46 501，由于施加载荷为 100 N/m，故可知钢管的屈曲压力为 46 501×100 N/m=4650.1 kN/m。

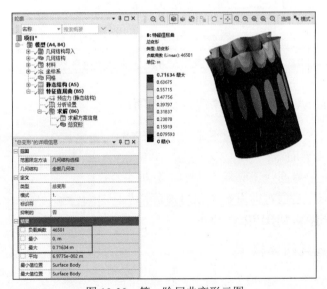

图 10-30 第一阶屈曲变形云图

第一阶临界载荷为 4650.1 kN/m，由于第一阶为屈曲载荷的最低值，因此这意味着在理论上，当压力达到 4650.1 kN/m 时，薄壁圆筒将失稳。

10.2.12 保存与退出

步骤 1 单击 Mechanical 界面右上角的"关闭"按钮，返回 Workbench 主界面。

步骤 2 在 Workbench 主界面中单击工具栏中的 按钮，在弹出的"另存为"对话框的"文件名"文本框中输入"Pipe-Buckling"。

步骤 3 单击右上角的"关闭"按钮，退出 Workbench 主界面，完成项目分析。

10.2.13 读者演练

本例模型的网格划分为程序自动控制网格划分，请读者动手完成四边形网格划分控制，并进行线性屈曲分析，对比两种计算结果。网格划分对结果有一定的影响，在进行有限元计算时应尽量使用正四边形、正三角形、六面体等规则的单元进行网格划分，这样可以得到较高的计算精度。

10.3 实例 2——工字钢线性屈曲分析

本节介绍使用 ANSYS Workbench 机械设计模块线性屈曲分析功能演示其基本操作过程。

10.3.1 问题描述

此次分析的模型长为 5000 mm、材料为结构钢、截面为工字钢、大小为 10#，在 ANSYS Workbench 中对其施加 1000 N 的压力荷载来求解其临界屈曲系数，从而获得其保证稳定性前提下的结构承载力。

扫码观看
配套视频

10.3 工字钢线性
屈曲分析

模型文件	配套资源\chapter10\chapter10-2\SB Beam.x_t
结果文件	配套资源\chapter10\chapter10-2\SB Beam.wbpj

10.3.2 启动 Workbench 并建立分析项目

步骤 1 在 Windows 系统下启动 ANSYS Workbench，进入主界面。

步骤 2 双击主界面"工具箱"中的"分析系统"→"静态结构"选项，即可在"项目原理图"窗口创建分析项目 A，如图 10-31 所示。

10.3.3 导入几何体模型

步骤 1 在 A3"几何结构"上右击，在弹出的

图 10-31 创建分析项目 A

快捷菜单中选择"导入几何模型"→"浏览……"命令，弹出"打开"对话框。

步骤 2 在弹出的"打开"对话框中选择文件路径，导入 SB Beam.x_t 几何体文件，此时 A3"几何结构"后的 变为 ，表示实体模型已经存在。

步骤 3 双击项目 A 中的 A3"几何结构"，进入 DesignModeler 界面。导入模型后单击常用命令栏的 按钮，单位设置成"毫米"，刷新导入的模型文件，如图 10-32 所示。

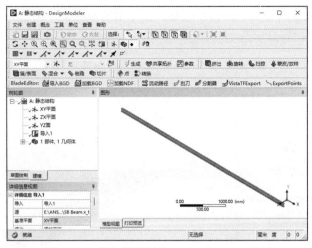

图 10-32 导入模型后的 DesignModeler 界面

步骤 4 单击 DesignModeler 界面右上角的"关闭"按钮，返回 Workbench 主界面。

10.3.4 设置材料

本实例选择的材料为"结构钢"，此材料为 ANSYS Workbench 默认被选中的材料，故不需要设置。

10.3.5 划分网格

步骤 1 双击主界面项目管理区项目 A 中的 A4 "模型"，进入图 10-33 所示的 Mechanical 界面，在该界面下即可进行网格的划分、分析设置、结果观察等操作。

图 10-33 Mechanical 界面

步骤 2 单击 Mechanical 界面左侧流程树中的"网格"选项，在"网格"的详细信息中修改网格参数，本例将"默认值"中的"单元尺寸"设置为 30 mm，其余采用默认设置，如图 10-34 所示。

步骤 3 右击流程树中的"网格"选项,在弹出的快捷菜单中选择"生成网格"命令,最终的网格效果如图 10-35 所示。

图 10-34 修改网格参数

图 10-35 网格效果

10.3.6 施加载荷与约束

步骤 1 单击 Mechanical 界面左侧流程树中的"静态结构(A5)"选项,单击"环境"选项卡中的"结构"→"固定的"按钮,如图 10-36 所示,此时在流程树中会出现"固定支撑"选项。

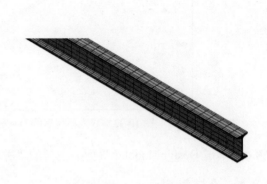

图 10-36 添加"固定支撑"约束

步骤 2 单击"固定支撑",在"固定支撑"的详细信息中设置"几何结构"选项时选中模型底面,如图 10-37 所示。

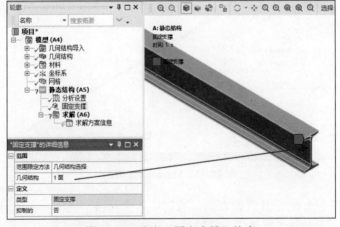

图 10-37 定义"固定支撑"约束

步骤3 下面给线性屈曲设定一个单位大小的力荷载。

由于建筑上常用kN（千牛）为单位，这次设定正压在工字钢端面一个1000 N的力作为特征值。单击"环境"选项卡中的"载荷"→"力"按钮，如图10-38所示，此时在流程树中会出现"力"选项。

步骤4 单击"力"，在"力"的详细信息中做如下设置。

①在设置"几何结构"选项时确保图10-39所示的面被选中，此时在"几何结构"选项中显示"1面"，表明一个面已经被选中。

②在"定义依据"选项中选择"矢量"。

③在"大小"后面输入1000 N，确定后会出现红色的箭头，但是其方向是向外的，与期望的相反，需要更改方向。单击模型空间左下角的箭头就可以改变方向，并在"方向"中单击"应用"按钮，保持其他选项默认即可，如图10-39所示。

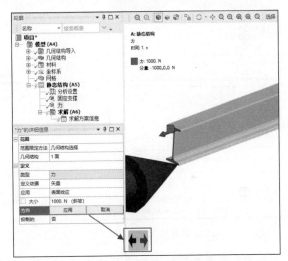

图10-38 添加"力"载荷　　　　图10-39 "力"的详细信息的设置

步骤5 右击流程树中的"静态结构（A5）"选项，在弹出的快捷菜单中选择"求解"命令，如图10-40所示。

10.3.7 结果后处理

步骤1 单击Mechanical界面左侧流程树中的"求解（A6）"选项，单击"求解"选项卡中的"应力"→"等效（Von-Mises）"命令，此时在流程树中会出现"等效应力"选项，如图10-41所示。

步骤2 同步骤1，单击"求解"选项卡中的"变形"→"总计"命令，如图10-42所示，此时在流程树中会出现"总变形"选项。

图10-40 "求解"命令

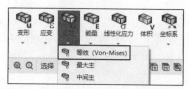

图 10-41 添加"等效应力"选项

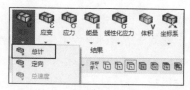

图 10-42 添加"总变形"选项

步骤 3 右击流程树中的"求解（A6）"选项，在弹出的快捷菜单中选择"评估所有结果"命令，如图 10-43 所示。

步骤 4 单击流程树中的"求解（A6）"下的"等效应力"选项，此时会出现图 10-44 所示的等效应力分析云图。可见最大应力出现在顶部工字钢的两端，最大值为 1.588 5 MPa，相对较小。

图 10-43 "评估所有结果"命令

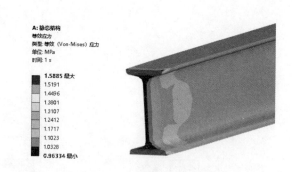

图 10-44 等效应力分析云图

步骤 5 单击流程树中的"求解（A6）"下的"总变形"选项，此时会出现图 10-45 所示的总变形分析云图，可见最大变形出现在工字钢的顶端，最大值为 0.032 222 mm。也相对较小。

图 10-45 总变形分析云图

10.3.8 创建线性屈曲分析项目

步骤 1 回到 Workbench 主界面，单击"工具箱"中的"分析系统"→"特征值屈曲"选项不放，直接拖曳到项目 A 的 A6 中，如图 10-46 所示。

步骤2　如图10-47所示，项目A与项目B直接实现了数据共享。

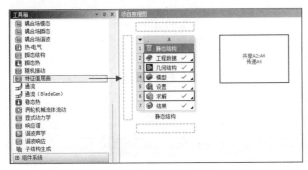

图10-46　特征值屈曲分析

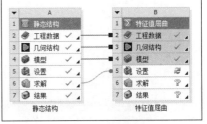

图10-47　数据共享

步骤3　双击项目B的B5"设置"，进入Mechanical界面，如图10-48所示。

步骤4　右击流程树中的"求解（A6）"选项，在弹出的快捷菜单中选择"求解"命令，如图10-49所示。

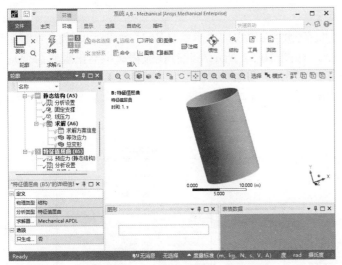

图10-48　Mechanical界面

图10-49　"求解"命令

10.3.9　施加载荷与约束

步骤1　单击Mechanical界面左侧流程树中的"特征值屈曲（B5）"→"分析设置"选项，在如图10-50所示的"分析设置"的详细信息中做如下设置：在"最大模态阶数"后面输入6，表示6阶模态将被计算。

查看该模型前6阶屈曲失效状况。这是求解多个屈曲模态的一个很好的方法，对于一般工程分析精度来说，查看模型前6阶固有频率已经足够。这样便于观察结构屈曲在给定的施加荷载下的多个屈曲模态。

步骤2　右击流程树中的"特征值屈曲（B5）"选项，在弹出的快捷菜单中选择"求解"命令，如图10-51所示。

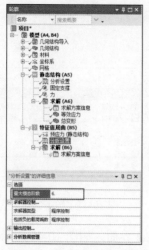

图 10-50 最大模态阶数设定

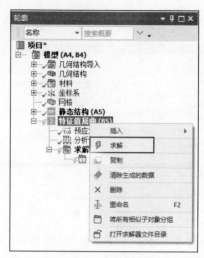

图 10-51 "求解"命令

10.3.10 结果后处理

步骤 1 单击 Mechanical 界面左侧流程树中的"求解（B6）"选项，单击"求解"选项卡中的"变形"→"总计"命令，如图 10-52 所示，此时在流程树中会出现"总变形"选项。

步骤 2 单击流程树中的"总变形"，此时在流程树中会出现"总变形"的详细信息，在"模式"后面输入 1，其他保持默认，如图 10-53 所示。

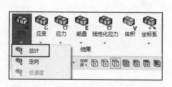

图 10-52 添加"总变形"选项

图 10-53 设置"总变形"的详细信息

步骤 3 参照步骤 2，在流程树中添加"总变形 2"～"总变形 6"，然后分别修改其详细信息中"模式"处的数值（依次设置为 2、3、4、5、6），即设置 2 阶～6 阶模态，设置好各阶模态后如图 10-54 所示。

步骤 4 右击流程树中的"求解（B6）"选项，在弹出的快捷菜单中选择"评估所有结果"命令，如图 10-55 所示。

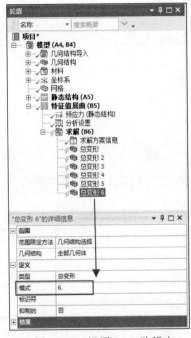

图 10-54　设置 2~6 阶模态

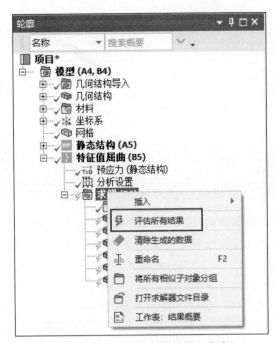

图 10-55　"评估所有结果"命令

步骤 5　分别单击流程树→"总变形 1"~"总变形 6"，查看前六阶的阵型，其结果分别如图 10-56~图 10-61 所示。

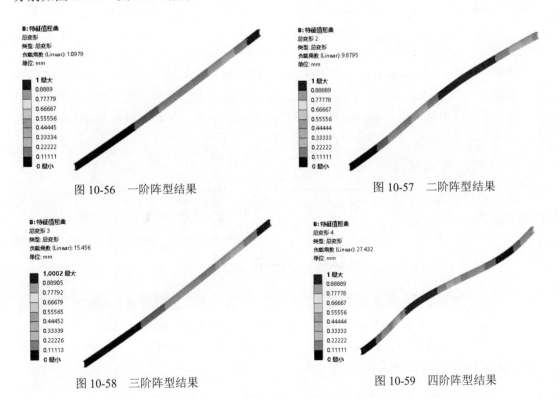

图 10-56　一阶阵型结果　　　　　　　　图 10-57　二阶阵型结果

图 10-58　三阶阵型结果　　　　　　　　图 10-59　四阶阵型结果

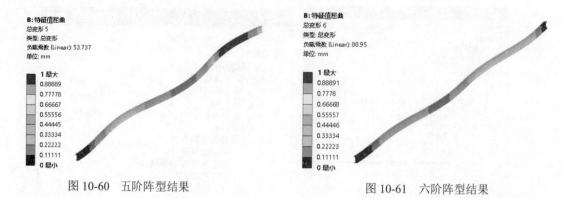

图 10-60 五阶阵型结果 图 10-61 六阶阵型结果

步骤 6 下面查看最为重要的线性屈曲系数（特征值）的结果。单击"表格数据"，查看第一阶模态下的屈曲系数为 1.097 9，如图 10-62 所示。在执行静力分析时输入的单位大小的载荷力为 1000 N。如果我们需要求得此模型的临界屈曲值，只需要用 1000 N×1.097 9=1.0979 kN，约等于 109 kgf（千克力）。也就是说，此 5000 mm×80 mm×6 mm 大小的结构钢材料的工字钢，为保证结构的稳定性其可以承受的最大竖向力约为 109 kgf。

表格数据		
	模式	✔ 负载乘数
1	1.	1.0979
2	2.	9.8795
3	3.	15.456
4	4.	27.432
5	5.	53.737
6	6.	88.95

图 10-62 屈曲系数

> **提示：** 线性屈曲分析的结果偏重不保守。安全起见，实际可用承载力应该远小于 600 kgf。

10.3.11 保存与退出

步骤 1 单击 Mechanical 界面右上角的"关闭"按钮，返回 Workbench 主界面。

步骤 2 在 Workbench 主界面中单击工具栏中的 ⊟ 按钮，在弹出的"另存为"对话框的"文件名"文本框中输入 SB Beam。单击右上角的"关闭"按钮，退出 Workbench 主界面，完成项目分析。

10.3.12 读者演练

请读者根据前面章节的讲解，将模态设置为二十阶，然后重新计算，并对比两次计算的结果。

10.4 本章小结

本章通过两个典型案例介绍了线性屈曲分析的一般过程，包括导入几何模型、材料选择与材料属性赋予、有限元网格的划分、对模型施加边界条件与外载荷及结构后处理等。

通过本章的学习，读者应了解 ANSYS Workbench 的屈曲分析模块，同时熟练掌握屈曲分析的操作步骤与分析方法。

第 11 章　结构优化分析

本章将对 ANSYS Workbench 软件的优化分析模块进行详细讲解，并通过典型案例对优化分析的一般步骤进行详细介绍，包括几何建模（外部几何数据的导入）、材料赋予、网格设置与划分、边界条件的设定和后处理操作。

学习目标：

（1）熟练掌握 ANSYS Workbench 软件优化分析的过程；

（2）了解 ANSYS Workbench 软件优化工具的适用场合。

11.1　优化分析简介

一般而言，设计主要有两种形式，即功能设计和优化设计。功能设计强调的是该设计能达到预定的设计要求，但仍能在某些方面进行改进；优化设计是一种寻找最优方案的技术。

11.1.1　优化设计概述

所谓"优化"是指"最大化"或者"最小化"，而"优化设计"指的是一种方案可以满足所有的设计要求，而且需要的支出最小。

优化设计有两种分析方法：解析法——通过求解微分与极值，进而求出最小值；数值法——借助计算机和有限元，通过反复迭代逼近，求解出最小值。由于解析法需要列方程和求解微分方程，对于复杂的问题，列方程和求解微分方程都是比较困难的，所以解析法常用于理论研究，工程上很少使用。

随着计算机的发展，结构优化取得了更大的发展，根据设计变量类型的不同，已由较低层次的尺寸优化，发展到较高层次的结构形状优化，再到现在达更高层次的拓扑优化。优化算法也由简单的准则法，发展到数学规划法，进而到遗传算法等。

传统的结构优化设计是由设计者提供几个不同的设计方案，进行比较，挑选出最优的方案。这种方法往往是建立在设计者经验的基础上，再加上资源、时间的限制，提供的可选方案数量有限，往往不一定是最优方案。

如果想获得最优方案，就要提供更多的设计方案进行比较，这就需要大量的资源，单靠人力往往难以做到。只能靠计算机来完成这些，目前为止，能够做结构优化的软件并不多，ANSYS 软件作为通用的有限元分析工具，除了拥有强大的前后处理器，还拥有强大的优化设计功能——既可以做结构尺寸优化又可以做拓扑优化，其本身提供的算法能满足工程需要。

11.1.2 Workbench 结构优化分析简介

ANSYS Workbench Environment（AWE）是 ANSYS 公司开发的新一代前后处理环境，并且定位于一个 CAE 协同平台，该环境提供了与 CAD 软件及设计流程的高度集成性，并且新版本增加了很多软件模块，实现了很多常用功能，在产品开发中能快速应用 CAE 技术进行分析，从而减少产品设计周期、提高产品附加价值。现今，对于一个制造商，产品质量关乎声誉、产品利润关乎发展，所以优化设计在产品开发中越来越受重视，方法、手段也越来越多。

从易用性和高效性来说，AWE 下的"设计探索"模块为优化设计提供了一个几乎完美的方案，CAD 模型需改进的设计变量可以传递到 AWE 下，并且在"设计探索"下设定好约束条件及设计目标后，可以高度自动化地实现优化设计并返回相关图表。

在保证产品达到某些性能目标并满足一定约束条件的前提下，通过改变某些允许改变的设计变量，使产品的指标或性能达到期望的目标，就是优化方法。例如，在保证结构刚度、强度满足要求的前提下，通过改变某些设计变量，使结构的重量最轻、最合理，这不但节省了结构耗材，而且方便了运输安装，降低了运输成本。再如，改变电器设备各发热部件的安装位置，使设备箱体内部温度峰值降到最低，是典型的自然对流散热问题的优化实例。

在实际设计与生产中，类似这样的实例不胜枚举。优化作为一种数学方法，通常利用对解析函数求极值的方法来达到寻求最优值的目的。基于数值分析技术的 CAE 方法显然不可能得到一个解析函数，CAE 计算所求得的结果只是一个数值。然而，样条插值技术又使 CAE 中的优化成为可能，多个数值点可以利用插值技术形成一条连续的可用函数表达的曲线或曲面，如此便回到了数学意义上的极值优化技术上来。

样条插值方法当然是种近似方法，通常不可能得到目标函数的准确曲面，但利用上次计算的结果再次插值得到一个新的曲面，相邻两次得到的曲面的距离会越来越近，当它们的距离近到一定程度时，认为此时的曲面可以代表目标曲面。那么，该曲面的最小值便可以认为是目标最优值。以上就是 CAE 方法中的优化处理过程。典型的 CAD 与 CAE 联合优化的过程通常需要经过以下步骤来完成。

（1）参数化建模：利用 CAD 软件的参数化建模功能把将要参与优化的数据（设计变量）定义为模型参数，为以后软件修正模型提供可能。

（2）CAE 求解：对参数化 CAD 模型进行加载与求解。

（3）后处理：将约束条件和目标函数（优化目标）提取出来供优化处理器进行优化参数评价。

（4）优化参数评价：优化处理器根据本次循环提供的优化参数（设计变量、约束条件、状态变量及目标函数）与上次循环提供的优化参数做比较之后确定本次循环目标函数是否达到了最小，或者说结构是否达到了最优，如果最优，完成迭代，退出优化循环圈，否则，进行下一步。

（5）根据已完成的优化循环和当前优化变量的状态修正设计变量，重新投入循环。

11.1.3 Workbench 结构优化分析工具

ANSYS Workbench 平台优化分析工具有 5 种，即"直接优化""参数相关性""响应面""响应面优化"及"六西格玛分析"。

（1）"直接优化"：它是目标优化技术的一种类型，直接通过有限的试验模拟，对比结果取得近似最优解。

（2）"参数相关性"：用于得到输入参数的敏感性，也就是说，可以得到某一输入参数对相应曲面的影响究竟有多大。

（3）"响应面"：主要用于直观观察输入参数的影响，通过图表形式能够动态显示输入与输出参数之间的关系。

（4）"响应面优化"：它是目标优化技术的另外一种类型，可以从一组给定的样本（设计点）中得出最佳设计点。

（5）六西格玛分析"：主要用于评估产品的可靠性，其技术基于 6 个标准误差理论，例如假设材料属性、几何尺寸、载荷等不确定性输入变量的概率分布对产品性能（应力、应变等）的影响。

11.2 实例——响应面优化分析

本节主要介绍 ANSYS Workbench 的响应面优化分析模块，在"设计探索"中进行 DOE 分析的流程，并建立响应图。

学习目标：熟练掌握 ANSYS Workbench 响应面优化分析的方法及过程。

扫码观看
配套视频

11.2 响应面优化分析

模型文件	配套资源\chapter 11\chapter11-2\DOE.agdb
结果文件	配套资源\chapter 11\chapter11-2\DOE.wbpj

11.2.1 问题描述

图 11-1 所示为几何模型，请用 ANSYS Workbench 平台中的优化分析工具对几何模型进行优化分析。

图 11-1　几何模型

11.2.2 启动 Workbench 并建立分析项目

步骤 1　在 Windows 系统下启动 ANSYS Workbench，进入主界面。在 ANSYS

Workbench 主界面中选择"单位"→"度量标准（mm，kg，N，s，mV，mA）"命令。

步骤 2 双击主界面"工具箱"中的"组件系统"→"几何结构"选项，即可在"项目管理区"窗口创建分析项目 A，在"工具箱"中的"分析系统"→"静态结构"上按住鼠标左键拖动到"项目管理区"窗口中，当项目 A 的"几何结构"呈红色高亮显示时，释放鼠标左键创建项目 B，此时相关联的数据可共享，如图 11-2 所示。

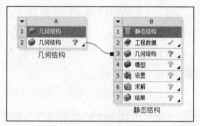

图 11-2 数据共享

11.2.3 导入几何体模型

步骤 1 在 A2"几何结构"上右击，在弹出的快捷菜单中选择"导入几何模型"→"浏览……"命令，弹出"打开"对话框。

步骤 2 在弹出的"打开"对话框中选择文件路径，导入 DOE.agdb 几何体文件，此时A2"几何结构"后的 ❓ 变为 ✔，表示实体模型已经存在。

步骤 3 双击项目 A 中的 A2"几何结构"，进入 DesignModeler 界面，如图 11-3 所示。

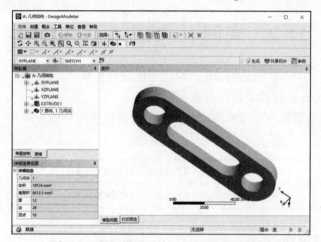

图 11-3 导入模型后的 DesignModeler 界面

步骤 4 单击"几何结构" ⭐ 下的 🖫，在出现的详细信息视图中单击参数 R4 前的□，将其变为 Ⓓ，如图 11-4 所示，并在弹出的对话框中的"参数名称"文本框中输入Cutout.R4，如图 11-5 所示。

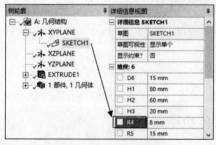

图 11-4 定义尺寸参数

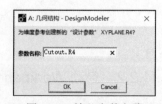

图 11-5 输入参数名称

步骤5 单击 Design Modeler 界面右上角的"关闭"按钮，返回 Workbench 主界面。

11.2.4 添加材料库

步骤1 双击项目 B 中的 B2"工程数据"，进入图 11-6 所示的界面，在该界面下即可进行材料参数设置。

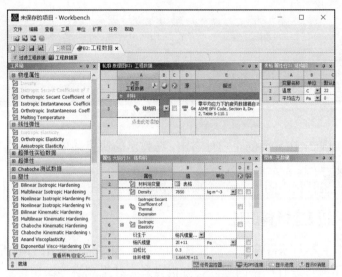

图 11-6 材料参数设置界面

步骤2 在界面的空白处右击，在弹出的快捷菜单中选择"工程数据源"命令，此时的界面变为如图 11-7 所示的界面。

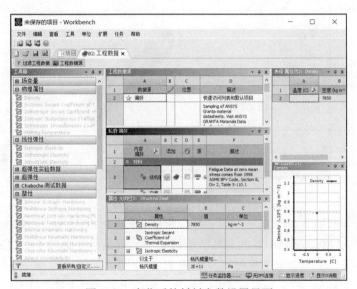

图 11-7 变化后的材料参数设置界面

步骤3 在"工程数据源"表中单击 A4"一般材料"，然后单击"轮廓 General Materials"表中 B4 中的 按钮，此时在 C4 中会显示 标识，如图 11-8 所示，表示材料添加成功。

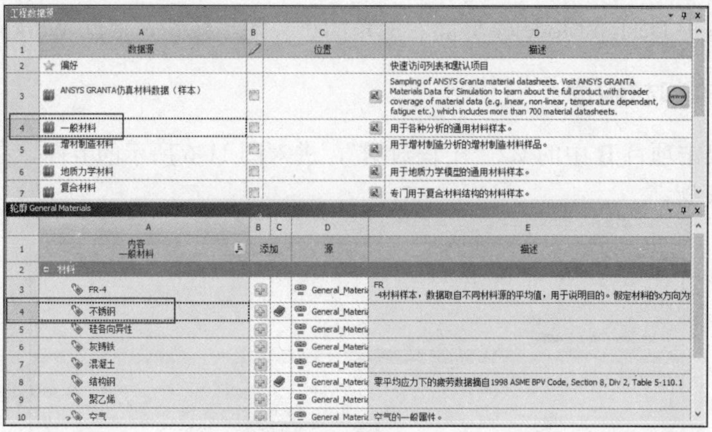

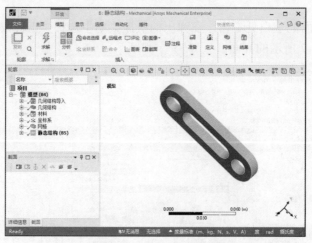

图 11-8 添加材料

步骤 4 同步骤 2，在界面的空白处右击，在弹出的快捷菜单中取消选择"工程数据源"命令，返回初始界面中。

步骤 5 单击工具栏中的 项目 选项卡，切换到 Workbench 主界面，材料库添加完毕。

11.2.5 添加模型材料属性

步骤 1 双击主界面项目管理区项目 B 中的 B4 "模型"，进入图 11-9 所示的 Mechanical 界面，在该界面下即可进行网格的划分、分析设置、结果观察等操作。

图 11-9 Mechanical 界面

步骤 2 在 Mechanical 界面中选择"单位"→"度量标准（mm,kg,N,s,mV,mA）"命令。

步骤 3 单击 Mechanical 界面左侧流程树中"几何结构"选项下的"Solid"，即可在"Solid"的详细信息中给模型变更材料，如图 11-10 所示。

步骤 4 在"Solid"的详细信息中的"属性"选项中单击"质量"前的□，将其变为 **P**，如图 11-11 所示，表示将模型质量作为输出的优化参数。

图 11-10　变更材料

图 11-11　优化参数设置

11.2.6　划分网格

步骤 1　单击流程树中的"网格",再单击"网格"选项卡中的"控制"→"尺寸调整"
按钮,为网格划分添加"尺寸调整",如图 11-12 所示。

图 11-12　添加尺寸调整

步骤 2　单击图形工具栏中选择模式下的 按钮,在图形窗口中选择如图 11-13 所
示的面,在"面尺寸调整"-尺寸调整的详细信息中单击"几何结构"后的"应用"按钮,
完成面的选择,设置单元尺寸为 4.e-003m。

步骤 3　右击流程树中的"网格",在弹出的快捷菜单中选择"生成网格"命令,最终
的网格效果如图 11-14 所示。

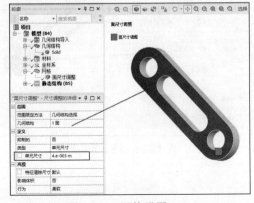

图 11-13　网格设置

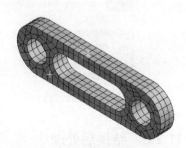

图 11-14　网格效果

11.2.7 施加约束与载荷

步骤 1 单击流程树中的"静态结构（B5）"，再单击"环境"选项卡中的"结构"→"固定的"按钮，为模型添加"固定支撑"约束，如图 11-15 所示。

步骤 2 在"固定支撑"的详细信息中设置"几何结构"时选中图 11-16 所示的面。

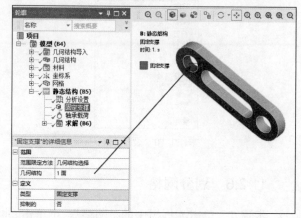

图 11-16 固定支撑设置

图 11-15 添加"固定支撑约束"

步骤 3 单击"环境"选项卡中的"载荷"→"轴承载荷"命令，为模型施加轴承载荷，如图 11-17 所示。

步骤 4 在"轴承载荷"的详细信息中设置"几何结构"时选中图 11-18 所示的面，设置"坐标系"为"全局坐标系"，并设置"X 分量"为 11 N，同时将其选择作为输入优化参数。

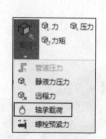

图 11-17 施加载荷

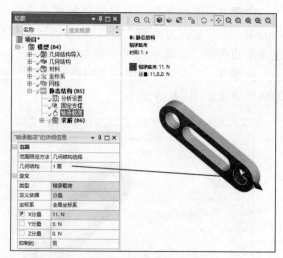

图 11-18 轴承载荷设置

11.2.8 结果后处理

步骤 1 单击 Mechanical 界面左侧流程树中的"求解（B6）"选项，此时会出现图 11-19

所示的"求解"选项卡。

步骤 2 单击"求解"选项卡中的"应力"→"等效（Von-Mises）"命令，如图 11-20 所示，此时在流程树中会出现"等效应力"选项。

图 11-19 "求解"选项卡

图 11-20 添加"等效应力"选项

步骤 3 在"等效应力"的详细信息中选中"结果"→"最大"项作为优化参数，如图 11-21 所示。

步骤 4 单击"求解"选项卡中的"变形"→"总计"命令，如图 11-22 所示，此时在流程树中会出现"总变形"选项。

步骤 5 在"总变形"的详细信息中选中"结果"→"最大"项作为优化参数，如图 11-23 所示。

图 11-21 设置优化参数

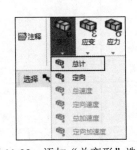

图 11-22 添加"总变形"选项

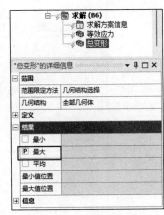

图 11-23 设置优化参数

步骤 6 右击流程树中的"静态结构（B5）"，在弹出的快捷菜单中选择"求解"命令进行求解。

步骤 7 单击流程树中 "求解（B6）"下的"等效应力"选项，此时在图形窗口中会出现图 11-24 所示的等效应力分析云图。

步骤 8 单击流程树中"求解（B6）"下的"总变形"选项，此时在图形窗口中会出现图 11-25 所示的总变形分析云图。

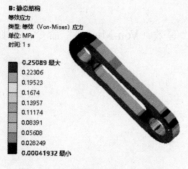

图 11-24 等效应力分析云图

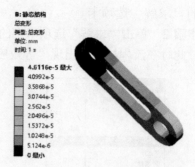

图 11-25 总变形分析云图

步骤 9 单击 Mechanical 界面右上角的"关闭"按钮，返回 Workbench 主界面。此时项目管理区中显示的分析项目均已完成，如图 11-26 所示。

11.2.9 观察优化参数

步骤 1 在 Workbench 主界面中，双击左侧"工具箱"中"设计探索"下的"响应面"选项，此时会在主界面中出现"响应面"优化项目 C，如图 11-27 所示。

步骤 2 双击主界面项目 C 中的 C2"实验设计"进入参数优化界面。DOE 大纲给出了输入和输出参数，如图 11-28 所示。

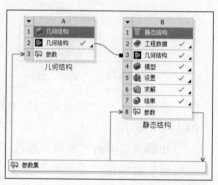

图 11-26 项目管理区中的分析项目

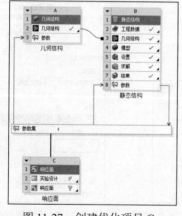

图 11-27 创建优化项目 C

		轮廓 原理图C2：实验设计	
		A	B
1			启用
2	▱ ✏	实验设计 ⓘ	
3	▱	输入参数	
4	▱	几何结构 (A1)	
5		⟁ P1 - Cutout.R4	☑
6	▱	静态结构 (B1)	
7		⟁ P3 - 轴承载荷 X分量	☑
8	▱	输出参数	
9	▱	静态结构 (B1)	
10		⊿ P2 - Solid 质量	
11		⊿ P4 - 等效应力 最大	
12		⊿ P5 - 总变形 最大	
13		图表	

图 11-28 DOE 大纲

步骤 3 在"轮廓 原理图 C2：实验设计"中选择参数 P1，在出现的"属性 轮廓 A5:P1-Cutout.R4"中定义设计变量的"分类"为"连续"，"上限"为"9"，"下界"为"6"，如图 11-29 所示。

步骤 4 选择参数 P3，在出现的"属性 轮廓 A7:P3-轴承载荷 X 分量"中定义设计变量的"分类"为"连续"，上限为 12，"下界"为"9"，如图 11-30 所示。

步骤 5 在"轮廓 原理图 C2：实验设计"中选择实验设计，在弹出的"属性 轮廓：

实验设计”中将“实验类型设计”设置为“中间复合材料设计”，如图 11-31 所示。

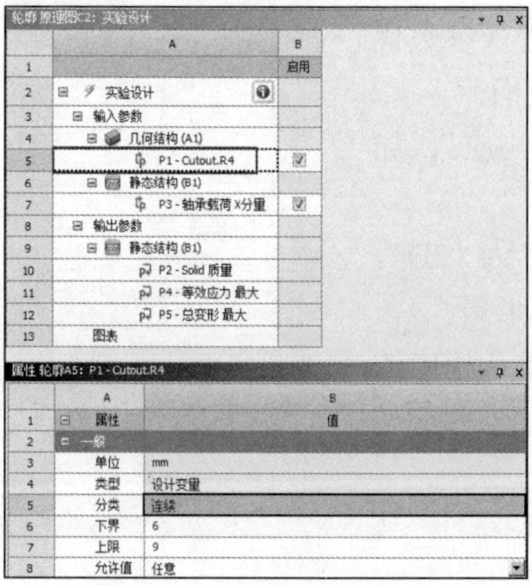

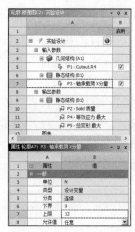

图 11-29 P1 参数设置

图 11-30 P3 参数设置

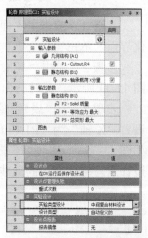

图 11-31 实验设计设置

步骤 6 单击工具栏中的按钮，即可生成图 11-32 所示的一组设计点数据。

表格 轮廓A2：实验设计的设计点

	A	B	C	D	E	F
1	名称	P1 - Cutout.R4 (mm)	P3 - 轴承载荷 X分量 (N)	P2 - Solid 质量 (kg)	P4 - 等效应力 最大 (MPa)	P5 - 总变形 最大 (mm)
2	1	7.5	10.5	⚡	⚡	⚡
3	2	6	10.5	⚡	⚡	⚡
4	3	9	10.5	⚡	⚡	⚡
5	4	7.5	9	⚡	⚡	⚡
6	5	7.5	12	⚡	⚡	⚡
7	6	6	9	⚡	⚡	⚡
8	7	9	9	⚡	⚡	⚡
9	8	6	12	⚡	⚡	⚡
10	9	9	12	⚡	⚡	⚡

图 11-32 设计点数据

步骤 7 单击工具栏中的按钮，即可对生成的设计点进行求解，求解结果如图 11-33 所示。

表格 轮廓A2：实验设计的设计点

	A	B	C	D	E	F
1	名称	P1 - Cutout.R4 (mm)	P3 - 轴承载荷 X分量 (N)	P2 - Solid 质量 (kg)	P4 - 等效应力 最大 (MPa)	P5 - 总变形 最大 (mm)
2	1	7.5	10.5	0.1532	0.24298	4.2338E-05
3	2	6	10.5	0.16743	0.25132	3.8629E-05
4	3	9	10.5	0.13787	0.23227	4.8418E-05
5	4	7.5	9	0.1532	0.20827	3.6289E-05
6	5	7.5	12	0.1532	0.27769	4.8386E-05
7	6	6	9	0.16743	0.21542	3.311E-05
8	7	9	9	0.13787	0.19909	4.1501E-05
9	8	6	12	0.16743	0.28722	4.4147E-05
10	9	9	12	0.13787	0.26545	5.5335E-05

图 11-33 求解结果

步骤 8 单击工具栏中的“项目”按钮，返回 Workbench 主界面。

11.2.10 响应面

步骤 1 双击主界面项目 C 中的 C3"响应面",进入参数优化界面。单击窗口上方的"更新项目"按钮,更新响应面。

步骤 2 单击"轮廓 原理图 C3:响应面"中的"响应",如图 11-34 所示,此时会出现"属性 轮廓 A22:响应"。

步骤 3 在"属性 轮廓 A22:响应"中设置"模式"为"2D",设置"X 轴"为"P1-Cutout.R4","Y 轴"为"P5-总变形最大",如图 11-35 所示,此时在"P5-总变形最大响应表"中显示相应的设计点与整体变形的曲线关系。

图 11-34 响应界面

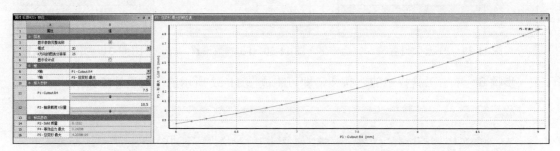

图 11-35 设计点与整体变形的 2D 曲线关系

步骤 4 在"属性 轮廓 A22:响应"中设置"模式"为"3D",设置"X 轴"为"P1-Cutout.R4","Y 轴"为"P3-轴承载荷 X 分量","Z 轴"为"P5-总变形最大",如图 11-36 所示,此时在"P5-总变形最大响应表"中显示相应的设计点与整体变形的曲线关系。

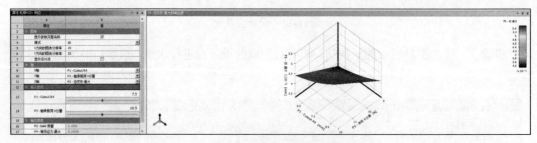

图 11-36 设计点与整体变形的 3D 曲线关系

步骤 5 单击"轮廓 原理图 C3:响应面"中的"局部灵敏度",如图 11-37 所示,此时会出现局部灵敏度图表。

步骤 6 单击"轮廓 原理图 C3:响应面"中的"三脚架",如图 11-38 所示,此时会出现三脚架图表。

步骤 7 单击"轮廓 原理图 C3:响应面"中的"响应",在出现的 3D 响应面上右击,在弹出的快捷菜单中选择"探索点处的响应面"命令,如图 11-39 所示,将其插入响应点,此时在"表格 轮廓 A22:响应点"中多出了一个"响应点 1",如图 11-40 所示。

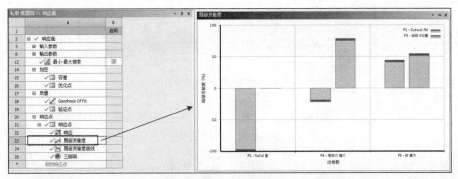

图 11-37　局部灵敏度

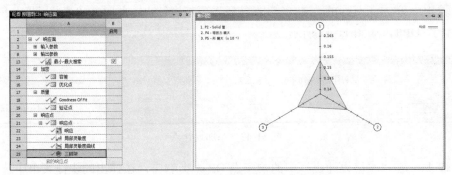

图 11-38　三脚架图表

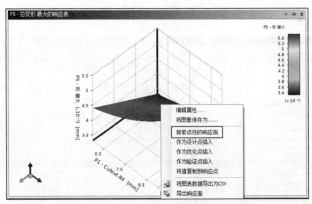

图 11-39　"探索点处的响应面"命令

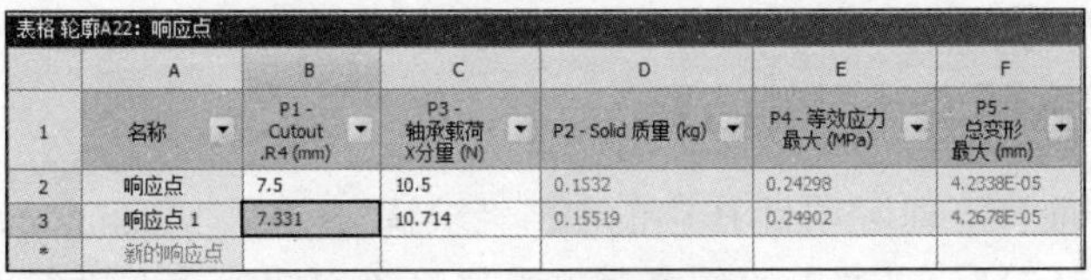

	A	B	C	D	E	F
1	名称	P1 - Cutout .R4 (mm)	P3 - 轴承载荷 X分量 (N)	P2 - Solid 质量 (kg)	P4 - 等效应力 最大 (MPa)	P5 - 总变形 最大 (mm)
2	响应点	7.5	10.5	0.1532	0.24298	4.2338E-05
3	响应点 1	7.331	10.714	0.15519	0.24902	4.2678E-05
*	新的响应点					

图 11-40　添加"响应点 1"

步骤 8　在"表格 轮廓 A22：响应点"中右击需要的响应点，在弹出的快捷菜单中选择"作为设计点插入"命令，如图 11-41 所示，可以将其插入设计点。

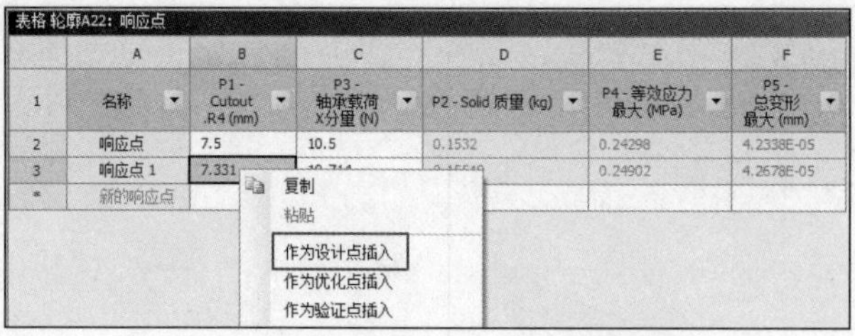

图 11-41 快捷菜单

步骤 9 单击工具栏中的"项目"按钮，返回 Workbench 主界面，并双击项目管理区中的"参数集"，进入参数优化界面。

步骤 10 单击工具栏的 ✓ 更新全部设计点 按钮，更新设计点。此时在"表格 设计点"中会出现设计点 DP 1，如图 11-42 所示。

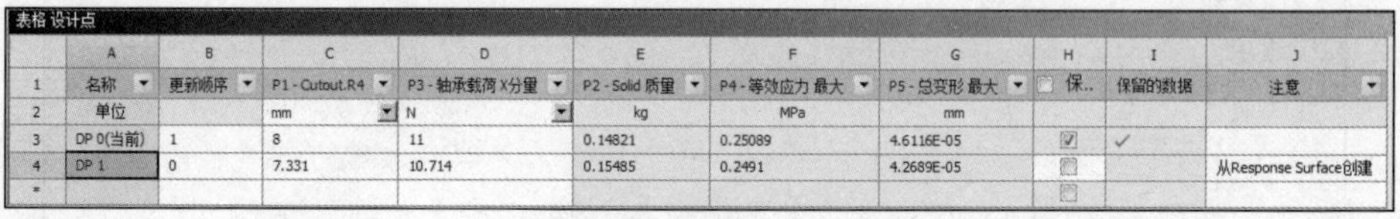

图 11-42 添加设计点

步骤 11 在"表格设计点"中的响应点 DP 1 上右击，在弹出的快捷菜单中选择"将输入复制到当前位置"，如图 11-43 所示，可以将该设计点置为当前。

步骤 12 单击工具栏中的"项目"按钮，返回 Workbench 主界面。

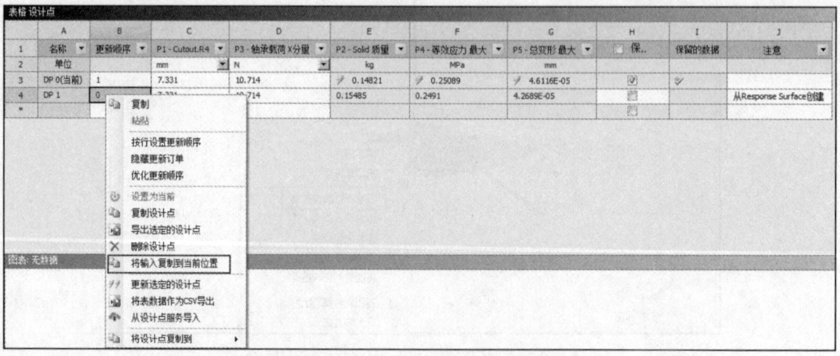

图 11-43 将设计点置为当前

11.2.11 观察新设计点的结果

步骤 1 双击项目管理区项目 B 中的 B6 "求解"，进入 Mechanical 界面，右击流程树中的"静态结构（A5）"，在弹出的快捷菜单中选择"求解"命令进行求解。

步骤 2 单击流程树中"求解（B6）"下的"等效应力"选项，此时在图形窗口中会出现图 11-44 所示的流程等效应力分析云图。

步骤 3 单击流程树中"求解（B6）"下的"总变形"选项，此时在图形窗口中会出现图 11-45 所示的总变形分析云图。

图 11-44 等效应力分析云图

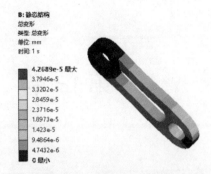

图 11-45 总变形分析云图

11.2.12 保存与退出

步骤 1 单击 Mechanical 界面右上角的"关闭"按钮，返回 Workbench 主界面。

步骤 2 在 Workbench 主界面中单击工具栏中的 ▦（保存）按钮，在弹出的"另存为"对话框的"文件名"文本框中输入"DOE"，单击"保存"按钮，保存包含分析结果的文件。单击右上角的"关闭"按钮，退出 Workbench 主界面，完成项目分析。

11.3 本章小结

本章详细介绍了 ANSYS Workbench 软件内置的优化分析功能，包括几何体模型的导入、网格划分、边界条件设定、后处理等操作，同时还讲解了响应面优化设置及处理方法。通过本章的学习，读者应该熟练掌握优化分析的过程。

第 12 章　流体动力学分析

ANSYS Workbench 软件的计算流体动力学分析程序有 ANSYS CFX 和 ANSYS FLUENT 两种，它们各有优点。

本章主要讲解 ANSYS CFX 及 ANSYS FLUENT 软件的计算流体动力学分析流程包括几何体模型导入、网格划分、前处理、求解及后处理等。

学习目标：

（1）熟练掌握 ANSYS CFX 内流场分析的方法及过程；

（2）熟练掌握 ANSYS FLUENT 流场分析的方法及过程。

12.1　流体动力学分析简介

计算流体动力学（Computational Fluid Dynamics，CFD）是流体力学的一个分支，它通过计算机模拟获得某种流体在特定条件下的有关信息，实现用计算机代替试验装置完成"计算试验"，为工程技术人员提供实际工况模拟仿真的操作平台，已广泛应用于航空航天、热能动力、土木水利、汽车工程、铁道、船舶工业、化学工程、流体机械、环境工程等领域。

本章介绍 CFD 的一些重要基础知识，帮助读者熟悉 CFD 的基本理论和基本概念，为计算时设置边界条件、对计算结果进行分析与整理提供参考。

12.1.1　流体动力学分析的基本概念

1. 计算流体动力学介绍

计算流体动力学（CFD）是通过计算机数值计算和图像显示，对包含流体流动和热传导等相关物理现象的系统进行分析。

CFD 的基本思想可以归结为：把原来在时间域及空间域上连续的物理量的场（如速度场和压力场），用一系列有限个离散点上的变量值的集合来代替，通过一定的原则和方式建立起关于这些离散点上场变量之间关系的代数方程组，然后求解代数方程组获得场变量的近似值，CFD 可以看作在流动基本方程（质量守恒方程、动量守恒方程、能量守恒方程）控制下对流动的数值模拟。

通过这种数值模拟，可以得到极其复杂问题的流场内各个位置上的基本物理量（如速度、压力、温度、浓度等）的分布，以及这些物理量随时间的变化情况，确定旋涡分布特性、空化特性及脱流区等。

另外，还可据此算出相关的其他物理量，如旋转式流体机械的转矩、水力损失和效率等。此外，与 CAD 联合，还可进行结构优化设计等。CFD 方法与传统的理论分析方法、实验测量方法组成了研究流体流动问题的完整体系。

图 12-1 给出了表征三者之间关系的"三维"流体力学示意图。理论分析方法的优点在于所得结果具有普遍性，各种影响因素清晰可见，是指导实验研究和验证新的数值计算方法的理论基础。但是，它往往要求对计算对象进行抽象和简化，才有可能得出理论解。对于非线性情况，只有少数流动才能给出解析结果。

实验测量方法所得到的实验结果真实可信，它是理论分析和数值方法的基础，其重要性不容低估。然而，实验往往受到模型尺寸、流场扰动、人身安全和测量精度的限制，有时可能很难通过实验方法得到结果。此外，实验还会遇到经费投入、人力和物力的巨大耗费及周期长等许多困难。

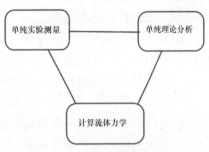

图 12-1 "三维"流体力学示意图

CFD 方法恰好克服了前面两种方法的弱点，在计算机上实现一个特定的计算。就好像在计算机上做一次物理实验。例如，机翼的绕流，通过计算并将其结果显示在屏幕上，就可以看到流场的各种细节，如激波的运动、强度，涡的生成与传播，流动的分离，表面的压力分布、受力大小及其随时间的变化等。数值模拟可以形象地再现流动情景，与做实验没有区别。

2. 计算流体动力学的特点

CFD 的优点是适应性强、应用面广。首先，流动问题的控制方程一般是非线性的，自变量多，计算域的几何形状和边界条件复杂，很难求得解析解，而用 CFD 方法则有可能找出满足工程需要的数值解；其次，可利用计算机进行各种数值实验，例如，选择不同流动参数进行物理方程中各项有效性和敏感性实验，从而进行方案比较；再次，它不受物理模型和实验模型的限制，省钱省时，有较高的灵活性，能给出详细和完整的资料，很容易模拟特殊尺寸、高温、有毒、易燃等真实条件和实验中只能接近而无法达到的理想条件。

但 CFD 也存在一定的缺点。

第一，数值解法是一种离散近似的计算方法，依赖于物理上合理、数学上适用、适合于在计算机上进行计算的离散的有限数学模型，且最终结果不能提供任何形式的解析表达式，只是有限个离散点上的数值解，并有一定的计算误差。

第二，它不像物理模型实验一开始就能给出流动现象并定性地描述，往往需要由原体观测或物理模型实验提供某些流动参数，并需要对建立的数学模型进行验证。

第三，程序的编写及资料的收集、整理与正确利用，在很大程度上依赖于经验与技巧。此外，数值处理方法有可能导致计算结果的不真实，例如产生数值黏性和频散等伪物理效应。

当然，某些缺点可以通过某种方式克服或弥补。此外，CFD 涉及大量数值计算，因此常需要较高的计算机软硬件配置。

CFD 与理论分析、实验测量相互联系和相互促进，但不能完全替代，三者各有各的适用场合。在实际工作中，需要注意三者的有机结合，争取做到取长补短。

3. 计算流体动力学的应用领域

近十多年来，CFD 有了很大的发展，替代了经典流体力学中的一些近似计算法和图解法：过去的一些典型教学实验（如 Reynolds 实验），现在完全可以借助 CFD 手段在计算机上实现。所有涉及流体流动、热交换、分子输运等现象的问题，几乎都可以通过计算流体力学的方法进行分析和模拟。

CFD 不仅是研究工具，还作为设计工具在水利工程、土木工程、环境工程、食品工程、海洋结构工程、工业制造等领域发挥作用。典型的应用领域及相关的工程问题如下。

（1）水轮机、风机和泵等流体机械内部的流体流动。

（2）飞机和航天飞机等飞行器的设计。

（3）汽车流线外形对性能的影响。

（4）洪水波及河口潮流计算。

（5）风载荷对高层建筑物稳定性及结构性能的影响。

（6）温室及室内的空气流动及环境分析。

（7）电子元器件的冷却。

（8）换热器性能分析及换热器片形状的选取。

（9）河流中污染物的扩散。

（10）汽车尾气对街道环境的污染。

（11）食品中细菌的运移。

对这些问题的处理，过去主要借助基本的理论分析和大量的物理模型实验，而现在大多采用 CFD 方法加以分析和解决。现在，CFD 技术完全可以分析三维黏性湍流及旋涡运动等复杂问题。

12.1.2 CFD 基础

1. 流体的连续介质模型

（1）流体质点（fluid particle）：几何尺寸同流动空间相比是极小量又含有大量分子的微元体。

（2）连续介质（continuum/continuous medium）：质点连续地充满所占空间的流体或固体。

（3）连续介质模型（continuum/continuous medium model）：把流体视为没有间隙地充满它所占据的整个空间的一种连续介质，且其所有的物理量都是空间坐标和时间的连续函数的一种假设模型——$u = u(t,x,y,z)$。

2. 流体的性质

（1）惯性。

惯性（inertia）指流体不受外力作用时，保持其原有运动状态的属性。惯性与质量有关，质量越大，惯性就越大。单位体积流体的质量称为密度（density），以 ρ 表示，单位为 kg/m^3。对于均质流体，设其体积为 V，质量为 m，则其密度为

$$\rho = \frac{m}{V} \tag{12-1}$$

对于非均质流体，密度随点而异。若取包含某点在内的体积 ΔV，其质量为 Δm，则该点密度需要用极限方式表示，即

$$\rho = \lim_{\Delta V \to 0} \frac{\Delta m}{\Delta V} \tag{12-2}$$

（2）压缩性。

作用在流体上的压力变化可引起流体的体积变化或密度变化，这一现象称为流体的压缩性。压缩性（compressibility）可用体积压缩率 k 来量度，即

$$k = -\frac{\mathrm{d}V/V}{\mathrm{d}p} = \frac{\mathrm{d}\rho/\rho}{\mathrm{d}p} \tag{12-3}$$

式中，p 为外部压强。

在研究流体流动时，若考虑流体的压缩性，则称为可压缩流动，相应地称流体为可压缩流体，例如高速流动的气体。若不考虑流体的压缩性，则称为不可压缩流动，相应地称流体为不可压缩流体，如水、油等。

（3）黏性。

黏性（viscosity）指在运动的状态下，流体所产生的抵抗剪切变形的性质。黏性大小由黏度来量度。流体的黏度是由流动流体的内聚力和分子的动量交换所引起的。黏度有动力黏度 μ 和运动黏度 ν 之分。动力黏度由牛顿内摩擦定律导出为

$$\tau = \mu \frac{\mathrm{d}u}{\mathrm{d}y} \tag{12-4}$$

式中，τ 为切应力（Pa）；μ 为动力黏度（Pa·s）；$\mathrm{d}u/\mathrm{d}y$ 为流体的剪切变形速率。

运动黏度与动力黏度的关系为

$$\nu = \frac{\mu}{\rho} \tag{12-5}$$

式中，ν 为运动黏度（m²/s）。

在研究流体流动时，若考虑流体的黏性，则称为黏性流动，相应地称流体为黏性流体；若不考虑流体的黏性，则称为理想流体的流动，相应地称流体为理想流体。

根据流体是否满足牛顿内摩擦定律，将流体分为牛顿流体和非牛顿流体。牛顿流体严格满足牛顿内摩擦定律且 μ 为常数。非牛顿流体的切应力与速度梯度不成正比，一般又分为塑性流体、假塑性流体、胀塑性流体 3 种。

塑性流体，如牙膏等，它们有一个保持不产生剪切变形的初始应力 τ_0，只有克服了这个初始应力后，其切应力才与速度梯度成正比，即

$$\tau = \tau_0 + \mu \frac{\mathrm{d}u}{\mathrm{d}y} \tag{12-6}$$

假塑性流体，如泥浆等，其切应力与速度梯度的关系为

$$\tau = \mu \left(\frac{\mathrm{d}u}{\mathrm{d}y} \right)^n, \quad n < 1 \tag{12-7}$$

胀塑性流体，如乳化液等，其切应力与速度梯度的关系为

$$\tau = \mu \left(\frac{\mathrm{d}u}{\mathrm{d}y} \right)^n, \quad n > 1 \tag{12-8}$$

3．流体力学中的力与压强

（1）质量力。

与流体微团质量大小有关并且集中在微团质量中心的力称为质量力（body force）。在重力场中有重力 mg；直线运动时，有惯性力 ma。质量力是一个矢量，一般用单位质量所具有的质量力来表示，其形式为

$$f = f_x i + f_y j + f_z k \tag{12-9}$$

式中，f_x、f_y、f_z 为单位质量力在各轴上的投影。

（2）表面力。

大小与表面面积有关而且分别作用在流体表面上的力称为表面力（surface force）。表面力按其作用方向可以分为两种：一种是沿表面内法线方向的压力，称为正压力；另一种是沿表面切向的摩擦力，称为切向力。

对于理想流体的流动，流体质点只受到正压力，没有切向力；对于黏性流体的流动，流体质点所受到的作用力既有正压力，又有切向力。

作用在静止流体上的表面力只有沿表面内法线方向的正压力。单位面积上所受到的表面力称为这一点处的静压强。静压强具有两个特征：

①静压强的方向垂直指向作用面；

②流场内一点处静压强的大小与方向无关。

（3）表面张力。

在液体表面，界面上液体间的相互作用力称为张力。在液体表面有自动收缩的趋势，收缩的液面存在相互作用的与该处液面相切的拉力，称为液体的表面张力（surface tension）。正是这种力的存在，引起弯曲液面内外出现压强差以及常见的毛细现象等。

试验表明，表面张力大小与液面的截线长度 L 成正比，即

$$T = \sigma L \tag{12-10}$$

式中，σ 为表面张力系数，它表示液面上单位长度截线上的表面张力，其大小由物质种类决定，其单位为N/m。

（4）绝对压强、相对压强及真空度。

标准大气压的压强是 101 325 Pa（760 mmHg），通常用 p_{atm} 表示。若压强大于大气压，则以该压强为计算基准得到的压强称为相对压强（relative pressure），也称为表压强，通常用 p_r 表示。若压强小于大气压，则压强低于大气压的值就称为真空度（vacuum），通常用 p_v 表示。如以压强等于 0 Pa 为计算的基准，则这个压强就称为绝对压强（absolute pressure），通常用 p_s 表示。这三者的关系如下：

$$p_r = p_s - p_{atm} \tag{12-11}$$

$$p_v = p_{atm} - p_s \tag{12-12}$$

在流体力学中，压强都用符号 p 表示，但一般来说有一个约定：对于液体，压强用相对压强；对于气体，特别是马赫数大于 0.1 的流动，应视为可压缩流，压强用绝对压强。

压强的单位较多，一般用 Pa，也可用 bar，还可以用 mmHg、mmH$_2$O，这些单位换算如下：

1 Pa=1 N/m^2；1 bar=105 Pa；1p_{atm}=760 mmHg=10.33 mmH$_2$O=101 325 Pa。

（5）静压、动压和总压。

对于静止状态下的流体，只有静压强。对于流动状态下的流体，有静压强（static pressure）、动压强（dynamic pressure）、测压管压强（manometric tube pressure）和总压强（total pressure）之分。下面从伯努利（Bernoulli）方程分析它们的意义。

伯努利方程阐述一条流线上流体质点的机械能守恒，对于理想流体的不可压缩流动，其表达式如下：

$$\frac{p}{\rho g} + \frac{v^2}{2g} + z = H \tag{12-13}$$

式中，$p/\rho g$ 称为压强水头，也是压能项，为静压强；$v^2/2g$ 称为速度水头，也是动能项；z 称为位置水头，也是重力势能项。这三项之和就是流体质点的总的机械能。H 称为总的水头高。

将式（12-13）两边同时乘以 ρg，则有

$$p + \frac{1}{2}\rho v^2 + \rho g z = \rho g H \tag{12-14}$$

式中，p 称为静压强，简称静压；$\frac{1}{2}\rho v^2$ 称为动压强，简称动压；$\rho g H$ 称为总压强，简称总压。对于不考虑重力的流动，总压就是静压和动压之和。

4. 流体运动的描述

（1）流体运动描述的方法。

描述流体物理量有两种方法：一种是拉格朗日描述；另一种是欧拉描述。

拉格朗日描述也称随体描述，它着眼于流体质点，并将流体质点的物理量认为是随流体质点及时间变化的，即把流体质点的物理量表示为拉格朗日坐标及时间的函数。设拉格朗日坐标为 (a,b,c)，以此坐标表示的流体质点的物理量，如矢径、速度、压强等在任一时刻 t 的值，便可以写为 a、b、c 及 t 的函数。

若以 f 表示流体质点的某一物理量，其拉格朗日描述的数学表达式为

$$f = f(a,b,c,t) \tag{12-15}$$

例如，设时刻 t 流体质点的矢径（即 t 时刻流体质点的位置）以 r 表示，其拉格朗日描述为

$$r = r(a,b,c,t) \tag{12-16}$$

同样，质点的速度的拉格朗日描述是

$$v = v(a,b,c,t) \tag{12-17}$$

欧拉描述，也称空间描述，它着眼于空间点，认为流体的物理量随空间点及时间而变化，即把流体物理量表示为欧拉坐标及时间的函数。设欧拉坐标为 (q_1,q_2,q_3)，用欧拉坐标表示的各空间点上的流体物理量（如速度、压强等）在任一时刻 t 的值，可写为 q_1、q_2、q_3 及 t 的函数。从数学分析知道，某个时刻某个物理量在空间的分布一旦确定，该物理量在此空间便形成一个场。因此，欧拉描述实际上描述了物理量的场。

若以 f 表示流体的一个物理量，其欧拉描述的数学表达式为（设空间坐标取用直角坐标）

$$f = F(x,y,z,t) = F(r,t) \tag{12-18}$$

如流体速度的欧拉描述为

$$v = v(x,y,z,t) \tag{12-19}$$

（2）拉格朗日描述与欧拉描述之间的关系。

它们可以描述同一物理量，必定互相相关。设表达式 $f = f(a,b,c,t)$ 表示流体质点 (a,b,c) 在 t 时刻的物理量；表达式 $f = F(x,y,z,t)$ 表示空间点 (x,y,z) 在 t 时刻的同一物理量。如果流体质点 (a,b,c) 在 t 时刻恰好运动到空间点 (x,y,z) 上，则应有

$$\begin{cases} x = x(a,b,c,t) \\ y = y(a,b,c,t) \\ z = z(a,b,c,t) \end{cases} \qquad (12\text{-}20)$$

$$F(x,y,z,t) = f(a,b,c,t) \qquad (12\text{-}21)$$

事实上，将式（12-20）代入式（12-21）左端，即有

$$F(x,y,z,t) = F[x(a,b,c,t), y(a,b,c,t), z(a,b,c,t), t] = f(a,b,c,t) \qquad (12\text{-}22)$$

或者反解式（12-20），得到

$$\begin{cases} a = a(x,y,z,t) \\ b = b(x,y,z,t) \\ c = c(x,y,z,t) \end{cases} \qquad (12\text{-}23)$$

将式（12-23）代入式（12-21）的右端，也应有

$$\begin{aligned} f(a,b,c,t) &= f[a(x,y,z,t), b(x,y,z,t), c(x,y,z,t), t] \\ &= F(x,y,z,t) \end{aligned} \qquad (12\text{-}24)$$

由此可知，可以通过拉格朗日描述推出欧拉描述，同样也可以由欧拉描述推出拉格朗日描述。

（3）随体导数。

流体质点物理量随时间的变化率称为随体导数（substantial derivative），或物质导数、质点导数。

按拉格朗日描述，物理量 f 表示为 $f = f(a,b,c,t)$，f 的随体导数就是跟随质点 (a,b,c) 的物理量 f 对时间 t 的导数 $\partial f / \partial t$。例如，速度 $v(a,b,c,t)$ 是矢径 $r(a,b,c,t)$ 对时间的偏导数为

$$v(a,b,c,t) = \frac{\partial r(a,b,c,t)}{\partial t} \qquad (12\text{-}25)$$

即随体导数就是偏导数。

按欧拉描述，物理量 f 表示为 $f = F(x,y,z,t)$，但 $\partial F / \partial t$ 并不表示随体导数，它只表示物理量在空间点 (x,y,z,t) 上的时间变化率。而随体导数必须跟随 t 时刻位于 (x,y,z,t) 空间点上的流体质点，其物理量 f 的时间变化率。由于该流体质点是运动的，即 x、y、z 是变化的，若以 a、b、c 表示该流体质点的拉格朗日坐标，则 x、y、z 将依式（12-16）变化，从而 $f=F(x,y,z,t)$ 的变化依连锁法则处理。因此，物理量 $f=F(x,y,z,t)$ 的随体导数是

$$\begin{aligned} \frac{DF(x,y,z,t)}{Dt} &= DF[x(a,b,c,t), y(a,b,c,t), z(a,b,c,t), t] \\ &= \frac{\partial F}{\partial x}\frac{\partial x}{\partial t} + \frac{\partial F}{\partial y}\frac{\partial y}{\partial t} + \frac{\partial F}{\partial z}\frac{\partial z}{\partial t} + \frac{\partial F}{\partial t} \\ &= \frac{\partial F}{\partial x}u + \frac{\partial F}{\partial y}v + \frac{\partial F}{\partial z}w + \frac{\partial F}{\partial t} \\ &= (v \cdot \nabla)F + \frac{\partial F}{\partial t} \end{aligned} \qquad (12\text{-}26)$$

式中，D/Dt 表示随体导数。

从式（12-26）可以看出，对于质点物理量的随体导数，欧拉描述与拉格朗日描述大不相同。前者是两者之和，而后者是直接的偏导数。

（4）定常流动与非定常流动。

根据流体流动过程以及流动过程中的流体的物理参数是否与时间相关，可将流动分为定常流动（steady flow）与非定常流动（unsteady flow）。

①定常流动：流体流动过程中各物理量均与时间无关，这种流动称为定常流动。

②非定常流动：流体流动过程中某个或某些物理量与时间有关，这种流动称为非定常流动。

（5）流线与迹线。

常用流线和迹线来描述流体的流动。

迹线（track）：随着时间的变化，空间某一点处的流体质点在流动过程中所留下的痕迹称为迹线。在 $t=0$ 时刻，位于空间坐标（a,b,c）处的流体质点，其迹线方程为

$$\begin{cases} dx(a,b,c,t)=udt \\ dy(a,b,c,t)=vdt \\ dz(a,b,c,t)=wdt \end{cases} \tag{12-27}$$

式中，u、v、w分别为流体质点速度的3个分量；x、y、z为在t时刻此流体质点的空间位置。

流线（streamline）：在同一个时刻，由不同的无数多个流体质点组成的一条曲线，曲线上每一点处的切线与该质点处流体质点的运动方向平行。流场在某一 t 时刻的流线方程为

$$\frac{dx}{u(x,y,z,t)}=\frac{dy}{v(x,y,z,t)}=\frac{dz}{w(x,y,z,t)} \tag{12-28}$$

对于定常流动，流线的形状不随时间变化，而且流体质点的迹线与流线重合。在实际流场中，除驻点或奇点外，流线不能相交，不能突然转折。

（6）流量与净通量。

①流量（flux）：单位时间内流过某一控制面的流体体积称为该控制面的流量 Q，其单位为 m³/s。若单位时间内流过的流体是以质量计算，则称为质量流量 Q_m。不加说明时"流量"一词概指体积流量。在曲面控制面上有

$$Q=\iint_A v \cdot n dA \tag{12-29}$$

②净通量（net flux）：在流场中取整个封闭曲面作为控制面 A，封闭曲面内的空间称为控制体。流体经一部分控制面流入控制体，同时也有流体经另一部分控制面从控制体中流出，此时流出的流体减去流入的流体，所得出的流量称为流过全部封闭控制面 A 的净流量（或净通量），通过式（12-30）计算：

$$q=\oiint_A v \cdot n dA \tag{12-30}$$

对于不可压缩流体来说，流过任意封闭控制面的净通量等于 0。

（7）有旋流动与有势流动。

由速度分解定理可知，流体质点的运动可以分解为随同其他质点的平动、自身的旋转

运动及自身的变形运动（拉伸变形和剪切变形）。

在流动过程中，若流体质点自身做无旋运动，则称流动是无旋流动（irrotational flow），也就是有势的；否则就称流动是有旋流动（rotational flow）。流体质点的旋度是一个矢量，通常用 $\boldsymbol{\omega}$ 表示，其大小为

$$\boldsymbol{\omega} = \frac{1}{2}\begin{vmatrix} i & j & k \\ \dfrac{\partial}{\partial x} & \dfrac{\partial}{\partial y} & \dfrac{\partial}{\partial z} \\ u & v & w \end{vmatrix} \tag{12-31}$$

若 $\boldsymbol{\omega} = 0$，则称流动为无旋流动，否则就是有旋流动。

$\boldsymbol{\omega}$ 与流体的流线或迹线形状无关；黏性流动一般为有旋流动；对于无旋流动，伯努利方程适用于流场中任意两点之间；无旋流动也称为有势流动（potential flow），即存在一个势函数 $\varphi(x,y,z,t)$，满足

$$V = \mathrm{grad}\,\varphi \tag{12-32}$$

即

$$u = \frac{\partial \varphi}{\partial x}, \quad v = \frac{\partial \varphi}{\partial y}, \quad w = \frac{\partial \varphi}{\partial z} \tag{12-33}$$

（8）层流与湍流。

流体的流动分为层流流动（laminar flow）和湍流流动（turbulent flow）。从试验的角度来看，层流流动就是流体层与层之间相互没有任何干扰，层与层之间既没有质量的传递也没有动量的传递；而湍流流动中层与层之间相互有干扰，而且干扰的力度还会随着流动而加大，层与层之间既有质量的传递又有动量的传递。

判断流动是层流还是湍流，要看其雷诺数是否超过临界雷诺数。雷诺数的定义如下：

$$Re = \frac{VL}{\nu} \tag{12-34}$$

式中，V 为截面的平均速度；L 为特征长度；ν 为流体的运动黏度。

对于圆形管内流动，特征长度 L 取圆管的直径 d。一般认为临界雷诺数为 2320，即

$$Re = \frac{Vd}{\nu} \tag{12-35}$$

当 $Re < 2320$ 时，管中是层流；当 $Re > 2320$ 时，管中是湍流。

对于异形管道内的流动，特征长度取水力直径 d_{H}，则雷诺数的表达式为

$$Re = \frac{Vd_{\mathrm{H}}}{\nu} \tag{12-36}$$

异形管道水力直径的定义如下：

$$d_{\mathrm{H}} = 4\frac{A}{S} \tag{12-37}$$

式中，A 为过流断面的面积；S 为过流断面上流体与固体接触的周长。

临界雷诺数根据形状的不同而有所差别。3 种异形管道的临界雷诺数如表 12-1 所示。

表 12-1	3 种异形管道的临界雷诺数		
	正方形	正三角形	偏心缝隙
管道截面形状	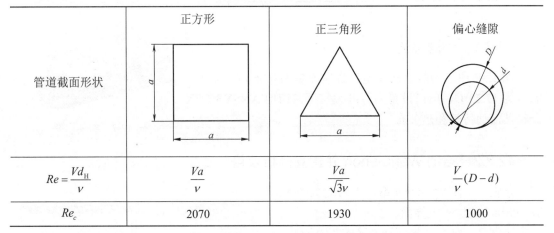		
$Re = \dfrac{Vd_{\mathrm{H}}}{v}$	$\dfrac{Va}{v}$	$\dfrac{Va}{\sqrt{3}v}$	$\dfrac{V}{v}(D-d)$
Re_c	2070	1930	1000

对于平板的外部绕流，特征长度取沿流动方向的长度，其临界雷诺数为 $5 \times 10^5 \sim 3 \times 10^6$。

12.2　实例 1——CFX 内流场分析

ANSYS CFX 是 ANSYS 公司的模拟工程实际传热与流动问题的商用程序包，是全球第一个在复杂几何、网格、求解这 3 个 CFD 传统瓶颈问题上均获得重大突破的商用 CFD 软件包，其特点如下。

（1）精确的数值方法：CFX 采用了基于有限元的有限体积法，既保证了有限体积法的守恒特性，又吸收了有限元法的数值精确性。

扫码观看
配套视频

12.2 CFX 内流场分析

（2）快速稳健的求解技术：CFX 是全球第一个发展和使用全隐式多网格耦合求解技术的商业化程序包，这种革命性的求解技术克服了传统算法需要"假设压力项—求解—修正压力项"的反复迭代过程，而同时求解动量方程和连续性方程。

（3）丰富的物理模型：CFX 拥有包括流体流动、传热、辐射、多项流、化学反应、燃烧等问题的丰富的通用物理模型；还拥有诸如气蚀、凝固、沸腾、多孔介质、相间传质、非牛顿流、喷雾干燥、动静干涉、真实气体等大量复杂现象的实用模型。

（4）领先的流固耦合技术：借助 ANSYS 在多物理场方面深厚的技术基础及 CFX 在流体力学分析方面的领先优势，ANSYS+CFX 强强联合推出了目前世界上优秀的流固耦合（FSI）技术，能够完成流固单向耦合及流固双向耦合分析。

（5）集成环境与优化技术：ANSYS Workbench 平台提供了从分析开始到结束的统一环境，使用者的工作效率得到了提高。在 ANSYS Workbench 平台下，所有设置都是统一的，并且可以和 CAD 数据相互关联，并进行参数化传递。

本节主要介绍 ANSYS Workbench 的流体动力学分析模块 ANSYS CFX，计算散热器的流动特性及热流耦合特性。

学习目标：熟练掌握 ANSYS CFX 内流场分析的基本方法及操作过程。

模型文件	配套资源\chapter 13\chapter 12-2\sanreqi_Model.agdb
结果文件	配套资源\chapter 13\chapter 12-2\Inner_Fluid.wbpj

12.2.1 问题描述

图 12-2 所示为散热器模型，进口流量为 0.066 67 kg/s，温度为 17.25℃，出口设置为标准大气压，请用 ANSYS CFX 分析其流动特性和热分布。

图 12-2 实体模型

12.2.2 启动 Workbench 并建立分析项目

步骤 1 在 Windows 系统下启动 ANSYS Workbench，进入主界面。

步骤 2 双击主界面"工具箱"中的"分析系统"→"流体流动（CFX）"选项，即可在"项目原理图"窗口创建分析项目 A，如图 12-3 所示。

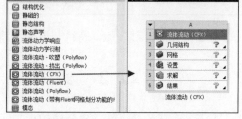

12.2.3 创建几何体模型

图 12-3 创建分析项目 A

步骤 1 在 A2"几何结构"上右击，在弹出的快捷菜单中选择"导入几何模型"→"浏览……"命令，弹出"打开"对话框。

步骤 2 在弹出的"打开"对话框中选择几何文件名为 sanreqi_Model.agdb，并单击"打开"按钮。

12.2.4 网格划分

步骤 1 双击项目 A 中的 A3"网格"，此时会出现 Meshing 界面，如图 12-4 所示。

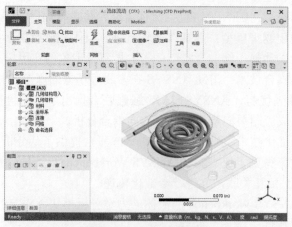

图 12-4 Meshing 界面

步骤 2 右击 SANREQI，在弹出的图 12-5 所示的快捷菜单中选择"隐藏几何体"命令。

步骤 3 此时几何体模型将被隐藏，如图 12-6 所示。

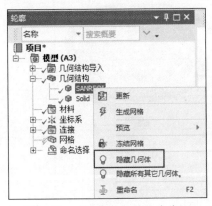

图 12-5 "隐藏几何体"命令

图 12-6 隐藏几何体之后

步骤 4 右击"项目"→"模型（A3）"→"网格"选项，在弹出的快捷菜单中选择"插入"→"尺寸调整"命令，同时在 "边缘尺寸调整"—尺寸调整的详细信息中做如下设置。

①在设置"几何结构"选项时确保一个端面上的线条被选中。

②在"定义"→"类型"选项中选择"分区数量"。

③在"分区数量"后面输入"10"，表示划分成 10 个单元，其余默认即可，如图 12-7 所示。

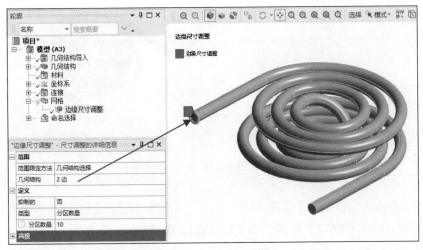

图 12-7 边缘尺寸调整

步骤 5 添加一个"膨胀"选项，并在图 12-8 所示的"膨胀"的详细信息中做如下设置：

①在设置"几何结构"选项时选中几何体。

②在设置"边界"选项时选中圆柱外表面（不包括端面）。

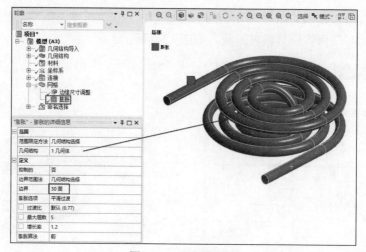

图 12-8 设置膨胀层

步骤 6 右击"项目"→"模型（A3）"→"网格"，在弹出的图 12-9 所示的快捷菜单中选择"生成网格"命令，最终的网格效果如图 12-10 所示。

图 12-9 "生成网格"命令

图 12-10 网格效果

步骤 7 取消隐藏的几何体，显示图 12-11 所示的网格模型。

步骤 8 中间某层的截面网格模型如图 12-12 所示。

步骤 9 右击"项目"→"模型（A3）"→"网格"，在弹出的快捷菜单中选择"更新"命令，单击 Meshing 界面右上角的关闭按钮，返回 Workbench 主界面。

图 12-11 网格模型

图 12-12 截面网格模型

12.2.5 流体动力学前处理

步骤 1 双击项目 A 中的 A4 "设置", 此时加载图 12-13 所示的 "A4: 流体流动 (CFX)-CFX-Pre" 流体力学前处理平台。

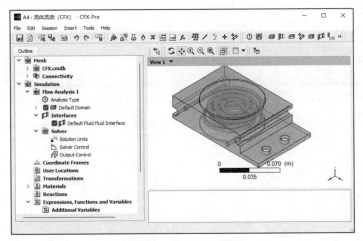

图 12-13 CFX-Pre 界面

步骤 2 单击工具栏中的 ✏ 按钮, 命名为 Fluid, 在弹出的图 12-14 所示的 Domain: Fluid 面板中的 Basic Settings 选项卡中做如下设置。

①在 Location 选项中选择 B329 (即创建的流体几何)。

②在 Domain Type 选项中选择 Fluid Domain。

③在 Material 选项中选择 Water。

在 Fluid Models 选项卡中的 Option 选项中选择 Thermal Energy, 单击 Apply 按钮, 然后单击 OK 按钮, 如图 12-15 所示。

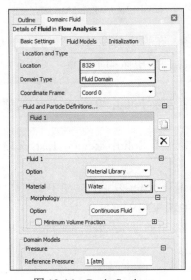

图 12-14 Basic Settings

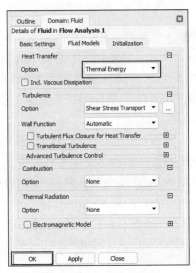

图 12-15 Fluid Models

步骤 3 单击工具栏中的 ⊟ 按钮，命名为 Solid，在弹出的图 12-16 所示的 Domain：Solid 面板中的 Basic Settings 选项卡中做如下设置。

①在 Location 选项中选择 B142（即创建的固体几何）。

②在 Domain Type 选项中选择 Solid Domain。

③在 Material 选项中选择 Aluminium。

在 Solid Models 选项卡中的 Option 选项中选择 Thermal Energy，单击 Apply 按钮，然后单击 OK 按钮，如图 12-17 所示。

图 12-16　Basic Settings

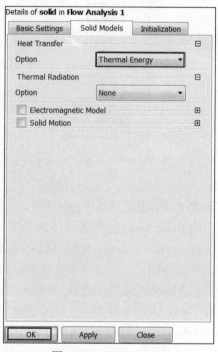

图 12-17　Solid Models

步骤 4 单击工具栏中的 ⊞ 按钮，采用默认命名，在弹出的图 12-18 所示的 Domain Interface：Domain Interface1 面板中的 Basic Settings 选项卡中做如下设置。

①Interface Type 选项中选择 Fluid Solid。

②在 Interface Side1 中 Domain（Filter）选项中选择 Fluid；Region List 选项中选择 in_interface。

③在 Interface Side2 中 Domain（Filter）选项中选择 Solid；Region List 选项中选择 out_interface，并单击 Apply 按钮。

在 Additional Interface Models 选项卡中选中 Heat Transfer 复选框，并在第一个 Option 选项中选择 Conservative Interface，单击 OK 按钮，如图 12-19 所示。

步骤 5 单击工具栏中的 ⊞ 按钮，选择 in Fluid，在弹出的图 12-20 所示的 Insert Boundary 对话框中的 Name 文本框中输入 inlet，单击 OK 按钮。

图 12-18 基本设置 图 12-19 额外设置 图 12-20 添加入口

步骤 6 此时弹出图 12-21 所示的 Boundary：Inlet 对话框，在对话框中的 Basic Settings 选项卡中做如下设置。

①在 Boundary Type 选项中选择 Inlet。

②在 Location 选项中选择 inlet。

单击 Boundary Details 选项卡，在图 12-22 所示的面板中做以下设置。

①在 Mass And Momentum 区域中的 Option 选项中选择 Mass Flow Rate。

②在 Mass Flow Rate 后面输入 0.066 67[kgs^-1]。

③在 Static Temperature 后面输入 17.25[C]，单击 OK 按钮。

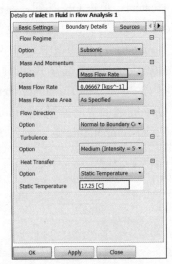

图 12-21 入口的 Basic Settings 设置 图 12-22 入口的 Boundary Details 设置

步骤 7 同样单击工具栏中的 ⊪ 按钮，选择 in Fluid，在弹出的对话框中的 Name 文本框中输入 outlet，单击 OK 按钮，弹出图 12-23 所示的 Boundary：Outlet 对话框，在对话框中的 Basic Settings 选项卡中做如下设置。

①在 Boundary Type 选项中选择 Outlet。

②在 Location 选项中选择 outlet。

单击图 12-24 所示的 Boundary Details 选项卡，做如下设置。

①在 Mass And Momentum 区域中的 Option 选项中选择 Average Static Pressure。

②在 Relative Pressure 后面输入 0[Pa]。

③在 Pres.Profile Blend 后面输入 0.05，单击 OK 按钮。

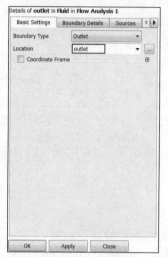

图 12-23　出口的 Basic Settings 设置

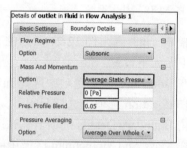

图 12-24　出口的 Boundary Details 设置

步骤 8　同样单击工具栏中的■按钮，选择 in solid，在弹出的对话框中的 Name 文本框中输入 Heater1，单击 OK 按钮，弹出图 12-25 所示的 Boundary：Wall 对话框，在对话框中的 Basic Settings 选项卡中做如下设置。

①在 Boundary Type 选项中选择 Wall。

②在 Location 选项中选择 Heater1。

单击图 12-26 所示的 Boundary Details 选项卡，做如下设置。

①在 Option 选项中选择 Temperature。

②在 Fixed Temperature 后面输入 33.04[C]，单击 OK 按钮。

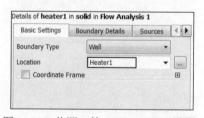

图 12-25　热源 1 的 Basic Settings 设置

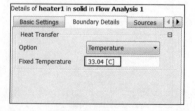

图 12-26　热源 1 的 Boundary Details 设置

步骤 9　同样单击工具栏中的■按钮，选择 in solid，在弹出的对话框中的 Name 文本框中输入 Heater2，单击 OK 按钮，弹出图 12-27 所示的 Boundary：Wall 对话框，在对话框中的 Basic Settings 选项卡中做如下设置。

①在 Boundary Type 选项中选择 Wall。

②在 Location 选项中选择 Heater2。

单击图 12-28 所示的 Boundary Details 选项卡，做如下设置。

①在 Option 选项中选择 Temperature。

②在 Fixed Temperature 后面输入 33.04[C]，单击 OK 按钮。

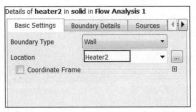

图 12-27　热源 2 的 Basic Settings 设置

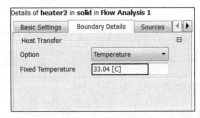

图 12-28　热源 2 的 Boundary Details 设置

步骤 10　单击工具栏中的■（保存）按钮保存文件，单击 "A4：流体流动（CFX）-CFX-Pre" 界面右上角的 "关闭" 按钮，返回 Workbench 主界面。

12.2.6　流体计算

步骤 1　在 Workbench 主界面中双击项目 A 的 A5"求解"，弹出图 12-29 所示的 Define Run 对话框。保持默认，单击 Start Run 按钮，进行计算。

步骤 2　此时会弹出图 12-30 所示的 "A5：流体流动（CFX）-CFX-Solver Manager" 对话框，对话框上面为残差曲线，下面为计算过程。

图 12-29　Define Run 对话框

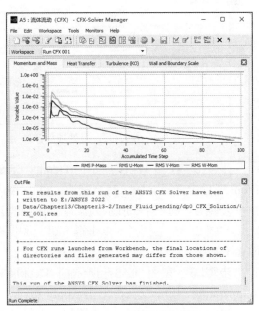

图 12-30　监察计算过程

步骤 3　计算完成后会弹出图 12-31 所示的 "Solver Run Finished Normally" 对话框，单击 OK 按钮。

图 12-31　求解完成

步骤 4　单击 "A5：流体流动（CFX）-CFX-Solver Manager" 界面右上角的 "关闭" 按钮，返回 Workbench 主界面。

12.2.7　结果后处理

步骤 1　返回 Workbench 主界面后，双击项目 A 中的 A6 "结果"，出现图 12-32 所示的 "A6：流体流动（CFX）-CFD-Post" 后处理界面。

步骤 2　在工具栏中单击 ≋ 按钮，弹出图 12-33 所示的创建流迹线对话框，Name 保持默认，单击 OK 按钮。

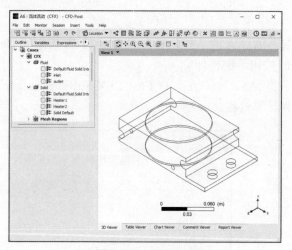

图 12-32　后处理界面

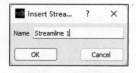

图 12-33　创建流迹线

步骤 3　在图 12-34 所示的 Details of Streamline 1 面板中 Geometry 选项卡中的 Start From 选项中选择 inlet，其余默认，单击 Apply 按钮。

步骤 4　图 12-35 所示为流体流速迹线云图。

步骤 5　在工具栏中单击 🔲 按钮，弹出图 12-36 所示创建云图对话框，Name 保持默认，单击 OK 按钮。

步骤 6　在图 12-37 所示的 Details of Contour 1 面板中的 Variable 选项中选择 Temperature，其余默认，单击 Apply 按钮。

步骤 7　图 12-38 所示为流体温度场分布云图。

步骤 8　读者也可以在工具栏中添加其他命令，这里不再讲述。

步骤 9　单击工具栏中的 🔲（保存）按钮保存文件，单击 "A6：流体流动（CFX）-CFD-Post" 界面右上角的 "关闭" 按钮，返回 Workbench 主界面。

图 12-34 设置流迹线

图 12-35 流体流速迹线云图

图 12-36 创建云图

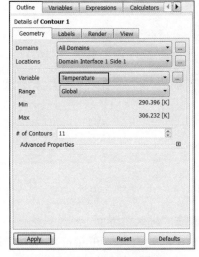

图 12-37 设置云图

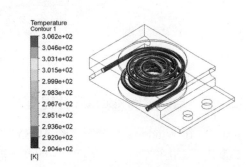

图 12-38 流体温度场分布云图

12.3 实例 2——FLUENT 流场分析

FLUENT 是用于模拟具有复杂外形的流体流动及热传导的计算机程序包，其提供了完全的网格灵活性，用户可以使用非结构网格（例如，二维的三角形或四边形网格，三维的四面体或六面体或金字塔形网格）来解决具有复杂外形结构的流动。FLUENT 具有以下模拟能力：

- 用非结构自适应网格模拟2D或3D流场；
- 不可压缩或可压缩流动；
- 定常状态或者过渡分析；
- 无黏、层流和湍流；
- 牛顿流和非牛顿流；
- 对流热传导，包括自然对流和强迫对流；
- 耦合传热和对流；

扫码观看
配套视频

12.3 FLUENT 流场
分析

● 辐射换热传导模型等。

本节主要介绍 ANSYS Workbench 的流体分析模块 FLUENT 的流体分析方法及求解过程，计算房间内流场及温度分布情况。

学习目标：熟练掌握 FLUENT 的流体分析方法及求解过程。

模型文件	配套资源\chapter 12\chapter 12-3\ FLUENT.house.agdb
结果文件	配套资源\chapter 12\chapter 12-3\FLUENT.wbpj

12.3.1 问题描述

图 12-39 所示为结构模型，模型的入口流速为 10 m/s，出口为压力出口。

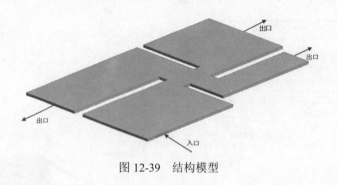

图 12-39 结构模型

12.3.2 启动 Workbench 并建立分析项目

步骤 1 在 Windows 系统下启动 ANSYS Workbench，进入主界面。

步骤 2 双击主界面"工具箱"中的"分析系统"→"流体流动（Fluent）"选项，即可在"项目原理图"窗口创建分析项目 A，如图 12-40 所示。

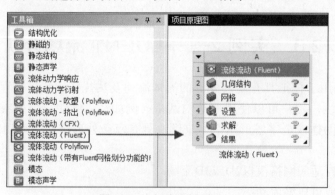

图 12-40 创建分析项目 A

12.3.3 导入几何体模型

步骤 1 在 A3"几何结构"上右击，在弹出的快捷菜单中选择"导入几何模型"→"浏览……"命令，弹出"打开"对话框。

步骤 2　在弹出的"打开"对话框中选择文件路径，导入 FLUENT_house.agdb 几何体文件，此时 A3"几何结构"后的 ❓ 变为 ✔，表示实体模型已经存在。

步骤 3　双击项目 A 中的 A3"几何结构"，进入 DesignModeler 界面，设置单位为"毫米"，模型显示后如图 12-41 所示。

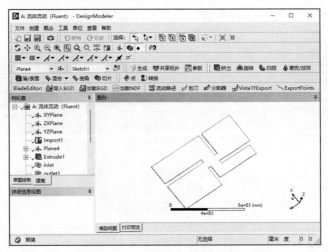

图 12-41　DesignModeler 界面

12.3.4　网格划分

步骤 1　双击项目 A 中的 A3"网格"，此时会出现 Meshing 界面，如图 12-42 所示。

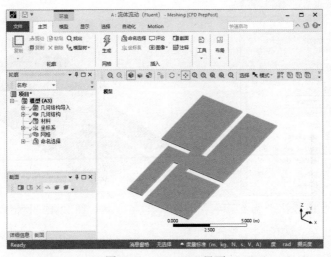

图 12-42　Meshing 界面

步骤 2　右击"项目"→"模型（A3）"→"网格"-尺寸调整，在弹出的快捷菜单中选择"插入"→"尺寸调整"命令，同时在出现的"边缘尺寸调整"—尺寸调整的详细信息面板中做如下设置。

①在设置"几何结构"选项时确保几何体的所有边被选中，此时"几何结构"选项中

显示"72 边"。

②在"定义"→"单元尺寸"后面输入 0.1 m，将网格大小设置为 0.1 m，其余默认，如图 12-43 所示。

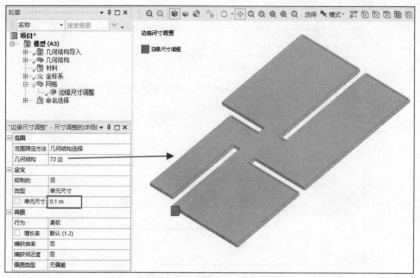

图 12-43　边缘尺寸调整

步骤 3　右击"项目"→"模型（A3）"→"网格"，在弹出的图 12-44 所示的快捷菜单中选择"生成网格"命令，最终的网格效果如图 12-45 所示。

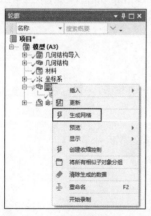

图 12-44　"生成网格"命令

图 12-45　网格效果

步骤 4　右击"项目"→"模型（A3）"→"网格"，在弹出的快捷菜单中选择"更新"命令，关闭 Meshing 网格划分平台，回到 Workbench 平台。

12.3.5　进入 FLUENT 平台

步骤 1　FLUENT 前处理操作。双击项目 A 中的 A4"设置"，弹出图 12-46 所示的 FLUENT 启动设置对话框，保持对话框中的所有设置为默认即可，单击 Start 按钮。

步骤 2　此时出现图 12-47 所示的 FLUENT 界面。

图 12-46　Fluent 启动设置对话框

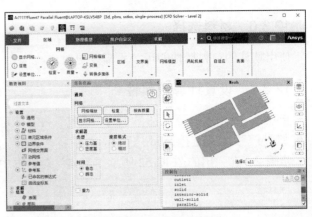

图 12-47　FLUENT 界面

步骤3　单击"概要视图"中的"设置"→"通用"命令，在中间的"通用"面板中单击"检查"按钮，此时在右下角的命令输入窗口中出现图 12-48 所示的命令行，检查最小体积是否出现负数。

步骤4　单击"概要视图"中的"设置"→"模型"命令，在"模型"面板中双击 Viscous-SST k-omega 选项命令，在弹出的图 12-49 所示的"黏性模型"对话框中选中 k-epsilon（2 eqn）单选按钮，其余保持默认，并单击 OK按钮确认模型选择。

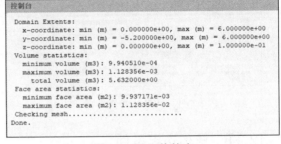

图 12-48　网格检查

步骤5　单击"概要视图"中的"设置"→"模型"命令，在"模型"面板中双击 Energy-Off 命令，在弹出的图 12-50 所示的"能量"对话框中选中"能量方程"复选框，并单击 OK 按钮确认选择。

图 12-49　黏性模型选择

图 12-50　选中"能量方程"复选框

12.3.6 材料选择

使用默认的材料属性即可，不需要更改。

12.3.7 设置计算域属性

步骤 1 单击"概要视图"中的"设置"→"单元区域条件"，在"单元区域条件"面板中的"区域"列表中选择 solid 几何体，然后将"类型"设置为 fluid，如图 12-51 所示。

步骤 2 在弹出的图 12-52 所示"流体"对话框中单击"应用"按钮。

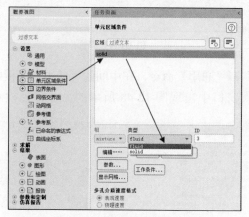

图 12-51 设置计算域属性

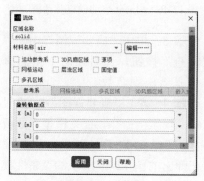

图 12-52 应用

12.3.8 流体边界条件

步骤 1 单击"概要视图"中的"设置"→"边界条件"，在"边界条件"面板的"区域"中双击 inlet 选项，在弹出的图 12-53 所示的"速度入口"对话框中做如下设置：在"速度大小［m/s］"后面输入"10"，在"设置"选项中选择 Intensity and Length Scale，在"湍流强度［%］"后面输入"5"，在"湍流长度尺度［m］"后面输入"0.5"。

步骤 2 单击"热量"选项卡，设置"温度［k］"为"280"，如图 12-54 所示，并单击"应用"按钮应用并退出。

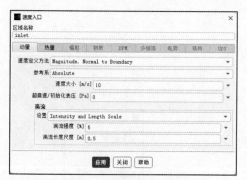

图 12-53 设置入口速度

图 12-54 设置入口温度

步骤3 在"边界条件"面板的"区域"中双击outlet1，在弹出的图12-55所示的"压力出口"对话框中做如下设置：在"表压[Pa]"后面输入"0"，在"设置"选项中选择Intensity and Length Scale选项，在"回流湍流强度[%]"后面输入"5"，在"回流湍流长度尺度[m]"后面输入"0.5"，单击"应用"按钮应用并退出。

步骤4 参照步骤3，采取相同的参数设置outlet2及outlet3。

步骤5 将wall-solid的边界条件类型由wall修改为symmetry，如图12-56所示。

图12-55 设置压力出口

图12-56 边界条件类型修改

12.3.9 求解器设置

步骤1 单击"概要视图"中的"求解"→"初始化"，在图12-57所示的"解决方案初始化"面板中做如下设置：在"初始化方法"区域中选中"混合初始化（Hybrid Initialization）"单选按钮，单击"初始化"按钮完成初始化。

步骤2 单击"概要视图"中的"求解"→"运行计算"命令，在图12-58所示的"运行计算"面板中做如下设置：在"迭代次数"中输入"1000"，其余保持默认即可，单击"开始计算"按钮进行计算。

图12-57 初始化设置

图12-58 迭代次数设置

步骤 3 图 12-59 所示为 FLUENT 正在计算残差曲线。

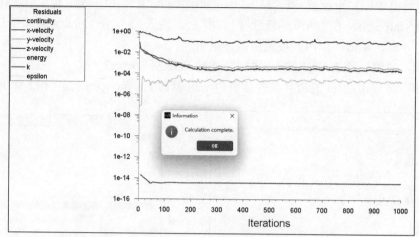

图 12-59　计算残差曲线

12.3.10　结果后处理

为了更好地进行结果分析，下面将创建分析截面 Z=0.05，具体操作步骤如下。

步骤 1 右击"概要视图"中的"结果"→"表面"，在弹出的快捷菜单中选择"创建"→"平面"命令，如图 12-60 所示，弹出"平面"对话框。

步骤 2 在"新面名称"文本框中输入 Z=0.05，在"方法"下拉列表框内选择 XY Plane，在 Z[m]文本框中输入"0.05"，单击"创建"按钮完成平面 Z=0.05 创建，如图 12-61 所示。

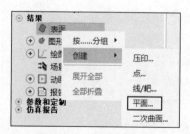

图 12-60　创建平面命令

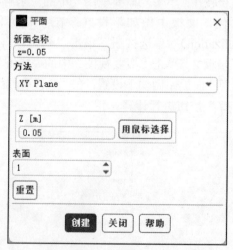

图 12-61　"平面"对话框

步骤 1 单击"结果"→"图形"，打开"图形和动画"面板。

步骤 2 双击"图形"列表中的 Contours 选项，打开"云图"对话框，在"着色变量"的第一个下拉列表中选择 Velocity，在"表面"列表中选择 Z=0.05，如图 12-62 所示，单击"保存/显示"按钮。

图 12-62　设置速度云图绘制选项

步骤 3　图 12-63 所示为流速分布云图。

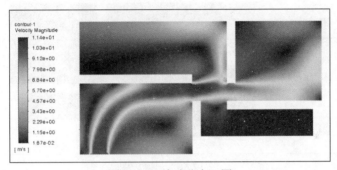

图 12-63　流速分布云图

步骤 4　双击"图形"列表中的 Vectors 选项，打开"矢量"对话框，在"着色变量"的第一个下拉列表中选择 Velocity，在"表面"列表中选择 Z=0.05，如图 12-64 所示，单击"保存/显示"按钮。

图 12-64　设置速度矢量绘制选项

步骤 5 图 12-65 所示为流速矢量云图。

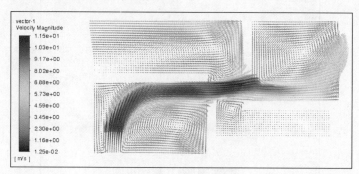

图 12-65 流速矢量云图

步骤 6 重复以上操作，选择温度选项即可显示图 12-66 所示的温度云图。

图 12-66 温度云图

步骤 7 关闭 FLUENT 平台。

12.3.11 保存与退出

步骤 1 在 Workbench 主界面中单击工具栏中的 ■（保存）按钮，在弹出的"另存为"对话框的"文件名"文本框中输入"FLUENT"，单击"保存"按钮保存包含分析结果的文件。

步骤 2 单击右上角的"关闭"按钮，退出 Workbench 主界面，完成项目分析。

12.4　本章小结

本章介绍了 ANSYS CFX 及 ANSYS FLUENT 模块的流体动力学分析功能，通过两个典型实例详细介绍了 ANSYS CFX 及 ANSYS FLUENT 流体动力学分析的一般步骤，其中包括几何体模型的导入、网格划分、求解器设置、求解计算及后处理等。通过本章的学习，读者应该对流体动力学分析的过程有详细的了解。

第13章　多物理场耦合分析

本章首先对多物理场的概念进行简要介绍，并通过 4 个典型实例详细讲解电磁-热-结构耦合分析、电磁-结构耦合分析、流体-结构耦合分析及电磁-热流耦合分析的操作步骤。

ANSYS Workbench 平台的优势在于可以很方便地进行多物理场耦合分析。通过简单的拖曳功能即可完成几何数据的共享及载荷的传递操作。

学习目标：

（1）了解多物理场的基本概念及 Workbench 平台的多物理场分析能力；

（2）熟练掌握电磁-热-结构耦合分析的操作方法及操作过程；

（3）熟练掌握电磁-结构耦合分析的操作方法及操作过程；

（4）熟练掌握流体-结构耦合分析的操作方法及操作过程；

（5）熟练掌握电磁-热流耦合分析的操作方法及操作过程。

13.1　多物理场耦合分析简介

自然界中存在 4 种场：位移（应力应变）场、电磁场、温度场、流场。工程中使用的软件可以进行这些场的单场分析。但是，自然界中这 4 个场之间是互相联系的，现实世界不存在纯粹的单场，遇到的所有物理场都是多物理场耦合的，只是受到硬件或者软件的限制，人为将它们分成单场，各自进行分析。有时这种分离是可以接受的，但有时候这样计算将得到错误结果。因此，在条件允许时，应该进行多物理场耦合分析。

13.1.1　多物理场耦合分析的基本概念

多物理场耦合分析是考虑两个或两个以上工程学科（物理场）间相互作用的分析。例如，流体与结构的耦合（流固耦合）分析、电磁与结构耦合分析、电磁与热耦合分析、热与结构耦合分析、电磁与流体耦合分析、流体与声学耦合分析、结构与声学耦合（振动声学）分析等。

以流固耦合为例，流体流动的压力作用到结构上，结构产生变形，而结构的变形又影响了流体的流道，因此是相互作用的问题。

再如，通有电流的螺线管会在其周围产生磁场，同时通有电流的螺线管在磁场中会受到磁场力的作用而产生变形，变形会使得螺线管的磁场分布发生变化，因此是相互作用的问题。

耦合分析总体来说分为两种：单向耦合与双向耦合。

（1）单向耦合：以流固耦合分析为例，如果结构在流道中受到流体压力产生的变形很小，忽略掉亦可满足工程计算的需要，则不需要将变形反馈给流体，这样的耦合称为单向耦合。

（2）双向耦合：以流固耦合分析为例，如果结构在流道中受到的流体的压力很大，或者即使压力很小也不能被忽略掉，则需要将结构变形反馈给流体，这样的耦合称为双向耦合。

ANSYS Workbench 新版本的仿真平台具有多物理场的耦合分析的能力，具体如下。

（1）流体-结构耦合（CFX 与 Mechanical 或者 FLUENT 与 Mechanical）。

（2）流体-热耦合（CFX 与 Mechanical 或者 FLUENT 与 Mechanical）。

（3）流体-电磁耦合（FLUENT 与 ANSOFT Maxwell）。

（4）热-结构耦合（Mechanical）。

（5）静电-结构耦合（Mechanical）。

（6）电磁-热耦合（ANSOFT Maxwell 与 Mechanical）。

（7）电磁-结构-噪声（ANSOFT Maxwell 与 Mechanical 与 ACTRAN）。

以上耦合为场耦合分析方法，其中部分分析能实现双向耦合计算。

除此之外，自从 ANSYS 14 版本发行以来，ANSYS Workbench 软件还可与 ANSOFT Simplorer 软件集成在一起实现场路耦合计算。

场路耦合计算适合于进行电机、电力电子装置及系统、交直流传动、电源、电力系统、汽车部件、汽车电子与系统、航空航天、船舶装置与控制系统、军事装备仿真等领域的分析。

> 提示：由于篇幅限制，本章介绍的分析方法均为单向耦合分析。

13.1.2 多物理场应用场合

ANSYS Workbench 平台多物理场耦合分析可以分析上述 4 个基本场之间的相互耦合，其应用场合包括以下方面。

（1）流固耦合：① 汽车燃料喷射器、控制阀、风扇、水泵等；② 航天飞机机身及推进系统及其部件；③ 可变形流动控制设备、生物医学上血流的导管及阀门、人造心脏瓣膜等；④ 纸处理应用、一次性尿布制造过程。

（2）压电应用：① 换能器、应变计、传感器等；② 麦克风系统；③ 喷墨打印机驱动系统。

（3）热-电耦合：① 载流导体、汇流条等；② 电动机、发电机、变压器等；③ 断路器、电容器、电抗器等；④ 电子元件及电子系统；⑤ 热-电冷却器。

（4）MEMS 应用：① MEMS 梳状驱动器（电-结构耦合）；② MEMS 扭转谐振器（电-结构耦合）；③ MEMS 加速计（电-结构耦合）；④ MEMS 微泵（压电-流体耦合）；⑤ MEMS 热-机械执行器（热-电-结构耦合）；⑥ 其他大量的 MEMS 装置等。

13.2 实例 1——Maxwell 和 Mechanical 电磁-热-结构耦合分析

本节主要介绍 ANSYS Workbench 的电磁场分析模块 Maxwell 的建模方法及求解过程，

计算铝方板的温度分布及热应力。

学习目标：

熟练掌握 Maxwell 的建模方法及求解过程，同时掌握电磁-热-结构耦合分析方法。

模型文件	无
结果文件	配套资源\chapter 13\chapter 13-2\magnetostructure.wbpj

13.2.1　问题描述

图 13-1 所示几何模型为铜线圈下面放置一个一侧开有方孔的铝方板。当铜线圈中有电流流过时，计算铝方板感应出来的温度和温度场分布情况，以及当铝方板 4 个面固定时，计算热应力分布情况。

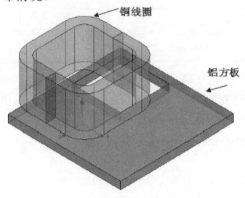

铜线圈

铝方板

图 13-1　几何模型

13.2.2　启动 Workbench 并建立电磁分析项目

步骤 1　在 Windows 系统下启动 ANSYS Workbench，进入主界面。

步骤2　双击 Workbench 平台左侧的"工具箱"→"分析系统"中的 Maxwell 3D（Maxwell 3D 电磁场分析模块），此时在"项目原理图"窗口中出现电磁场分析流程图表，如图 13-2 所示。

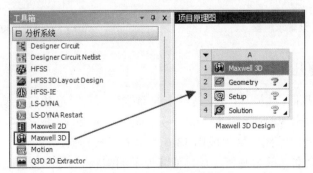

图 13-2　电磁场分析流程图表

步骤 3 双击表 A 中的 A2 "Geometry" 进入 Maxwell 软件界面，如图 13-3 所示。在 Maxwell 软件中可以完成几何建立与有限元分析的流程操作。

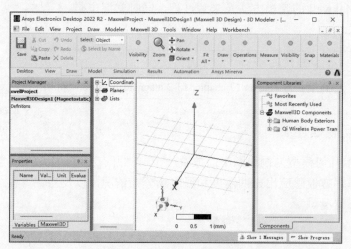

图 13-3 Maxwell 软件界面

步骤 4 设置求解器。单击菜单栏中的 Maxwell 3D→Solution Type...命令，在弹出的图 13-4 所示的 Solution Type 设置对话框中选中 Eddy Current 单选按钮，并单击 OK 按钮。

步骤 5 设置单位。单击菜单栏中的 Modeler→Units...命令，在弹出的图 13-5 所示的 Set Model Units 对话框中将单位设置成 mm，并单击 OK 按钮。

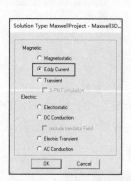

图 13-4 设置求解器

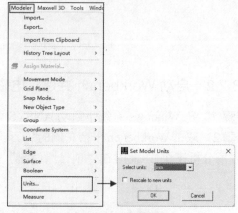

图 13-5 设置单位

13.2.3 创建几何体模型

步骤 1 绘制几何模型。单击工具栏中的 按钮创建矩形几何，单击绘图区域的坐标原点，然后在右下角出现的相对坐标长度中分别输入 dX=294，dY=294，dZ=19，并按 Enter 键完成坐标输入，此时绘图区域生成图 13-6 所示的矩形几何。

步骤 2 几何命名。单击几何实体，使其处于加亮状态，此时左侧会弹出 Properties 对话框，在对话框中将 Name 的 Value 设置为 Stock，其余默认，如图 13-7 所示。

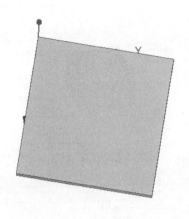

图 13-6 矩形几何

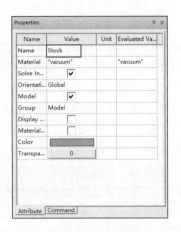

图 13-7 几何命名

步骤 3 绘制几何模型。单击工具栏中的 按钮创建矩形几何，在绝对坐标中输入 X=18，Y=18，Z=0，然后在右下角出现的相对坐标长度中分别输入 dX=126，dY=126，dZ=19，并按 Enter 键完成坐标输入，此时绘图区域生成图 13-8 所示的矩形几何。

步骤 4 几何命名。单击几何实体，使其处于加亮状态，此时左侧会弹出 Properties 对话框，在对话框中将 Name 的 Value 设置为 Hole，其余默认，如图 13-9 所示。

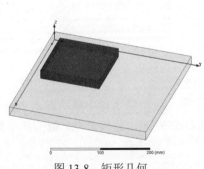

图 13-8 矩形几何

图 13-9 几何命名

步骤 5 布尔运算。选中所有几何并单击工具栏中的 按钮，对两个几何进行减运算，此时弹出图 13-10 所示的 Substract 对话框，在对话框中确保 Blank Parts 列表中选中 Stock 实体，Tool Parts 列表中选中 Hole，然后单击 OK 按钮完成减运算，此时几何实体如图 13-11 所示。

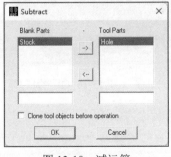

图 13-10 减运算

图 13-11 相减后的几何

步骤 6　绘制几何模型。单击工具栏中的 按钮创建矩形几何，在绝对坐标中输入 X=119，Y=25，Z=49，然后在右下角出现的相对坐标长度中分别输入 dX=150，dY=150，dZ=100，并按 Enter 键完成坐标输入，此时绘图区域生成图 13-12 所示的矩形几何。

步骤 7　几何命名。按照与步骤 2 相同的操作，设置几何名称为 Coil_Hole。

步骤 8　创建倒圆角。将鼠标选择器过滤成为边选择，然后选中 4 条竖直方向的边，如图 13-13 所示。

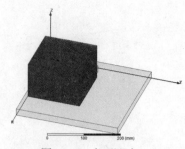

图 13-12　矩形几何

步骤 9　依次单击菜单栏 Modeler→Fillet 命令，并在弹出来的 Fillet Properties 对话框中将倒圆角半径设置成 25mm，如图 13-14 所示。

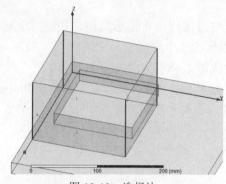

图 13-13　选择边

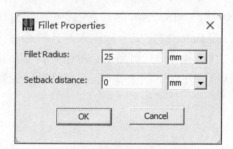

图 13-14　设置倒圆角

步骤 10　完成倒圆角后的几何模型如图 13-15 所示。

步骤 11　单击工具栏中的 按钮创建矩形几何，在绝对坐标中依次输入 X=94，Y=0，Z=49，在相对坐标中分别输入 dX=200，dY=200，dZ=100，并按 Enter 键完成坐标输入，此时绘图区域生成图 13-16 所示的矩形几何。

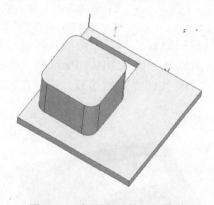

图 13-15　倒圆角后的几何模型

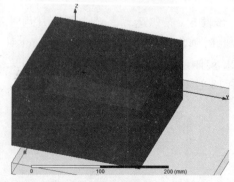

图 13-16　矩形几何模型

步骤 12　按照与步骤 2 相同的操作，设置几何名称为 coil。

步骤 13　选择 4 条竖直方向的边，然后设置倒圆角半径为 50 mm，完成后的几何模型如图 13-17 所示。

步骤 14 布尔运算。用外面的几何模型减去内部的几何模型，运算完成后如图 13-18 所示。

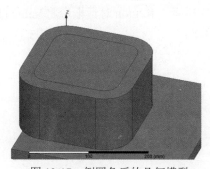

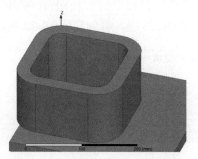

图 13-17 倒圆角后的几何模型　　　图 13-18 布尔运算后的几何模型

步骤 15 创建用户坐标系。单击工具栏中的 ⚓ 按钮，分别输入 X=200，Y=100，Z=0 完成坐标系平移。

步骤 16 选择 coil 几何，依次单击菜单栏 Modeler→Surface→Section…命令，在弹出的 Section 对话框中选中 XZ 单选按钮并单击 OK 按钮，几何生成两个截面，如图 13-19 所示。

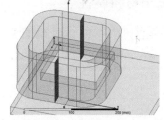

图 13-19 截面设置与生成

步骤 17 保持两个截面处于高亮状态，依次单击菜单栏 Modeler→Boolean→Separate Bodies 命令，此时两个截面被分开。

步骤 18 右击 coil-Section1-Separate1 命令，在弹出的快捷菜单中依次选择 Edit→Delete 命令，如图 13-20 所示。

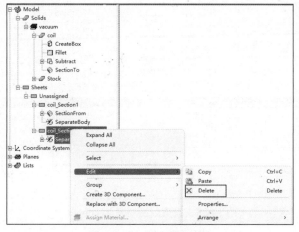

图 13-20 截面删除命令

13.2.4 求解域的设置

单击工具栏中的 ⬚ 按钮，在弹出的图 13-21 所示的 Region 对话框中将 Value 设置为 300，并单击 OK 按钮，将创建图 13-22 所示的求解域。

图 13-21 输入求解域大小

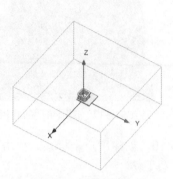

图 13-22 创建求解域

13.2.5 赋予材料属性

步骤 1 在模型树中右击 coil 模型名，在弹出的快捷菜单中选择 Assign Material… 命令，在弹出的 Select Definition 对话框的 Materials 选项卡中选择 copper 作为线圈的材料，如图 13-23 所示。

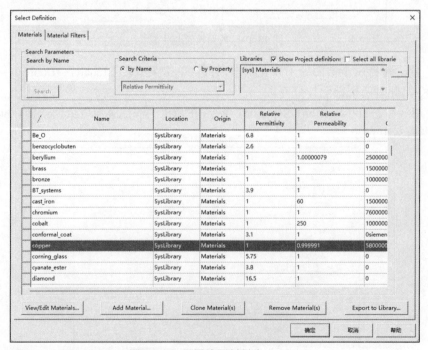

图 13-23 设置线圈材料为 copper

步骤 2 同样方法设置底板的材料为 aluminum，如图 13-24 所示。

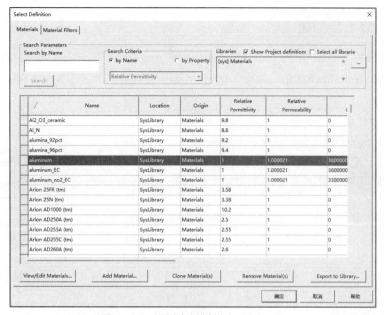

图 13-24 设置底板材料为 aluminum

步骤 3 求解域默认为真空 Vacuum。

13.2.6 添加激励

步骤 1 创建激励。单击左侧模型树中的 coil_Section1 或右击图 13-25 所示的线圈截面，在弹出的快捷菜单中选择 Assigned Excitation→Current…命令，此时会弹出图 13-26 所示的 Current Excitation 对话框，在该对话框的 Value 中输入 2742A，选中 Stranded 单选按钮，再单击 OK 按钮，完成参数的设置。

图 13-25 创建激励

步骤 2 依次单击菜单栏 Maxwell 3D→Excitations→Set Eddy Effects…命令，在弹出的 Set Eddy Effect 对话框中选中 Stock 复选框，并单击 OK 按钮，如图 13-27 所示。

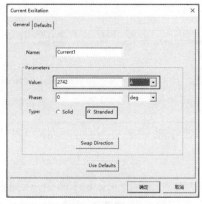

图 13-26 设置激励数值

图 13-27 设置涡流效应

13.2.7   分析步创建

添加一个分析步。右击 Project Manager 中的 Analysis，在弹出的图 13-28 所示的快捷菜单中选择 Add Solution Setup…命令，此时会弹出图 13-29 所示的 Solve Setup 对话框，进行如下设置：

①在 General 选项卡中设置 Percent Error 为 2；

②在 Convergence 选项卡中设置 Refinement 值为 50%；

③在 Solver 选项卡中设置 Adaptive Frequency 值为 200 Hz，同时选中 Use higher order shape fuction 复选框，单击"确定"按钮，此时在 Analysis 下会出现一个 Setup1 命令。

图 13-28   添加分析步

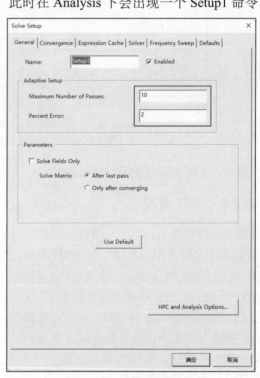

图 13-29   分析步参数设置

13.2.8   模型检查与计算

通过上面的操作步骤，有限元分析的前处理工作全部结束，为了保证顺利完成计算，需要先检查一下前处理的所有操作是否正确。

步骤 1   模型检查。单击工具栏的✓按钮，出现图 13-30 所示的 Validation Check 对话框，绿色对号说明前处理的基本操作步骤没有问题。

> **提示**：如果出现了❌，说明前处理过程中某些步骤有问题，请根据右侧的提示信息进行检查。

步骤 2   求解计算。右击 Project Manager 中的 Analysis→Setup1 命令，在弹出的图 13-31 所示的快捷菜单中选择 Analyze 命令，进行求解计算，求解需要一定的时间。

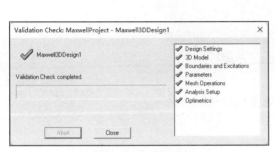

图 13-30　模型检查

图 13-31　求解计算

13.2.9　后处理

步骤 1　底板的涡流分布。求解完成后，右击 Stock 模型，在弹出的图 13-32 所示的快捷菜单中选择 Fields→J→Mag_J 命令，此时弹出图 13-33 所示的 Create Field Plot 对话框。

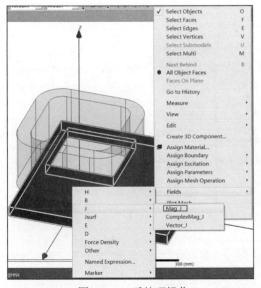

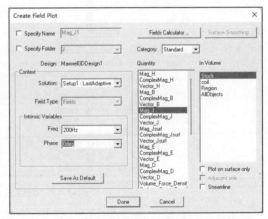

图 13-32　后处理操作

图 13-33　选择后处理实体

步骤 2　在 Create Field Plot 对话框中的 Quantity 列表中选择 Mag_J，在 In Volume 列表中选择 Stock。涡电流密度云图如图 13-34 所示。

步骤 3　单击"保存"按钮，保存文档名为 magnetostructure，然后单击"关闭"按钮关闭 Maxwell 3D 软件，返回 Workbench 主界面。

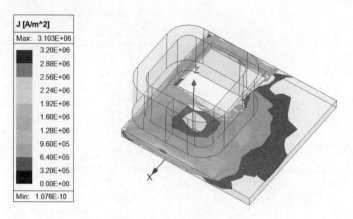

图 13-34　涡电流密度云图

13.2.10　创建热学分析和数据共享

步骤 1　在 Workbench 主界面中，右击图 13-35 所示的 A4 "Solution"，在弹出的快捷菜单中选择 "将数据传输到新建" → "稳态热" 命令，此时会在 A 表的右侧出现一个 B 表，同时出现 A4 与 B5 连接曲线，这说明 A4 的结果数据可以作为 B5 的外载荷使用。

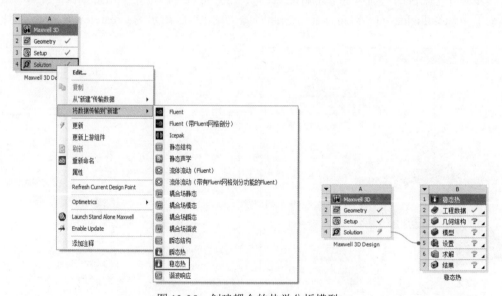

图 13-35　创建耦合的热学分析模型

步骤 2　共享几何模型数据。单击 A2 "Geometry" 不放拖曳到 B3 "几何结构" 中。

步骤 3　右击 B3 "几何结构"，在弹出的快捷菜单中选择 "更新" 命令，如图 13-36 所示，当数据被成功读入后，会在 B3 后面出现 ✔。

步骤 4　启动 DesignModeler。右击 B3 "几何结构"，在弹出的快捷菜单中选择 "在 DesignModeler 中编辑几何结构…" 命令，如图 13-37 所示。在 DesignModeler 操作界面里，将单位设置为 "毫米"。

图 13-36　共享几何模型数据　　　　　　图 13-37　编辑几何结构命令

步骤 5　共享数据模型导入。右击左侧模型树中的 Import1，在弹出的快捷菜单中选择"生成"命令，几何模型被显示到 DesignModeler 绘图区域中，如图 13-38 所示，单击"保存"按钮并关闭 DesignModeler，回到 Workbench 主界面。

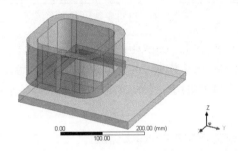

图 13-38　几何模型

步骤 6　损耗数据传递。在 Workbench 主界面中，右击 A4 "Solution"，在弹出的快捷菜单中选择"更新"命令，经过数分钟的计算，A4 后面的 变成 ，如图 13-39 所示，说明 A4 数据已经成功传递给 B5。

图 13-39　数据传递

13.2.11　材料设定

步骤 1　双击项目 A 中的 A2 "工程数据"项，进入图 13-40 所示的材料参数设置界面，在该界面下即可进行材料参数设置。

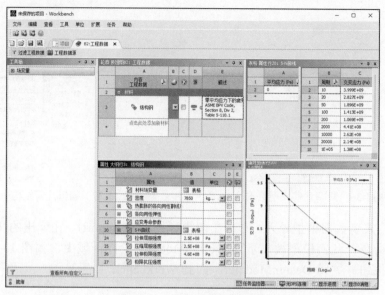

图 13-40 材料参数设置界面

步骤 2 在界面的空白处右击，在弹出的快捷菜单中选择"工程数据源"。

步骤 3 在"工程数据源"表中选择 A4"一般材料"，然后单击"轮廓 General Materials"表中 A11 "铝合金"后的 B11 中的 ⊞ 按钮，此时在 C11 中会显示 ◢ 标识，如图 13-41 所示，标识材料添加成功。

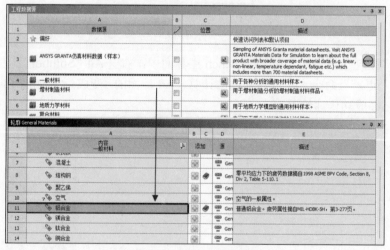

图 13-41 添加材料

步骤 4 同步骤 2，在界面的空白处右击，在弹出的快捷菜单中选择"工程数据源"，返回初始界面。

步骤 5 单击工具栏中的 ⊡项目 选项卡，切换到 Workbench 主界面，材料库添加完毕。

13.2.12 添加模型材料属性

步骤 1 双击 B4"模型"，进入图 13-42 所示的 Mechanical 操作界面。

图 13-42 Mechanical 操作界面

步骤 2 在温度场分布计算时不需要刚才创建的截面，所以需要隐藏，并同时隐藏 coil 几何体。

步骤 3 赋予材料属性。单击模型树中的"模型（B4）"→"几何结构"→Stock，在"Stock"的详细信息中"材料"→"任务"选项中选择"铝合金"，如图 13-43 所示。

图 13-43 赋予材料属性

13.2.13 网格划分

步骤 1 网格设置。右击"项目"→"模型（B4）"→"网格"，在弹出的快捷菜单中选择"插入"→"方法"命令，如图 13-44 所示。

步骤2 如图13-45所示，在"自动方法"-方法的详细信息中设置"几何结构"时选中Stock模型，其余默认即可。

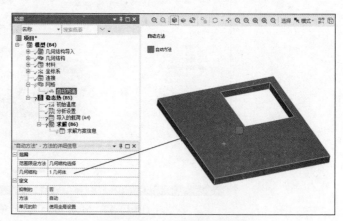

图13-44 插入网格划分方法　　　　　　图13-45 自动网格划分设置

步骤3 右击"网格"命令，在弹出的快捷菜单中选择"生成网格"命令，划分完成后的网格如图13-46所示。

13.2.14 添加边界条件与映射激励

步骤1 添加边界条件。选中图13-47所示几何体设置对流换热系数，在"对流"的详细信息中做如下设置。

①在设置"几何结构"选项时选中铝方板。

②在"薄膜系数"后面输入$5W/m^2 \cdot ℃$。

步骤2 映射损耗到结构网格上。右击"导入的5载荷（A4）"，在弹出的快捷菜单中选择"插入"→"热生成"命令，如图13-48所示。

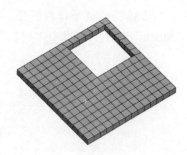

图13-46 网格生成

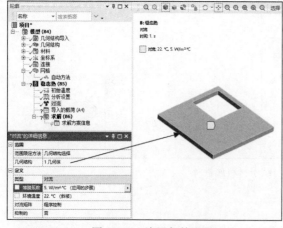

图13-47 边界条件设置

图13-48 映射损耗

步骤3 在设置"几何结构"时选中绘图区域中的Stock模型，如图13-49所示。

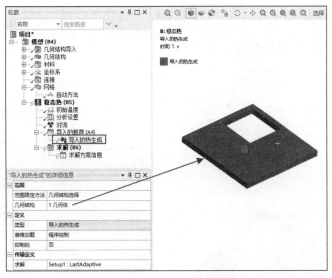

图 13-49　选中 Stock 模型

步骤 4　右击"导入的热生成",在弹出的快捷菜单中选择"导入载荷"命令,如图 13-50 所示,经过一段时间的计算,映射完后的损耗云图如图 13-51 所示。

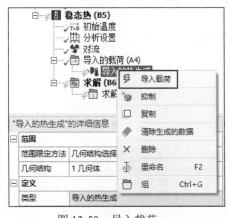

图 13-50　导入载荷

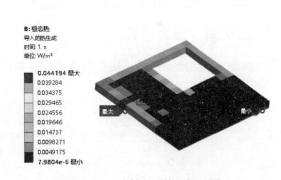

图 13-51　映射完后的损耗云图

13.2.15　求解计算

右击"稳态热(B5)",在弹出的快捷菜单中选择"求解"命令进行求解计算,如图 13-52 所示。

13.2.16　后处理

步骤 1　温度分布云图设置。右击"求解(B6)",在弹出的快捷菜单中选择"插入"→"热"→"温度"命令,如图 13-53 所示,添加温度分布云图。

步骤 2　温度分布云图如图 13-54 所示。

图 13-52　"求解"命令

步骤 3 同理可以添加热流分布云图，如图 13-55 所示。

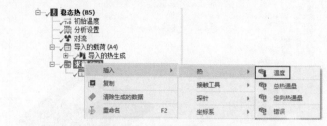

图 13-53 温度分布云图设置

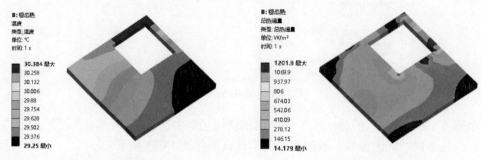

图 13-54 温度分布云图　　　　　　图 13-55 热流分布云图

步骤 4 保存并单击"关闭"按钮退出，返回 Workbench 主界面。

13.2.17 应力计算

步骤 1 创建"静态结构"分析项目，如图 13-56 所示。

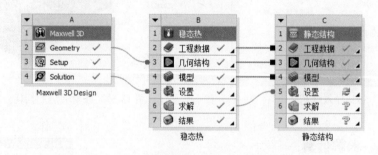

图 13-56 创建"静态结构"分析项目 C

步骤 2 双击 C5"设置"，进入"静态结构"界面，并固定 4 个面，如图 13-57 所示。

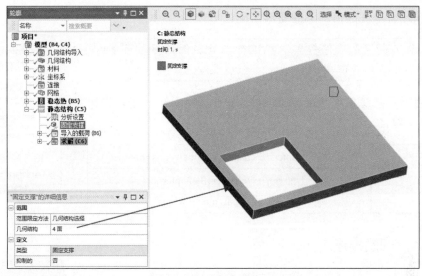

图 13-57　边界条件设置

步骤 3　求解计算。

步骤 4　查看应力分布云图，如图 13-58 所示。查看总变形云图，如图 13-59 所示。

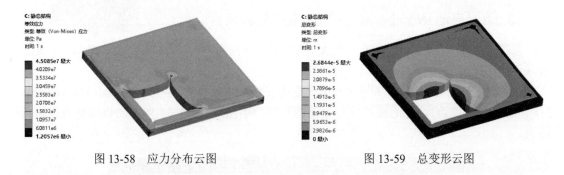

图 13-58　应力分布云图　　　　　　　　图 13-59　总变形云图

步骤 5　返回 Workbench 窗口，单击 "保存" 按钮保存文件，然后单击 "退出" 按钮退出。

13.2.18　读者演练

本节讲解了电磁-热-结构耦合的基本方法，由于电磁与电流相互作用能产生电磁力，请读者自行通过上述的分析步骤完成电磁力的添加。

> **提示：** 将电磁计算结果直接拖曳到静力分析项目中作为边界条件，详细操作请参见 13.3 节。

13.3　实例2——Maxwell 和 Mechanical 线圈电磁-结构耦合分析

本节主要介绍 ANSYS Workbench 的电磁场分析模块 Maxwell 的建模方法及求解过程，

计算线圈在通有电流的情况下的变形情况。

> **提示**：本实例模型文件较大，在进行本节实例练习时可能需要较多的计算时间！

学习目标：熟练掌握 Maxwell 的建模方法及求解过程，同时掌握电磁-结构耦合分析方法。

模型文件	配套资源\chapter 13\chapter 13-3\newepoxyboard.x_t
结果文件	配套资源\chapter13\chapter 13-3\bigcurrent_model.wbpj

13.3 Maxwell 和 Mechanical 线圈电磁-结构耦合分析

13.3.1 问题描述

图 13-60 所示为一个线圈模型，线圈通有 162 kA 的大电流（方向如图 13-60 中箭头所示），当在给定固定约束的情况下，试分析其变形情况及应力分布情况。为了简化分析，本模型中的螺栓等金属连接件被抑制掉。

13.3.2 启动 Workbench 并建立电磁分析项目

步骤 1 在 Windows 系统下启动 ANSYS Workbench，进入主界面。

图 13-60　线圈模型

步骤 2 双击 Workbench 平台左侧的"工具箱"→"分析系统"中的 Maxwell 3D（Maxwell 3D 电磁场分析模块），此时在"项目原理图"窗口中出现图 13-61 所示的电磁场分析流程图表。

图 13-61　电磁场分析流程图表

13.3.3 导入几何体模型

步骤 1 双击表 A 中的 A2 "Geometry" 进入 Maxwell 软件界面，如图 13-62 所示。在 Maxwell 软件中可以完成几何建立与有限元分析的流程操作。

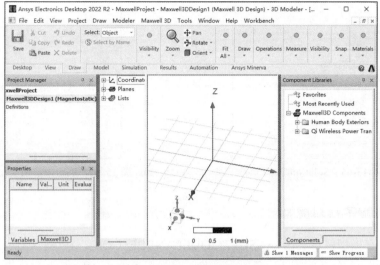

图 13-62　Maxwell 软件界面

步骤 2　依次单击菜单栏的 Modeler→Import，在出现的 Import File 对话框中选择 Coil.sat 几何文件，并单击"打开"按钮。

步骤 3　此时模型文件已经成功显示在 Maxwell 软件中，如图 13-63 所示。

步骤 4　选中图中外面的立方体几何，如图 13-64 所示，然后进行如下设置。

①选中外面的立方体，使其处于高亮状态。

②单击 Properties 对话框中的 Transparent 后面的按钮。

③在弹出的 Set Transparency 对话框中将滑块从 0 位置移动到 1 位置，这时外面的立方体将变成透明状态。

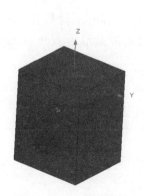

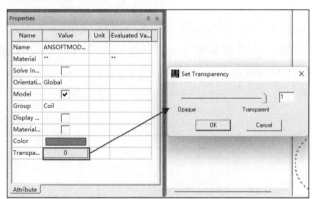

图 13-63　导入的模型　　　　　　　　　图 13-64　设置透明度

13.3.4　求解器与求解域的设置

步骤 1　设置求解器类型。如图 13-65 所示，单击菜单栏的 Maxwell 3D→Solution Type… 命令。

步骤 2　在弹出的图 13-66 所示 Solution Type 对话框中选中 Magnetostatic（静态磁场分析）单选按钮，单击 OK 按钮关闭 Solution Type 对话框。

图 13-65 Solution Type 命令

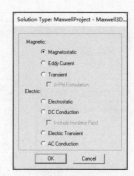

图 13-66 确定求解器类型

13.3.5 赋予材料属性

步骤 1 在模型树中右击 ANSOFTMODELANSOFTCOIL，在弹出的快捷菜单中选择 Assign Material…命令，如图 13-67 所示，此时会弹出 Select Definition 对话框。

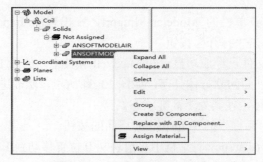

图 13-67 Assign Material 命令

步骤 2 在图 13-68 所示的 Select Definition 对话框中选择 aluminum 材料并单击"确定"按钮，此时模型树中 ANSOFTMODELANSOFTCOIL 的上级菜单由 Not Assigned 变成 aluminum。

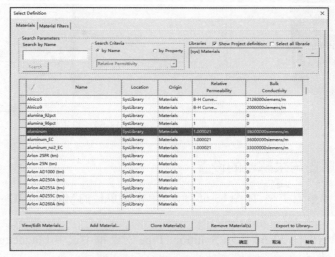

图 13-68 设置为 aluminum 材料

步骤3 同样，如图 13-69 所示，将 ANSOFTMODELAIR 模型设置为 vacuum。

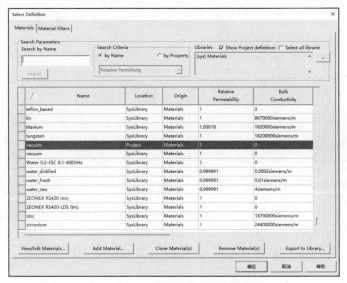

图 13-69　设置为 vacuum 材料

13.3.6　添加激励

步骤 1 右击几何模型的一个端面，在弹出的快捷菜单中选择 Assigned Excitation→Current…命令。

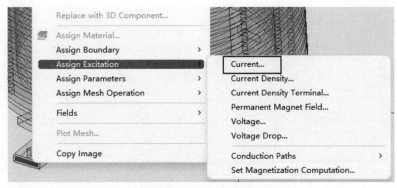

图 13-70　创建激励

步骤2 此时会弹出图 13-71 所示的 Current Excitation 对话框，在该对话框做如下设置。
①在 Value 后面的文本框中输入 162。
②在 Value 后面的下拉列表中选择 kA。
③在 Type 后面选中 Stranded 单选按钮，单击 OK 按钮，完成参数的设置。
步骤 3 同样，将线圈另外一个端面也设置为 162 kA 的电流，与上面操作步骤不同之处为：此处的电流方向设置为自里向外，此时只需单击 Swap Direction 按钮即可完成相应的操作，如图 13-72 所示。

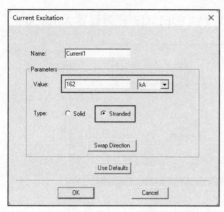
图 13-71 设置一个端面的激励

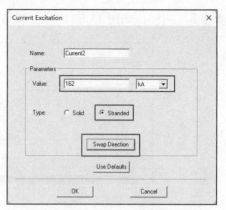
图 13-72 设置另一个端面的激励

步骤 4 右击 Project Manager→Analysis，在弹出的快捷菜单中选择 Add Solution Setup 命令，添加求解器，如图 13-73 所示。

步骤 5 此时弹出图 13-74 所示的 Solve Setup 对话框，保持默认设置，单击"确定"按钮。

图 13-73 添加求解器

图 13-74 求解器设置

13.3.7 模型检查与计算

通过上面的操作步骤，有限元分析的前处理工作全部结束，为了保证求解能顺利完成，需要先检查一下前处理的所有操作是否正确。

步骤 1 模型检查。单击工具栏的✔按钮，出现图 13-75 所示的 Validation Check 对话框，绿色对号说明前处理的基本操作步骤没有问题。

> **提示**：如果出现了❌，说明前处理过程中某些步骤有问题，请根据右侧的提示信息进行检查。

步骤 2 求解计算。右击 Project Manager 中的 Analysis→Setup1 命令，在弹出的快捷菜单中选择图 13-76 所示的 Analyze 命令，进行求解计算，求解需要一定的时间。

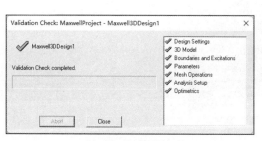

图 13-75 模型检查

图 13-76 Analyze 命令

13.3.8 后处理

步骤 1 显示磁场分布云图。求解完成后，右击模型树中的 Planes→Global：YZ，在弹出的快捷菜单中选择 Fields→H→Mag_H 命令，如图 13-77 所示，此时将弹出 Create Field Plot 对话框。

步骤 2 在弹出的 Create Field Plot 对话框中的 Quantity 列表中选择 Mag_H，在 In Volume 列表中选择 AllObject，单击 Done 按钮，如图 13-78 所示。图 13-79 所示为磁场分布云图。

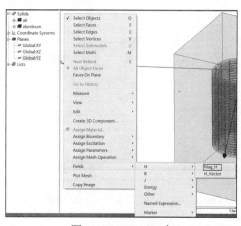

图 13-77 Mag_H 命

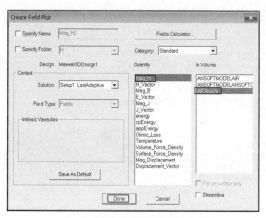

图 13-78 选择后处理实体

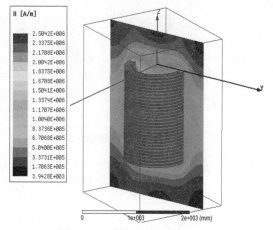

图 13-79 磁场分布云图

步骤 3 同理操作，图 13-80 所示为磁场矢量图。

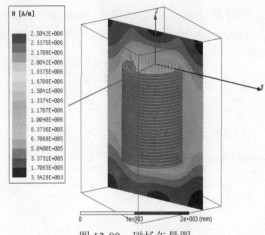

图 13-80　磁场矢量图

步骤 4　同理操作，磁感应分布云图与磁感应矢量图如图 13-81 所示。

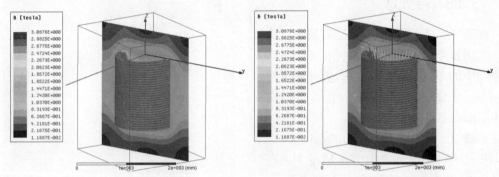

图 13-81　磁感应分布云图与矢量图

步骤 5　后处理操作。求解完成后，右击线圈模型，在弹出的快捷菜单中选择
Fields→Other→Volume_Force_Density 命令，如图 13-82 所示。

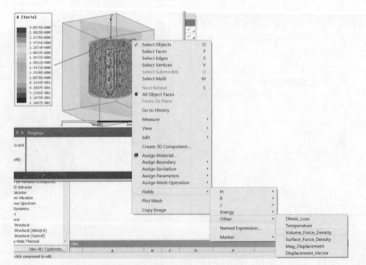

图 13-82　Volume_Force_Density 命令

步骤 6　在弹出的 Create Field Plot 对话框中的 Quantity 列表中选择 Volume_Force_Density，在 In Volume 列表中选择 AllObject，单击 Done 按钮，如图 13-83 所示。体积力密度云图如图 13-84 和图 13-85 所示。

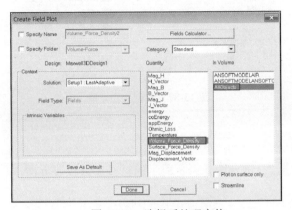

图 13-83　选择后处理实体

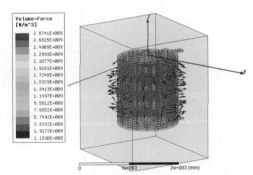

图 13-84　体积力密度云图（1）

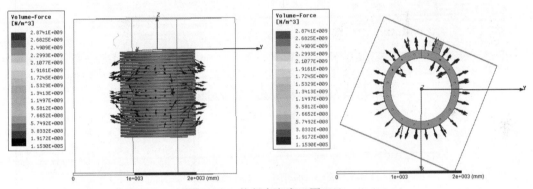

图 13-85　体积力密度云图（2）

步骤 7　单击"保存"按钮，保存文档，然后单击"关闭"按钮，返回 Workbench 主界面。

13.3.9　创建力学分析和数据共享

步骤 1　在 Workbench 主界面中，右击 A4"Solution"，在弹出的快捷菜单中选择"将数据传输到新建"→"静态结构"命令，此时会在 A 表的右侧出现一个 B 表，同时出现 A4 与 B5 的连接曲线，这说明 A4 的结果数据可以作为 B5 的外载荷使用，如图 13-86 所示。

步骤 2　导入几何模型数据。右击 B3"几何结构"，在弹出的快捷菜单中选择"导入几何模型"命令，导入 newepoxyboard.x_t 几何体文件。

步骤 3　体积力密度数据传递。在 Workbench 主界面中，右击 A4"Solution"，在弹出的快捷菜单中选择"更新"命令，经过数分钟的计算，A4 后面的 变成 ，如图 13-87 所示，说明 A4 数据已经更新完成。

图 13-86　创建耦合的静力分析模型　　　　图 13-87　数据传递完成

13.3.10　材料设定

步骤 1　双击项目 B 中的 B2"工程数据",进入图 13-88 所示的材料参数设置界面,在该界面下即可进行材料参数设置。

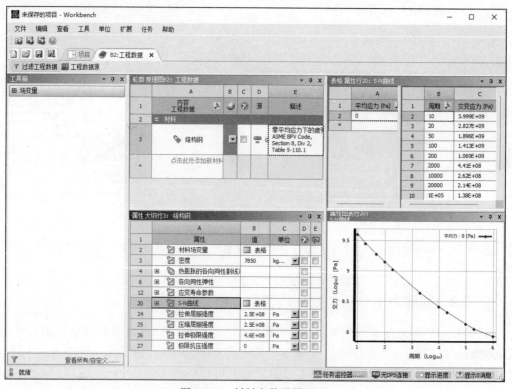

图 13-88　材料参数设置界面

步骤 2　在界面的空白处右击,在弹出的快捷菜单中选择"工程数据源"。

步骤 3　在"工程数据源"表中单击 A4"一般材料",然后单击"轮廓 General Materials"表中 A11"铝合金"后的 B11 中的 ⊞ 按钮,此时在 C11 中会显示 ● 标识,如图 13-89 所示,标识材料添加成功。

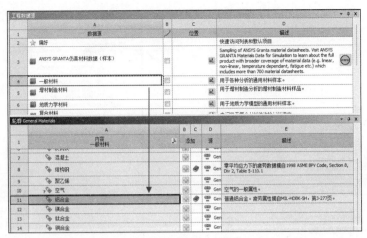

图 13-89　添加材料

步骤 4　同步骤 2，在界面的空白处右击，在弹出的快捷菜单中选择"工程数据源"，返回初始界面。

步骤 5　添加名称为 epoxyplate 的新材料，如图 13-90 所示，在"属性 大纲行 5：epoxyplate"中做如下设置。

①在"密度"后面输入 1800。

②在"杨氏模量"后面输入 1.55E+10。

③在"泊松比"后面输入 0.24。

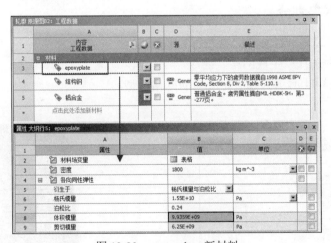

图 13-90　epoxyplate 新材料

步骤 6　单击工具栏中的 项目 选项卡，切换到 Workbench 主界面，材料库添加完毕。

步骤 7　双击 B4 "模型"，进入 Mechanical 操作界面。

步骤 8　几何抑制操作。将几何中所有带 LUOGAN、LUOMUM、TANDIAN 及 PINGDIANQUAN 字样的几何全部抑制掉，如图 13-91 所示。

步骤 9　赋予材料属性。单击"模型（B4）"→"几何结构"里面的 EPOXYBOARDANSOFTCOIL，在"EPOXYBOARDANSOFTCOIL"的详细信息的"材料"→"任务"中选择"铝合金"，如图 13-92 所示。

图 13-91 抑制几何

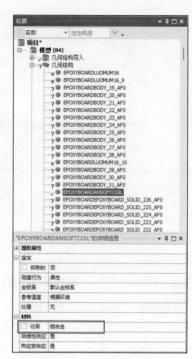

图 13-92 赋予材料属性

步骤 10 将 epoxyplate 赋给剩下的材料。

13.3.11 网格划分

步骤 1 网格设置。右击流程树中的"模型（B4）"→"网格"命令，在弹出的图 13-93 所示的快捷菜单中选择"生成网格"命令。

步骤 2 图 13-94 所示为划分完成后的网格模型。

图 13-93 生成网格

图 13-94 网格模型

> **提示：** 本实例的网格划分较粗糙（只为了演示网格划分过程），在实际工程中需要对网格进行细化。

13.3.12　添加边界条件与映射激励

步骤 1　添加边界条件。如图 13-95 所示，选择进出线的上端面及线圈上侧所有高的立方体的上表面并右击，在弹出的快捷菜单中选择"插入"→"位移"命令。

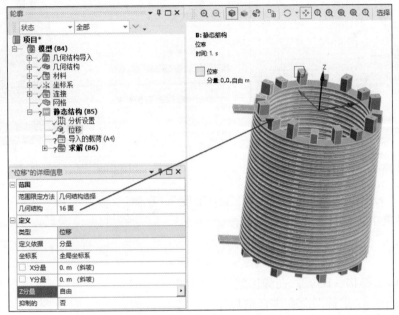

图 13-95　边界条件——位移

步骤 2　如图 13-96 所示，选择线圈下侧所有高的立方体的下表面并右击，在弹出的快捷菜单中选择"插入"→"固定支撑"命令。

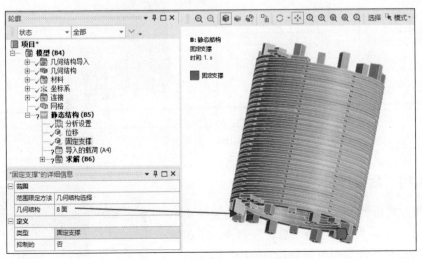

图 13-96　边界条件——固定支撑

步骤 3　映射力密度到结构网格上。右击"导入的载荷（A4）"，在弹出的图 13-97 所示的快捷菜单中选择"插入"→"体力密度"命令。

步骤 4 选择图 13-98 所示绘图区域中的螺线管模型。

图 13-97 映射力密度

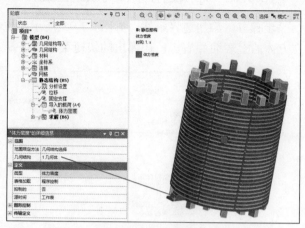

图 13-98 选择实体

步骤 5 如图 13-99 所示，右击"体力密度"，在弹出的快捷菜单中选择"导入载荷"命令。

13.3.13 求解计算

右击"静态结构（B5）"，在弹出的图 13-100 所示的快捷菜单中选择 "求解"命令进行求解计算。

图 13-99 导入载荷

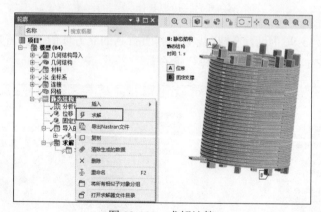

图 13-100 求解计算

13.3.14 后处理

步骤 1 右击"求解（B6）"，在弹出的快捷菜单中选择"插入"→"变形"→"总计"命令，添加位移云图，然后执行计算即可得到图 13-101 所示的位移云图。

步骤 2 返回 Workbench 主界面，单击"保存"按钮保存文件，然后单击"退出"按钮退出。

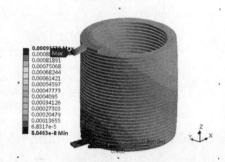

图 13-101 位移云图

13.4　实例3——FLUENT和Mechanical流体-结构耦合分析

本节主要介绍 ANSYS Workbench 的流体分析模块 FLUENT 的流体结构分析方法及求解过程，计算板件在流体压力作用下的变形情况。

学习目标： 熟练掌握 FLUENT 的流体结构分析方法及求解过程。

扫码观看
配套视频

13.4 FLUENT 和
Mechanical流体–结
构耦合分析

模型文件	配套资源\chapter 13\chapter 13-4\FIS_FLUENT.x_t
结果文件	配套资源\chapter 13\chapter 13-4\FSI_FLUENT.wbpj

13.4.1　问题描述

图 13-102 所示为结构模型，模型的左侧面（入口）流速为 10 m/s，右侧面为压力出口，中间有个薄壁的板件，受到来流压力的影响产生变形，试分析变形大小及应力分布。

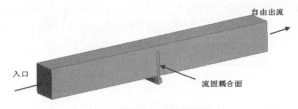

自由出流

入口

流固耦合面

图 13-102　结构模型

13.4.2　启动 Workbench 并建立电磁分析项目

步骤 1　在 Windows 系统下启动 ANSYS Workbench，进入主界面。

步骤2　双击主界面"工具箱"中的"分析系统"→"流体流动（Fluent）"选项，即可在"项目原理图"窗口创建分析项目 A，如图 13-103 所示。

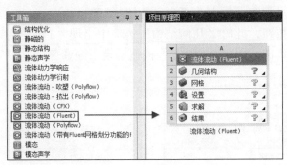

图 13-103　创建分析项目 A

13.4.3　导入几何体模型

步骤 1　在 A2 "几何结构"上右击，在弹出的快捷菜单中选择"导入几何模型"→

"浏览......"命令，弹出"打开"对话框。

步骤 2 在弹出的"打开"对话框中选择文件路径，导入 FIS_FLUENT.x_t 几何体文件，此时 A2 "几何结构"后的 ? 变为 ✓，表示实体模型已经存在。

步骤 3 双击项目 A 中的 A2"几何结构"，进入 DesignModeler 界面，设置单位为"毫米"，单击常用命令栏的 按钮，模型显示后如图 13-104 所示。

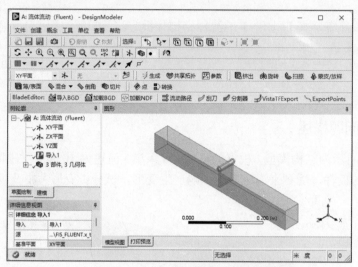

图 13-104　DesignModeler 界面

步骤 4 平面命名 inlet。右击几何实体的左侧面（X 坐标最小处），在弹出的图 13-105 所示的快捷菜单中选择"命名的选择"命令。

在出现的详细信息视图面板中的"命名的选择"后面输入 inlet。在设置"几何结构"选项时单击"应用"按钮，此时"几何结构"选项中出现"1 面"字样，表示一个面被选中。其余保持默认，单击常用命令栏中的 按钮确定平面命名。

步骤 5 平面命名 oulet。右击几何实体的右侧面（X 坐标最大处），在弹出的图 13-106 所示的快捷菜单中选择"命名的选择"命令。

在出现的详细信息视图面板中的"命名的选择"后面输入 outlet。在设置"几何结构"选项时单击"应用"按钮，此时"几何结构"选项中出现"1 面"字样，表示一个面被选中。其余保持默认，单击常用命令栏中的 按钮确定平面命名。

图 13-105　inlet 命名

图 13-106　outlet 命名

步骤 6　平面命名 f_fsi。选择流固几何交界面的流体的 3 个侧面，右击，在弹出的图 13-107 所示的快捷菜单中选择"命名的选择"命令。

在出现的详细信息视图面板中的"命名的选择"后面输入 f_fsi。在设置"几何结构"选项时单击"应用"按钮，此时"几何结构"选项中出现"3 面"字样，表示 3 个面被选中。其余保持默认，单击常用命令栏中的 ⚡ 按钮确定平面命名。

> **提示：此操作前，需先将其余实体隐藏。**

步骤 7　平面命名 s_fsi。选择流固几何交界面的板件的 3 个侧面，如图 13-108 所示，右击，在弹出的快捷菜单中选择"命名的选择"命令。

在出现的详细信息视图面板中的"命名的选择"后面输入 s_fsi。在设置"几何结构"选项时单击"应用"按钮，此时"几何结构"选项中出现"3 面"字样，表示 3 个面被选中。其余保持默认，单击常用命令栏中的 ⚡ 按钮确定平面命名。

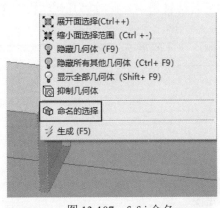

图 13-107　f_fsi 命名

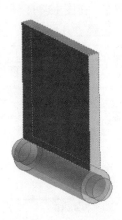

图 13-108　s_fsi 命名

> **提示：此操作前，需先将其余实体隐藏。**

步骤 8　关闭 DesignModeler 平台。

13.4.4　抑制几何

步骤 1　抑制几何。双击 Workbench 平台中项目 A 中的 A3"网格"，进入网格划分平台。

步骤 2　展开"项目"→"模型（A3）"→"几何结构"，选中 a1 和 d1 两个几何文件名，右击，在弹出的图 13-109 所示的快捷菜单中选择"抑制几何体"命令，将流体计算中不使用的几何抑制掉。

13.4.5　网格设置

步骤 1　右击"网格"，在弹出的图 13-110 所示的快捷菜单中依次选择"插入"→"尺寸调整"命令，此时会出

图 13-109　抑制几何体

现"边缘尺寸调整"—尺寸调整的详细信息面板，在面板中可以进行网格尺寸的调整。

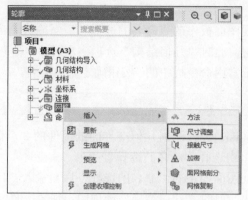

图 13-110　"尺寸调整"命令

步骤 2　在图 13-111 所示的"边缘尺寸调整"—尺寸调整的详细信息面板做如下设置。

①在设置"几何结构"选项时确保几何体的所有边被选中，此时"几何结构"选项显示"24 边"，表示共选择了 24 条边。

②在"单元尺寸"后面输入 5.e-003m，即将网格大小设置为 0.005 m。

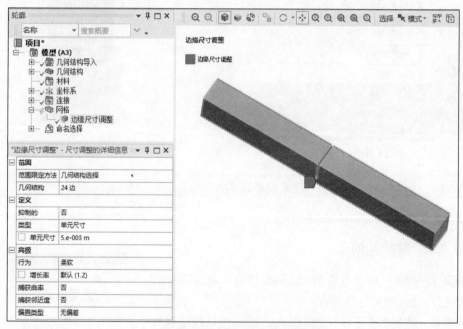

图 13-111　尺寸的详细设置

其余保持默认，右击"网格"，在弹出的快捷菜单中选择"生成网格"命令生成网格，网格模型如图 13-112 所示。

步骤 3　网格设置完成后，关闭 Mechanical 网格划分平台，回到 Workbench 主界面。

步骤 4　在 Workbench 主界面中右击项目 A 中的 A3"网格"，在弹出的图 13-113 所示的快捷菜单中选择"更新"命令，更新网格划分数据。

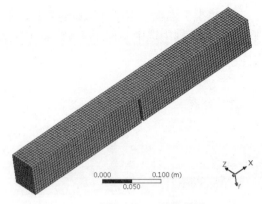

图 13-112 网格模型 图 13-113 更新数据

13.4.6 进入 FLUENT 平台

步骤 1 双击项目 A 中的 A4 "设置"命令，弹出图 13-114 所示的 Fluent 启动设置对话框，保持对话框中的所有设置为默认即可，单击 Start 按钮。

步骤 2 此时出现图 13-115 所示的 FLUENT 界面。

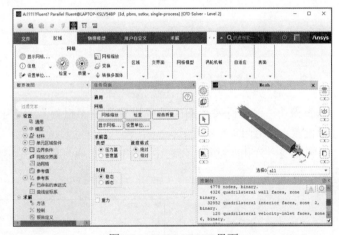

图 13-114 启动设置对话框 图 13-115 FLUENT 界面

步骤 3 单击概要视图中的"通用"，在"通用"面板中单击"检查"按钮，此时在右下角的命令输入窗口中出现图 13-116 所示的命令行，检查最小体积是否出现负数。

```
控制台
 Domain Extents:
   x-coordinate: min (m) = -3.855561e-05, max (m) = 4.999614e-01
   y-coordinate: min (m) = -6.000000e-02, max (m) = 8.326673e-17
   z-coordinate: min (m) = 0.000000e+00, max (m) = 5.000000e-02
 Volume statistics:
   minimum volume (m3): 1.217985e-07
   maximum volume (m3): 1.396745e-07
     total volume (m3): 1.487750e-03
 Face area statistics:
   minimum face area (m2): 2.432522e-05
   maximum face area (m2): 2.831700e-05
 Checking mesh...........................
 Done.
```

图 13-116 网格检查

步骤 4 单击概要视图中的"模型",在"模型"面板中双击 Viscous-SST k-omega 选项命令,在弹出的图 13-117 所示的"黏性模型"对话框中选中 k-epsilon(2 eqn)单选按钮,其余保持默认,并单击 OK 按钮确认模型选择。

图 13-117 黏性模型选择

13.4.7 材料选择

步骤 1 单击概要视图中的"设置"→"材料",在出现的"材料"面板中对所需材料进行设置,如图 13-118 所示。

步骤 2 双击"材料"列表中的 Fluid 选项,弹出"创建/编辑材料"对话框,如图 13-119 所示。

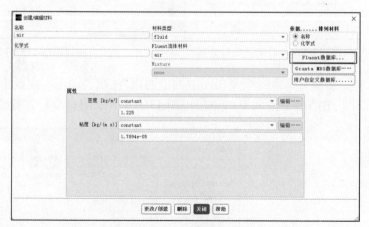

图 13-118 "材料"面板   图 13-119 "创建/编辑材料"对话框

步骤 3 单击"Fluent 数据库……"按钮,弹出"Fluent 数据库材料"对话框,在"Fluent

流体材料"列表中选择 water-liquid（h2o<1>）选项，单击"复制"按钮，再单击"关闭"按钮关闭窗口，如图 13-120 所示。

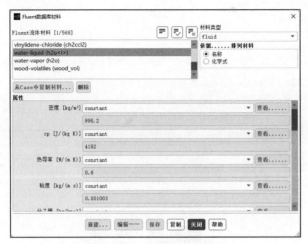

图 13-120　材料库选择材料

13.4.8　设置几何属性

步骤 1　单击概要视图中的"设置"→"单元区域条件"选项，在弹出的"单元区域条件"面板中对区域条件进行设置，如图 13-121 所示。

步骤 2　在"区域"列表中选择 f_，单击"编辑……"按钮，则弹出"流体"对话框，在"材料名称"右侧的下拉列表中选择 water-liquid，单击"应用"按钮完成设置，如图 13-122 所示。

图 13-121　"单元区域条件"面板

图 13-122　设置区域属性

13.4.9　流体边界条件

步骤 1　单击概要视图中的"边界条件"，在"边界条件"面板的"区域"中双击 inlet 选项，在弹出的图 13-123 所示的"速度入口"对话框中做如下设置：在"速度大小[m/s]"

后面输入 10，在"设置"选项中选择 Intensity and Length Scale，在"湍流强度[%]"后面输入 5，在"湍流长度尺度[m]"后面输入 1，最后单击"应用"按钮。

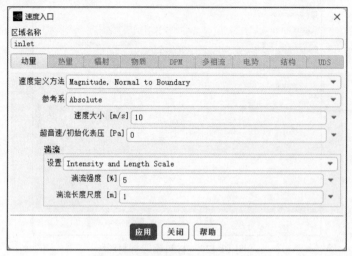

图 13-123 "速度入口"对话框

步骤 2 在"边界条件"面板的"区域"中双击 outlet 选项，在弹出的图 13-124 所示的"压力出口"对话框中做如下设置：在"表压[Pa]"后面输入 0，在"设置"选项中选择 Intensity and Length Scale，在"回流湍流强度[%]"后面输入 5，在"回流湍流长度尺度[m]"后面输入 1，最后单击"应用"按钮。

图 13-124 "压力出口"对话框

步骤 3 在"边界条件"面板的"区域"中双击 f_fsi，在弹出的图 13-125 所示的"壁面"对话框中保持默认并单击"应用"按钮。

图 13-125 "壁面"对话框

13.4.10 求解器设置

步骤 1 单击概要视图中的"求解"→"初始化"命令,在图 13-126 所示的"解决方案初始化"面板中做如下设置:在"初始化方法"区域选中"混合初始化(Hybrid Initialization)"单选按钮,单击"初始化"按钮完成初始化。

步骤 2 单击概要视图中的"求解"→"计算设置"→"运行计算"命令,在图 13-127 所示的"运行计算"面板中做如下设置:在"迭代次数"中输入 200,其余保存默认即可,单击"开始计算"按钮进行计算。

图 13-126 初始化   图 13-127 迭代次数设置

步骤 3 图 13-128 所示为 FLUENT 正在计算过程的残差曲线。

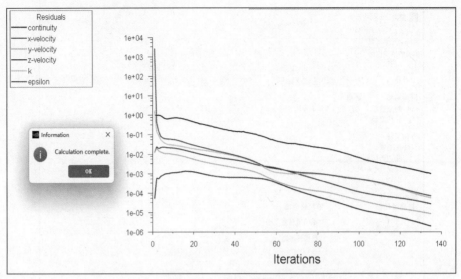

图 13-128 计算残差曲线

步骤 4 后处理操作。为了更好地进行结果分析，下面将创建分析截面 Y=−0.03，具体操作步骤如下。在概要视图中右击"结果"→"表面"，在弹出的快捷菜单中选择"创建"→"平面"命令，如图 13-129 所示，弹出"平面"对话框，在"新面名称"文本框中输入 y=−0.03，在"方法"下拉列表中选择 ZX Plane，在 Y[m]文本框中输入−0.03，单击"创建"按钮完成平面 y=−0.03 的创建，如图 13-130 所示。

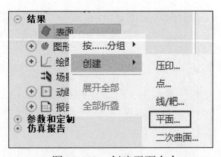

图 13-129 创建平面命令　　　　　　　　　图 13-130 "平面"对话框

步骤 5 单击概要视图中的"结果"→"图形"，打开"图形和动画"面板。

步骤 6 双击"图形"列表中的 Contours 选项，打开"云图"对话框，在"着色变量"的第一个下拉列表中选择"Velocity…"，在"表面"下面的列表中选择 y=−0.03，单击"保存/显示"按钮，如图 13-131 所示。

图 13-131　设置速度云图

步骤 7　图 13-132 所示为流速分布云图。

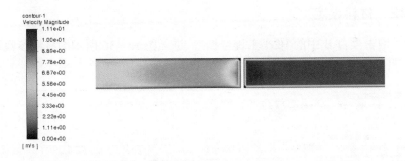

图 13-132　流速分布云图

13.4.11　结构力学计算

步骤 1　返回 Workbench 主界面中，右击 A5"求解"，在弹出的快捷菜单中选择"将数据传输到新建"→"静态结构"命令，此时会在 A 表的右侧出现一个 B 表，同时出现 A5 与 B5 的连接曲线，这说明 A5 的结果数据可以作为 B5 的外载荷使用，如图 13-133 所示。

步骤 2　双击项目 B 中的 B4"模型"，弹出图 13-134 所示的 Mechanical 界面。

步骤 3　右击"项目"→"模型（B4）"→"几何结构"→"f"，在弹出的图 13-135 所示的快捷菜单中选择"抑制几何体"命令。

图 13-133　创建耦合的静力分析模型

图 13-134　Mechanical 界面

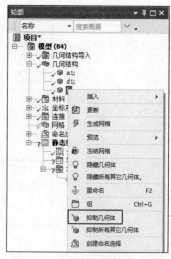
图 13-135　"抑制几何体"命令

13.4.12　材料设定

步骤 1　双击项目 B 中的 B2"工程数据",进入图 13-136 所示的材料参数设置界面,在该界面下即可进行材料参数设置。

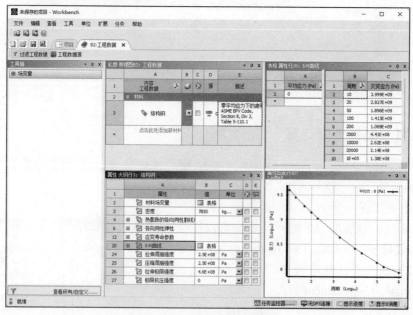
图 13-136　材料参数设置界面

步骤 2　在界面的空白处右击,在弹出的快捷菜单中选择"工程数据源"。

步骤 3　在"工程数据源"表中单击 A4"一般材料",然后单击"轮廓 General Materials"表中 A11 "铝合金"后的 B11 的按钮,此时在 C11 中会显示标识,如图 13-137 所示,标识材料添加成功。

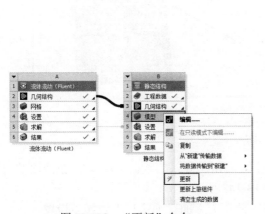

图 13-137 添加材料

步骤 4 同步骤 2，在界面的空白处右击，在弹出的快捷菜单中选择"工程数据源"，返回初始界面中。

步骤 5 单击工具栏中的 项目 选项卡，切换到 Workbench 主界面，材料库添加完毕。

步骤 6 右击项目 B 的 B4"模型"，在弹出的图 13-138 所示的快捷菜单中选择"更新"命令。

步骤 7 赋予材料属性。选择图 13-139 所示"模型（B4）"→"几何结构"里面的 a1 和 d1，在"多个选择"的详细信息中的"材料"→"任务"选项中选择"铝合金"。

图 13-138 "更新"命令　　　　图 13-139 赋予材料属性

13.4.13 网格划分

步骤 1 网格设置。单击"项目"→"模型（B4）"→"网格"，在"网格"的详细信息中做如下设置：在"单元尺寸"后面输入 5.e－003 m，其余默认即可，如图 13-140 所示。

步骤 2 单击工具栏中的"更新"按钮，划分完成后的网格模型，如图 13-141 所示。

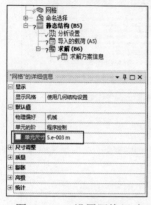

图 13-140 设置网格尺寸

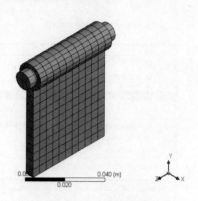

图 13-141 网格模型

13.4.14 添加边界条件与映射激励

步骤 1 添加边界条件。如图 13-142 所示，选择圆柱两个侧面，右击，在弹出的快捷菜单中选择"插入"→"固定支撑"命令。

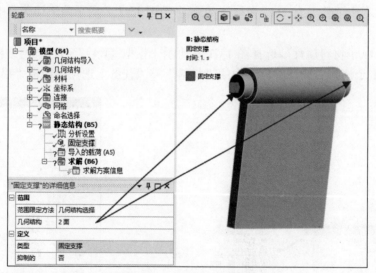

图 13-142 添加边界条件

步骤 2 映射力密度到结构网格上。右击"导入的载荷（A5）"，在弹出的快捷菜单中选择"插入"→"压力"命令，如图 13-143 所示。

步骤 3 在图 13-144 所示的"导入的压力"的详细信息中做如下设置。

①在"范围限定方法"选项中选择"命名选择"。

②在"命名选择"选项中选择 s_fsi。

③在"CFD 表面"选项中选择 f_fsi。

步骤 4 右击流程树中的"导入的压力",在弹出的快捷菜单中选择"导入载荷"命令,经过一段时间的计算,映射完的压力分布云图如图 13-145 所示。

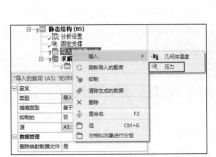

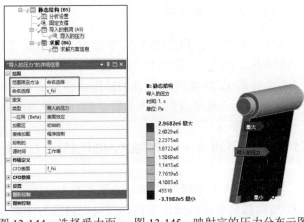

图 13-143　映射压力　　　图 13-144　选择受力面　　图 13-145　映射完的压力分布云图

13.4.15　求解计算

右击流程树中的"静态结构(B5)",在弹出的图 13-146 所示的快捷菜单中选择"求解"命令进行求解计算。

13.4.16　后处理

步骤 1 位移云图。右击"求解(B6)",在弹出的快捷菜单中选择"插入"→"变形"→"总计"命令,添加位移云图,然后执行计算即可得到图 13-147 所示的位移云图。

步骤 2 应力云图。同样方式可以得到应力分布云图,如图 13-148 所示。

图 13-146　"求解"命令

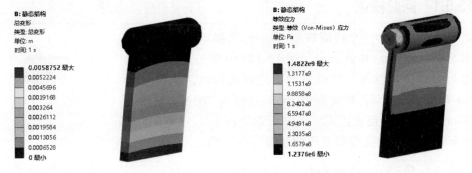

图 13-147　位移云图　　　　　图 13-148　应力分布云图

步骤 3 保存并退出。单击菜单栏的"文件"→"保存项目"命令进行保存,单击"关闭"按钮退出,返回 Workbench 主界面。

步骤 4 在 Workbench 主界面，单击"保存"按钮保存文件，然后单击"关闭"按钮退出。

13.4.17 读者演练

本例主要讲述了 FLUENT 软件与 Mechanical 平台进行的流体-结构单项耦合，除此之外，ANSYS 公司的另一款流体力学软件 CFX 也可以与 Mechanical 平台进行流体-结构耦合，请读者结合第 12 章实例 1 所讲的操作步骤并结合 13.3 节所讲的耦合方法，自己动手完成 CFX 与 Mechanical 平台的耦合分析，划分同样的网格并对比结果。

13.5 实例4——Maxwell 和 FLUENT 电磁-热流耦合分析

本章的实例 1 中讲解了 Maxwell 软件与 Mechanical 软件对电磁-热-结构耦合分析的操作实例，但是在自然界中由于流体场的存在，结构的温度分布往往会受到流体流动的影响而变得不再对称。本节将通过 Maxwell 软件与 FLUENT 软件之间的耦合，计算在有流体存在的情况下，结构件在高频磁场下的涡流损耗值及温度分布情况。

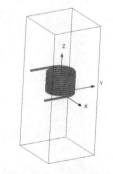

扫码观看
配套视频

13.5 Maxwell 和
FLUENT 电磁-热流耦合
分析

学习目标：

（1）熟练掌握 Maxwell 的建模方法与三维涡流分析的肌肤效应及求解过程；

（2）熟练掌握 FLUENT 软件的损耗导入方法，同时掌握 FLUENT 软件简单流体分析的一般步骤；

（3）熟练掌握 Maxwell 软件及 FLUENT 软件电磁-热流耦合的分析方法。

模型文件	配套资源\chapter 13\chapter 13-5\ThermaltoFluid.x_t
结果文件	配套资源\chapter 13\chapter 13-5\ MagtoThemtoFluid.wbpj

13.5.1 问题描述

图 13-149 所示为一个线圈模型，线圈通有频率为 2500 Hz、大小为 500 A 的电流（电流方向如图 13-149 中箭头方向所示），在线圈的中心部位放置一块材质为普通钢的钢块，钢块下方 500 mm 处有一通风口，风速为 20 m/s，温度为 300 K，钢块上方 500 mm 处设置为自由出流。试分析钢块在上述工况下的温度场分布情况、风的流线图及风的温度分布云图。

图 13-149 线圈模型

13.5.2 启动 Workbench 并建立电磁分析项目

步骤 1 在 Windows 系统下启动 ANSYS Workbench，进入主界面。

步骤 2 双击 Workbench 平台左侧的"工具箱"→"分析系统"中的 Maxwell 3D

（Maxwell 3D 电磁场分析模块），此时在"项目原理图"窗口中出现图 13-150 所示的电磁场分析流程图表。

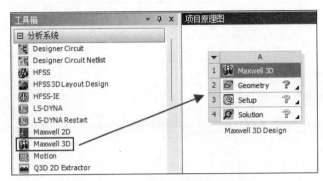

图 13-150   电磁场分析流程图表

13.5.3   导入几何体模型

步骤 1   双击表 A 中的 A2"Geometry"进入 Maxwell 软件界面，如图 13-151 所示。在 Maxwell 软件中可以完成几何创建与有限元分析的流程操作。

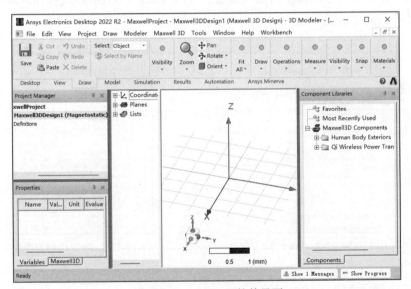

图 13-151   Maxwell 软件界面

步骤 2   依次单击菜单栏 Modeler→Import，在弹出的 Import File 对话框中选择 ThermaltoFluid.x_t 几何文件，并单击"打开"按钮。

步骤 3   此时模型文件已经成功显示在 Maxwell 软件中，如图 13-152 所示。

步骤 4   选中外面的立方体几何，然后进行如下设置。

①选中外面的立方体，使其处于高亮状态。

②单击 Properties 对话框中的 Transparent 后面的按钮。

③在弹出的 Set Transparency 对话框中将滑块从 0 位置移动到 1 位置，这时外面的立方

体几何将变成透明状态。

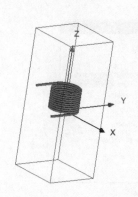

图 13-152 导入的模型

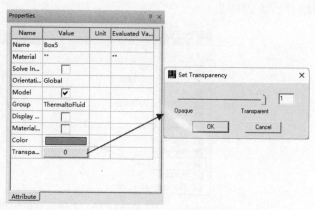

图 13-153 设置透明度

13.5.4 求解器与求解域的设置

步骤 1 单击菜单栏中的 Maxwell 3D→Solution Type…命令,如图 13-154 所示。

步骤 2 在弹出的 Solution Type 对话框中选中 Eddy Current 单选按钮,单击 OK 按钮关闭 Solution Type 对话框。

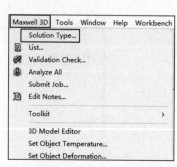

图 13-154 Solution Type…命令

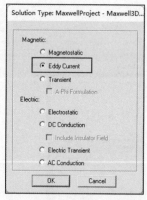

图 13-155 确定求解器类型

13.5.5 赋予材料属性

步骤 1 在模型树中右击 Box3,在弹出的快捷菜单中选择 Assign Material…命令,如图 13-156 所示,此时会弹出 Select Definition 对话框。

步骤 2 在图 13-157 所示的 Select Definition 对话框中选择 aluminum 材料并单击"确定"按钮,此时模型树中 Box3 的上级菜单由 Not Assigned 变成 aluminum,求解域默认为真空 vacuum。

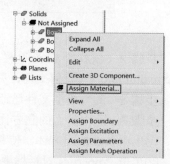

图 13-156 Assign Material…命令

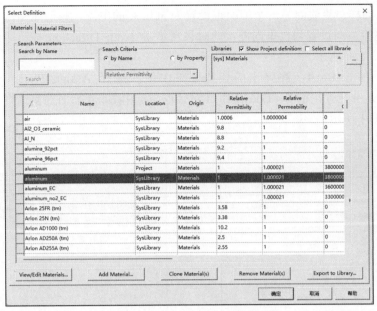

图 13-157 Select Definition 对话框

步骤 3 同样的操作，将 Box4 模型设置为 steel stainless。

步骤 4 同样的操作，将 Box5 模型设置为 vacuum。

13.5.6 添加激励

步骤 1 选择图 13-158 所示的端面，右击，在弹出的快捷菜单中选择 Assigned Excitation→Current…命令。

步骤 2 此时会弹出图 13-159 所示的 Current Excitation 对话框，在该对话框做如下设置。

①在 Value 后面的文本框中输入 500。

②在 Value 后面的下拉列表框中选择 A。

③选中 Type 后面的 Stranded 单选按钮，单击 OK 按钮，完成参数的设置。

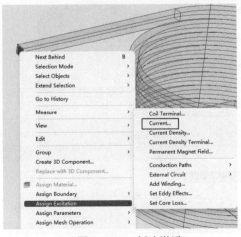

图 13-158 创建激励

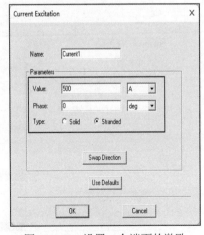

图 13-159 设置一个端面的激励

步骤 3 同样，将线圈另一个端面也设置为 500 A 的电流，与上面操作步骤不同之处为：此处的电流方向设置为自里向外，此时只需单击 Swap Direction 按钮即可完成相应的操作，如图 13-160 所示。

步骤 4 右击 Box4，在弹出的快捷菜单中依次选择 Assign Excitation→Set Eddy Effects...命令，并在弹出的 Set Eddy Effect 对话框中选中 Box4 后面的复选框，设置涡流效应，如图 13-161 所示。

图 13-160 设置另一个端面的激励

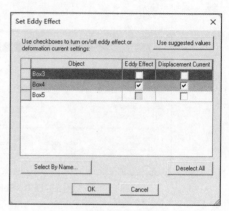

图 13-161 涡流设置

步骤 5 选择 Box4，右击 Project Manager→Mesh Operation，在弹出的快捷菜单中依次选择 Assign→On Selection→Skin Depth Based...命令，如图 13-162 所示，在弹出的 Skin Depth Based Refinement 对话框中单击 Calculate Skin Depth...按钮，然后在弹出的 Calculate Skin Depth 对话框中的 Frequency 后面的文本框中输入 2500，单位选择 Hz，并单击 OK 按钮，返回 Skin Depth Based Refinement 对话框，再次单击 OK 按钮。

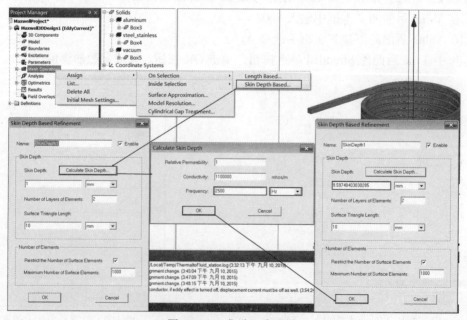

图 13-162 集肤深度设置

步骤 6 右击 Project Manager 中的 Analysis，在弹出的快捷菜单中选择 Add Solution Setup…命令添加求解器，如图 13-163 所示。

步骤 7 此时弹出图 13-164 所示的 Solve Setup 对话框，切换到 Solver 选项卡，在选项卡中做如下设置。

①在 Adaptive Frequency 后面的文本框中输入 2500，下拉列表中选择 Hz。

②选中 Use higher order shape functions 复选框，即选择高级形函数。

③其余保持默认，单击"确定"按钮。

图 13-163　添加求解器命令

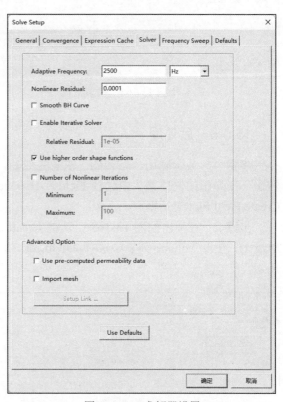

图 13-164　求解器设置

13.5.7　模型检查与计算

通过上面的操作步骤，有限元分析的前处理工作全部结束，为了保证求解能顺利完成，需要先检查一下前处理的所有操作是否正确。

步骤 1 模型检查。单击工具栏的 ✓ 按钮，出现图 13-165 所示的 Validation Check 对话框，绿色对号说明前处理的基本操作步骤没有问题。

> **提示：** 如果出现了 ❌，说明前处理过程中某些步骤有问题，请根据右侧的提示信息进行检查。

步骤 2 求解计算。右击 Project Manager 中的 Analysis→Setup1，在弹出的快捷菜单中选择 Analyze 命令，如图 13-166 所示，进行求解计算，求解需要一定的时间。

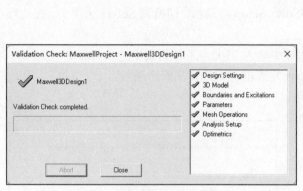

图 13-165 模型检查

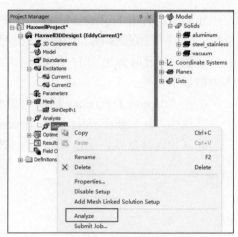

图 13-166 Analyze 命令

13.5.8 后处理

步骤 1 显示磁场分布云图。求解完成后，选中模型树中的 Planes→Global：XZ，并右击，在弹出的快捷菜单中选择 Fields→H→Mag_H 命令，如图 13-167 所示，此时将弹出 Create Field Plot 对话框。

步骤 2 在弹出的图 13-168 所示的 Create Field Plot 对话框中的 Quantity 列表中选择 Mag_H，在 In Volume 列表中选择 AllObject，并单击 Done 按钮，磁场分布云图如图 13-169 所示。

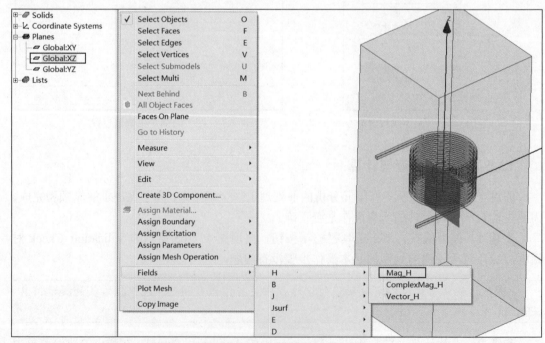

图 13-167 Mag_H 命令

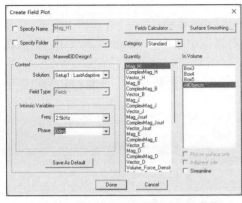

图 13-168 选择后处理实体

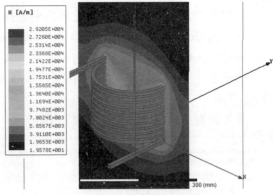

图 13-169 磁场分布云图

步骤 3 同理操作，图 13-170 所示为磁场矢量图。

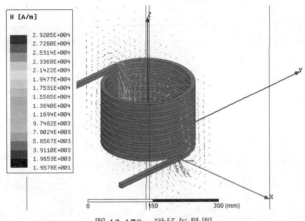

图 13-170 磁场矢量图

步骤 4 同理操作，钢块的涡电流密度分布云图如图 13-171 所示。

步骤 5 钢块电阻损耗分布。选中 Box4，并右击，在弹出的快捷菜单中依次选择 Fields→Other→Ohmic-Loss 命令，图 13-172 所示为 Box4 的电阻损耗分布。

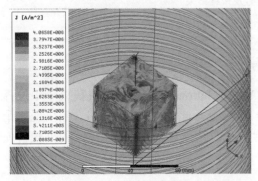

图 13-171 涡电流密度分布云图

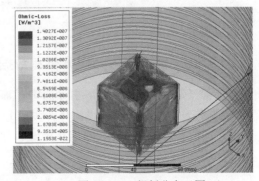

图 13-172 损耗分布云图

步骤 6 选择 Maxwell 3D→Fields→Calculator…，在弹出的 Fields Calculator 对话框中做如下设置。

①单击 Quantity 按钮，在下拉列表中选择 Ohmic Loss 选项。

②单击 Geometry…按钮，在弹出的 Geometry 对话框中选中 Volume 单选按钮，然后在右侧列表中选择 Box4 选项，并单击"OK"按钮。

③单击 ∫ 按钮，再单击 Eval 按钮，最后单击 Done 按钮进行计算，计算得到的损耗值为 221.7 W。

具体设置及最终结果如图 13-173 所示。

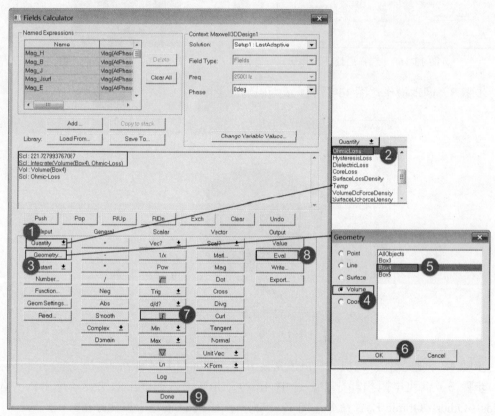

图 13-173 具体设置及最终结果

步骤 7 关闭 Maxwell 平台。

13.5.9 创建流体力学分析和数据共享

步骤 1 在 Workbench 主界面中，右击 A4"Solution"，在弹出的快捷菜单中选择"将数据传输到'新建'"→"流体流动（Fluent）"命令，此时会在 A 表的右侧出现一个 B 表，同时出现 A4 与 B4 的连接曲线，这说明 A4 的结果数据可以作为 B4 的外载荷使用，如图 13-174 所示。

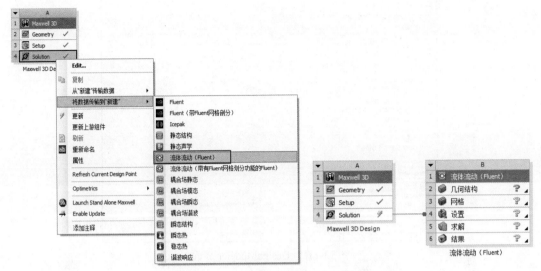

图 13-174　创建耦合的静力分析模型

步骤 2　单击 A2 "Geometry" 不放拖曳到 B2 "几何结构" 中。

步骤 3　右击 B2 "几何结构"，在弹出的快捷菜单中选择 "更新" 命令，当数据被成功读入后，会在 B2 后面出现 ✓，如图 13-175 所示。

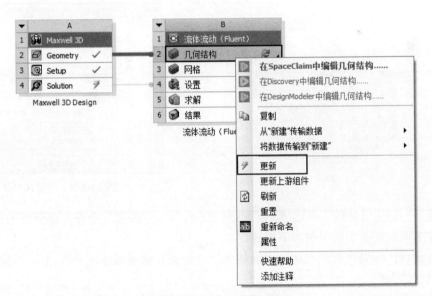

图 13-175　共享几何模型数据

13.5.10　DesignModeler 中的几何数据文件

步骤 1　双击项目 B 中的 B2 "几何结构" 进入图 13-176 所示的 DesignModeler 界面，设置单位为 "毫米"。

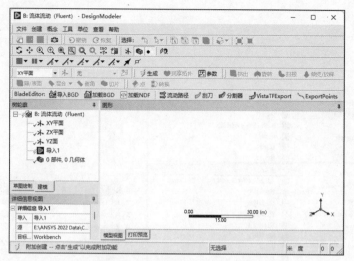

图 13-176 DesignModeler 界面

步骤 2 在 DesignModeler 界面的常用命令栏中单击 按钮生成几何模型。

步骤 3 此时几何模型已经成功显示在 DesignModeler 中，如图 13-177 所示。

步骤 4 抑制几何体。选择 Box3 和 Box5 两个文件名，并右击，在弹出的图 13-178 所示的快捷菜单中选择"抑制几何体"命令。

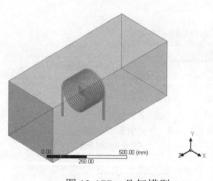

图 13-177 几何模型

图 13-178 抑制几何体

步骤 5 创建流体域。单击菜单栏中的"工具"→"外壳"命令，在弹出的图 13-179 所示的详细信息视图面板中做如下设置。

①在设置"外壳"选项时选中"圆柱体"，"外壳"选项显示"外壳 1"，"形状"选项显示"圆柱体"。

②在"圆柱体对齐"选项中选择"Z 轴"，设置圆柱方向为沿着 Z 轴。

③在"FD1，缓冲半径（＞0）"后面输入 30mm。

④在"FD2，缓冲（>0）+ive 方向"后面输入 500mm。

⑤在"FD3，缓冲（>0）-ive 方向"后面输入 500mm。

⑥在"目标几何体"选项中选择"选定几何体"。

⑦在设置"几何体"选项时选中实体，此时"几何体"后面显示 1，表示一个实体被选中，其余默认，单击常用命令栏中 按钮完成流体域的创建，如图 13-180 所示。

图 13-179 创建流体域

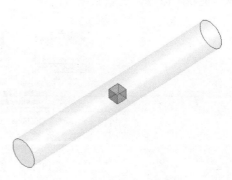

图 13-180 流体域

步骤 6 平面命名 inlet。选择几何实体的右侧面（Z 坐标最小处），右击，在弹出的图 13-181 所示的快捷菜单中选择"命名的选择"命令，在出现的详细信息面板中的"命名的选择"后面输入 inlet，在设置"几何结构"选项时单击"应用"按钮，此时"几何结构"后面出现"1 面"字样，表示一个面被选中，其余保持默认，单击常用命令栏中的 按钮确定平面命名。

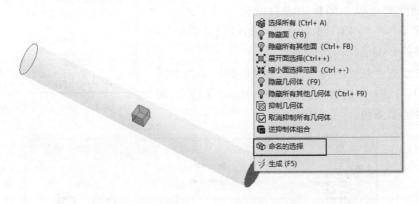

图 13-181 inlet 命名

步骤 7 平面命名 outlet。选择几何实体的左侧面（Z 坐标最大处），右击，在弹出的图 13-182 所示的快捷菜单中选择"命名的选择"命令，在出现的详细信息面板中的"命名的选择"后面输入 outlet，在设置"几何结构"选项时单击"应用"按钮，此时"几何结构"后面出现"1 面"字样，表示一个面被选中，其余保持默认，单击常用命令栏中的 按钮确定平面命名。

步骤 8 关闭 DesignModeler 平台。

图 13-182 outlet 命名

13.5.11 传递数据

右击 Workbench 平台中项目 A 中的 A4 "Solution"，在弹出的图 13-183 所示的快捷菜单中选择"更新"命令，更新数据。

图 13-183 更新数据

13.5.12 网格设置

步骤 1 双击项目 B 中的 B3 "网格"，此时弹出网格划分平台。

步骤 2 右击"网格"，弹出图 13-184 所示的快捷菜单，在菜单中依次选择"插入"→"尺寸调整"命令，则此时可以在面板中进行网格尺寸设置。

步骤 3 在图 13-185 所示的"边缘尺寸调整"-尺寸调整的详细信息中做如下设置。

①在设置"几何结构"选项时确保圆柱体两个圆边被选中，此时"几何结构"选项中显示"2边"，表示共选择了 2 条边。

图 13-184 "尺寸调整"命令

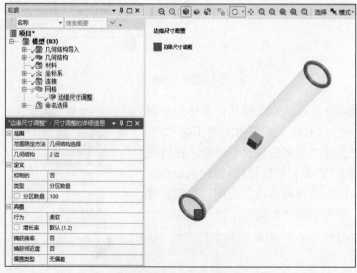

图 13-185 尺寸设置

②在"类型"选项中选择"分区数量"。

③在"分区数量"后面输入 100，将网格划分成 100 份。

④其余保持默认。

步骤 4 在图 13-186 所示的"边缘尺寸调整 2"—尺寸调整的详细信息做如下设置。

①在设置"几何结构"选项时确保钢块和流体域中与钢块重合的所有边被选中，此时"几何结构"选项中显示"24 边"，表示共选择了 24 条边。

提示：可以使用框选命令，具体使用方法请参考前面章节相关内容。

②在"类型"选项中选择"分区数量"。

③在"分区数量"后面输入 10，将网格划分成 10 份。

④其余保持默认。

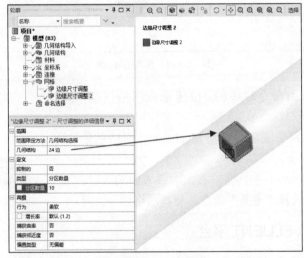

图 13-186 尺寸设置

步骤 5 右击"网格"，在弹出的图 13-187 所示的快捷菜单中依次选择"插入"→"膨胀"命令。

图 13-187 "膨胀"命令

步骤6 在"膨胀"-膨胀的详细信息中设置"几何结构"选项时选中流体几何,设置"边界"选项时选中流体外表面,如图 13-188 所示。

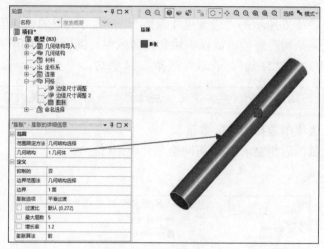

图 13-188 膨胀层设置

步骤7 单击常用命令栏中的 按钮生成网格模型,如图 13-189 所示。

步骤8 网格设置完成后,关闭 Mechanical 网格划分平台,回到 Workbench 主界面。

步骤9 在 Workbench 主界面中右击项目 A 中的 A3"网格",在弹出的快捷菜单中选择"更新"命令,更新网格划分数据。

图 13-189 网格模型

13.5.13 进入 FLUENT 平台

步骤1 双击项目 A 中的 A4"设置",弹出图 13-190 所示的 Fluent 启动设置对话框,保持对话框中的所有设置为默认即可,单击"start"按钮。

步骤2 此时出现图 13-191 所示的 FLUENT 界面。

图 13-190 启动设置对话框

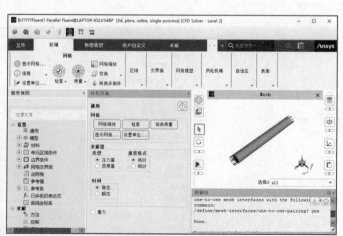

图 13-191 FLUENT 界面

步骤3　单击概要视图中的"通用"，在"通用"面板中单击"检查"按钮，检查最小体积是否出现负数。

步骤4　单击概要视图中的"模型"，在"模型"面板中双击Viscous-SST k-omega，在弹出的图13-192所示的"黏性模型"对话框中选中k-epsilon（2 eqn）单选按钮，其余保持默认，并单击OK按钮确认模型选择。

步骤5　单击概要视图中的"模型"，在"模型"面板中双击Energy-Off，在弹出的图13-193所示的"能量"对话框中选中"能量方程"复选框，并单击OK按钮确认模型选择。

图13-192　黏性模型选择

图13-193　开启能量方程

13.5.14　材料选择

步骤1　单击概要视图中的"设置"→"材料"，弹出"材料"面板，如图13-194所示。

步骤2　双击"材料"列表中的Fluid选项，弹出"创建/编辑材料"对话框，如图13-195所示。

图13-194　"材料"面板

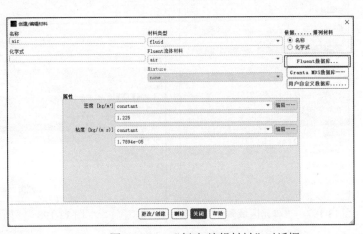

图13-195　"创建/编辑材料"对话框

步骤 3   单击"Fluent 数据库……"按钮,弹出"Fluent 数据库材料"对话框,在"材料类型"下拉列表中选择 solid,在"Fluent 固体材料"列表中选择 steel,单击"复制"按钮,如图 13-196 所示,单击"关闭"按钮关闭窗口。

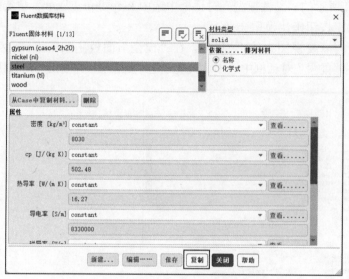

图 13-196   "Fluent 数据库材料"对话框

13.5.15   设置几何属性

步骤 1   单击概要视图中的"设置"→"单元区域条件",在弹出的"单元区域条件"面板中对区域条件进行设置,如图 13-197 所示。

步骤 2   在"区域"列表中选择 fff_box4 选项,单击"编辑……"按钮,弹出"固体"对话框,在"材料名称"右侧的下拉列表中选择 steel,并单击"源项"复选框,如图 13-198 所示。单击"源项"选项卡,在弹出的"能量源项"对话框中的"能量源项数量"后面输入 1,表示设置为 1 个热源,单击"OK"按钮,如图 13-199 所示。

图 13-197   "单元区域条件"面板

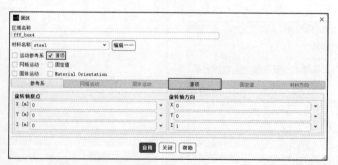

图 13-198   "固体"对话框

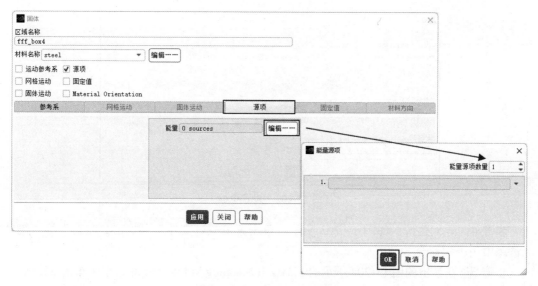

图 13-199 设置区域内热源

13.5.16 流体边界条件

步骤 1 单击概要视图中的"边界条件",在"边界条件"面板的"区域"中双击 inlet 选项,在弹出的图 13-200 所示的"速度入口"对话框中做如下设置。

①在"速度大小[m/s]"后面输入 20。

②其余保持默认并单击"应用"按钮。

步骤 2 单击概要视图中的"边界条件",在"边界条件"面板的"区域"中选择 outlet 选项,在"类型"下拉列表中选择 Outflow,如图 13-201 所示。

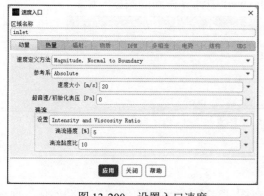

图 13-200 设置入口速度

图 13-201 设置自由出流

步骤 3 单击概要视图中的"边界条件",在"边界条件"面板的"区域"中双击 wall-7 选项,在弹出的"壁面"对话框的"热量"选项卡中的"材料名称"下拉列表中选择 steel 并单击"应用"按钮,如图 13-202 所示。

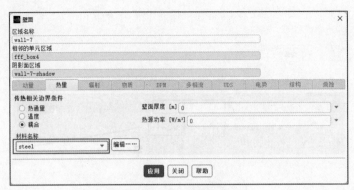

图 13-202 设置壁面

步骤 4 导入热源。如图 13-203 所示,单击菜单栏"文件"→"EM 映射"→"彻体能量源项……"命令。

步骤 5 在弹出的图 13-204 所示的 Maxwell Mapping Volumetric 对话框中单击 OK 按钮。

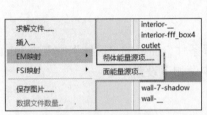

图 13-203 热源数据

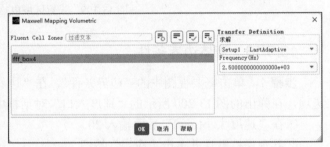

图 13-204 导入

步骤 6 经过一段时间的处理,在 FLUENT 的控制台中出现图 13-205 所示的损耗数据,数据显示总损耗为 221.7 W,此数据与之前 Maxwell 中计算得到的数据一致。

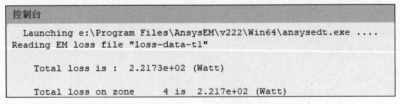

图 13-205 损耗值

13.5.17 求解器设置

步骤 1 单击概要视图中的"初始化",在图 13-206 所示的"解决方案初始化"面板中做如下设置:在"初始化方法"区域选中"混合初始化(Hybrid Initialization)"单选按钮,单击"初始化"按钮完成初始化。

步骤 2 单击概要视图中的"运行计算",在图 13-207 所示的"运行计算"面板中做如下设置:在"迭代次数"下面输入 200,其余保持默认即可,单击"开始计算"按钮进行计算。

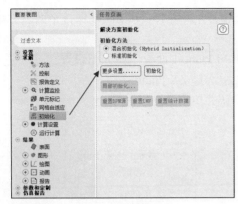

图 13-206 初始化

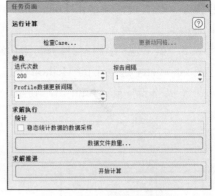

图 13-207 迭代次数设置

步骤 3 图 13-208 所示为 FLUENT 正在计算过程的残差曲线。

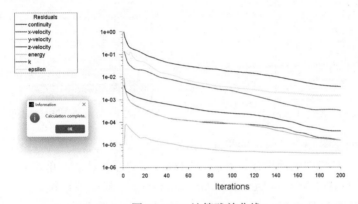

图 13-208 计算残差曲线

步骤 4 关闭 FLUENT 平台。

13.5.18 CFD-Post 后处理操作

步骤 1 双击 A6 "结果"，进入图 13-209 所示的 CFD-Post 专业后处理器平台。

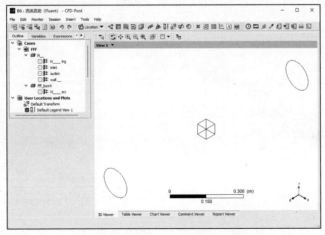

图 13-209 CFD-Post 专业后处理器平台

步骤2 在工具栏中单击 Location→Plane 命令，如图 13-210 所示，保持平面名称默认，创建平面。

步骤3 在出现的图 13-211 所示的 Details of Plane 1 面板中做如下设置。

①在 Geometry 选项卡的 Method 下拉列表中选择 ZX Plane。

②在 Y 文本框中输入 0.0[m]，其余保持默认并单击 Apply 按钮。

图 13-210　创建平面命令

图 13-211　Details of Plane 1 面板

步骤4 此时创建图 13-212 所示的平面，在此平面中可以显示流场温度场分布等后处理。

步骤5 单击工具栏中的 按钮，在弹出的对话框中保持默认，单击 OK 按钮。

步骤6 在图 13-213 所示的 Details of Contour1 面板中做如下设置。

①在 Geometry 选项卡的 Locations 下拉列表中选择刚刚建立的 Plane 1。

②在 Variable 下拉列表中选择 Temperature。

③在# of Contours 中输入"110"，其余保持默认并单击"Apply"按钮。

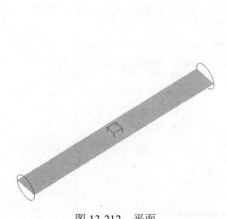

图 13-212　平面

图 13-213　Details of Contour 1 面板

步骤7 图 13-214 所示为共轭传热的实体与流场温度分布云图，从图中可以看热流耦合的温度分布情况。

步骤 8 单击工具栏中的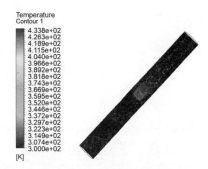按钮，在弹出的对话框中保持默认，单击 OK 按钮。

步骤 9 在图 13-215 所示的 Details of Streamline1 面板中做如下设置。

① 在 Geometry 选项卡的 Start From 下拉列表中选择刚刚建立的 Plane 1。

② 在# of Points 中输入 100，其余保持默认并单击 Apply 按钮。

图 13-214　温度分布云图

步骤 10 图 13-216 所示为流速分布云图。

图 13-215　Details of Streamline 1 面板

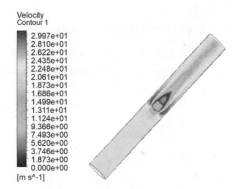

图 13-216　流速分布云图

步骤 11 关闭 CFD-Post 平台。

步骤 12 返回 Workbench 主界面，单击"保存"按钮保存文件，然后单击"关闭"按钮退出。

13.6　本章小结

本章通过 4 个典型实例分别讲解了电磁-热-结构耦合、电磁-结构耦合、流体-结构耦合及电磁-热流耦合的操作步骤。讲解了 ANSYS Workbench 中的 Maxwell 电磁计算模块的模型导入、电流的施加、求解域的设置，即如何将体积力密度值导入 Mechanical 平台进行电磁力分析，同时得到云图。

本章还讲解了基于 FLUENT 和 Mechanical 的流固单向耦合及基于 Maxwell 和 FLUENT 的电磁-热流耦合实例的操作步骤及方法。读者在学习这部分内容的同时要熟练掌握 Maxwell 损耗的导入方法及步骤，同时掌握流体动力学分析的一般步骤及方法。

本章讲解了 ANSYS Workbench 平台中各个软件之间的单向耦合的实例分析与操作步骤，除此之外，新版本的 Workbench 平台具有很强大的多物理场双向耦合能力，这里由于篇幅限制不再讲述。

第 14 章　疲劳分析

结构失效的一个常见原因是疲劳，其造成的破坏与重复加载有关，如长期转动的齿轮、叶轮等，都会存在不同程度的疲劳破坏，轻则零件损坏，重则会出现人身生命危险，为了在设计阶段研究零件的预期疲劳程度，通过有限元的方式对零件进行疲劳分析。本章主要介绍 ANSYS Workbench 的 nCode 软件的疲劳分析使用方法，讲解疲劳分析的计算过程。

学习目标：

（1）熟练掌握 ANSYS Workbench 的 nCode 软件疲劳分析的方法及过程；

（2）熟练掌握 ANSYS Workbench 的 nCode 软件疲劳分析的应用场合；

（3）熟练掌握 ANSYS Workbench 的 nCode 软件疲劳分析常见方法的分类。

14.1　疲劳分析简介

疲劳失效是一种常见的失效形式。本章通过一个简单的实例讲解疲劳分析的详细过程和方法。

1. 疲劳概述

疲劳通常分为两类：高周疲劳和低周疲劳。高周疲劳是在载荷的循环（重复）次数高（如 $10^4 \sim 10^9$）的情况下产生的，因此，应力通常比材料的极限强度低，应力疲劳用于高周疲劳计算；低周疲劳是在循环次数相对较低时发生的，塑性变形常常伴随低周疲劳，其阐明了短疲劳寿命。一般认为应变疲劳应该用于低周疲劳计算。

在设计仿真中，疲劳模块拓展程序采用的是应力疲劳理论，它适用于高周疲劳。

2. 恒定振幅载荷

疲劳是由于重复加载引起的，当最大和最小的应力水平恒定时，称为恒定振幅载荷，否则，则称为变化振幅载荷或非恒定振幅载荷。

3. 成比例载荷

载荷可以是比例载荷，也可以是非比例载荷。比例载荷是指主应力的比例是恒定的，并且主应力的削减不随时间变化，这意味着由载荷的增加或反作用造成的响应很容易计算。

相反，非比例载荷没有隐含各应力之间相互的关系，典型情况如下。

（1）$\sigma_1/\sigma_2 =$ 常数。

（2）在两个不同载荷工况间的交替变化。

（3）交变载荷叠加在静载荷上。

（4）非线性边界条件。

4. 应力定义

考虑在最大与最小应力值 σ_{min} 和 σ_{max} 作用下的比例载荷、恒定振幅的情况。

（1）应力范围 $\Delta\sigma = (\sigma_{max} - \sigma_{min})$。

（2）平均应力 $\sigma_m = (\sigma_{max} + \sigma_{min})/2$。

（3）应力幅或交变应力 $\sigma_a = \Delta\sigma/2$。

（4）应力比 $R = \sigma_{min}/\sigma_{max}$。

当施加的是大小相等且方向相反的载荷时，发生的是对称循环载荷，这就是 $\sigma_m = 0$，$R = -1$ 的情况。当施加载荷后又撤除该载荷时，将发生脉动循环载荷，这就是 $\sigma_m = \sigma_{max}/2$，$R = 0$ 的情况。

5. 应力-寿命曲线

载荷与疲劳失效的关系用应力-寿命曲线或 S-N 曲线来表示。

（1）若某一部件承受循环载荷，经过一定的循环次数后，该部件裂纹或破坏将会发展，而且有可能导致失效。

（2）如果同一个部件作用在更高的载荷下，导致失效的载荷循环次数将减少。

（3）应力-寿命曲线或 S-N 曲线展示出应力幅与失效循环次数的关系。

S-N 曲线是通过对试件做疲劳测试得到的，弯曲或轴向测试反映的是单向应力状态，影响 S-N 曲线的因素很多，包括材料的延展性，材料的加工工艺，几何形状信息（包括表面光滑度、残余应力以及存在的应力集中），载荷环境（包括平均应力、温度和化学环境）。

压缩平均应力比零平均应力的疲劳寿命长，相反，拉伸平均应力比零平均应力的疲劳寿命短。压缩和拉伸平均应力将分别提高和降低 S-N 曲线。

因此，一个部件通常经受多向应力状态。如果疲劳数据（S-N 曲线）是从反映单向应力状态的测试中得到的，那么在计算寿命时就要注意：

（1）设计仿真为用户提供了如何把结果和 S-N 曲线相关联的选择，包括多向应力的选择；

（2）双向应力结果有助于计算在给定位置的情况。

平均应力影响疲劳寿命，并且变换在 S-N 曲线的上方位置与下方位置（反映出在给定应力幅下的寿命长短）：

（1）对于不同的平均应力或应力比，设计仿真允许输入多重 S-N 曲线（实验数据）；

（2）如果没有太多的多重 S-N 曲线（实验数据），那么设计仿真也允许采用多种不同的平均应力修正理论。

影响疲劳寿命的其他因素也可以在设计仿真中用一个修正因子来解释。

6. 总结

疲劳模块允许用户采用基于应力理论的处理方法来解决高周疲劳问题。以下情况可以用疲劳模块来处理：

（1）恒定振幅，比例载荷；

（2）变化振幅，比例载荷；

（3）恒定振幅，非比例载荷。

需要输入的数据是材料的 S-N 曲线 S-N 曲线是疲劳实验中获得的，而且可能本质上是单向的，但在实际的分析中，部件可能处于多向应力状态。S-N 曲线的绘制取决于许多因素，包括平均应力，在不同平均应力作用下的 S-N 曲线的应力值可以直接输入，或可以通过平均应力修正理论实现。

14.2 实例——轴疲劳分析

本节主要介绍 ANSYS Workbench 的静态力学分析模块的疲劳分析功能，计算轴在外荷载下的寿命周期与安全系数等。

扫码观看
配套视频

14.2 轴疲劳分析

> **提示**：本案例需要用到 nCode 软件，请读者使用前预先安装 nCode 软件。

学习目标：掌握 ANSYS Workbench 静态力学分析模块与 nCode 模块疲劳分析的一般方法及过程。

模型文件	配套资源\chapter14\chapter14-2\Shaft.agdb
结果文件	配套资源\chapter14\chapter14-2\SAE_SHAFT_NCODE.wbpj

14.2.1 问题描述

图 14-1 所示为旋转座椅的轴模型，请用 ANSYS Workbench 分析如果座椅上受到 94 040 Pa 的压力，座椅的疲劳分布及安全性能。

图 14-1　旋转座椅的轴模型

14.2.2 启动 Workbench 并建立分析项目

步骤 1 在 Windows 系统下启动 ANSYS Workbench，进入主界面。

步骤 2 双击主界面"工具箱"中的"分析系统"→"静态结构"，即可在"项目原理图"窗口创建分析项目 A，如图 14-2 所示。

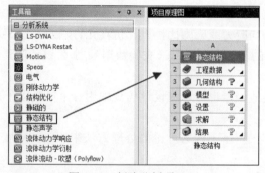

图 14-2　创建分析项目 A

14.2.3 导入几何体模型

步骤 1 在 A3"几何结构"上右击，在弹出的快捷菜单中选择"导入几何模型"→"浏览……"命令，弹出"打开"对话框。

步骤 2 在弹出的"打开"对话框中选择文件路径，导入 Shaft.agdb 几何体文件，此时 A3"几何结构"后的 ❓ 变为 ✓，表示实体模型已经存在。

步骤 3 双击项目 A 中的 A3"几何结构"，进入 Design Modeler 界面，轴的几何模型如图 14-3 所示。

步骤 4 单击 Design Modeler 界面右上角的"关闭"按钮，返回 Workbench 主界面。

图 14-3 Design Modeler 界面

14.2.4 添加材料库

本例材料使用的是 Carbon Steel SAE1045_shaft，在 Code 软件材料库中。

14.2.5 添加模型材料属性

双击主界面项目管理区项目 A 中的 A4"模型"，进入图 14-4 所示的 Mechanical 界面，在该界面下即可进行网格的划分、分析设置、结果观察等操作。

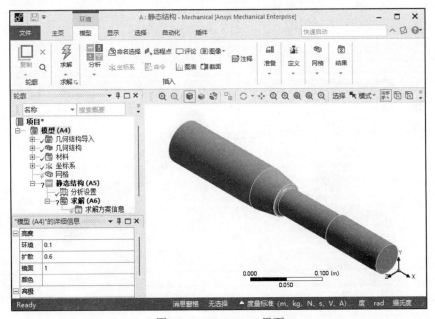

图 14-4 Mechanical 界面

14.2.6 划分网格

步骤 1 单击 Mechanical 界面左侧流程树中的"网格"，此时可在"网格"的详细信息中修改网格参数，本例将"默认值"中的"单元尺寸"设置为 5.e−003m，其余采用默认设置，如图 14-5 所示。

步骤 2 右击流程树中的"网格"，在弹出的快捷菜单中选择"生成网格"命令，最终的网格效果如图 14-6 所示。

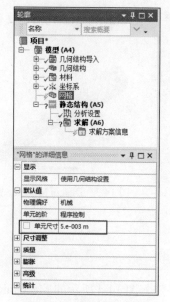

图 14-5 修改网格参数

图 14-6 网格效果

14.2.7 施加载荷与约束

步骤 1 添加"固定支撑"约束，如图 14-7 所示，选择高亮面。

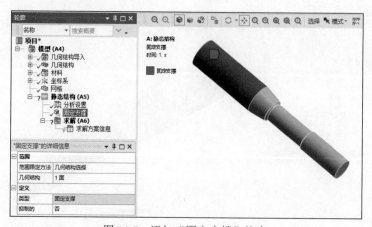

图 14-7 添加"固定支撑"约束

步骤 2 在另外一端高亮面上施加"力"载荷，"力"载荷大小如表 14-1 所示，具体操作过程如图 14-8 所示。

表 14-1 "力"载荷

步数	时间	X	Y	Z
1	0	0	0	0
1	1	0	1	0
2	2	0	0	0

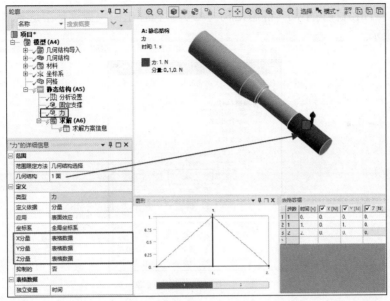

图 14-8 施加"力"载荷

步骤 3 如同步骤 2，施加一个"力矩"载荷，"力矩"载荷大小如表 14-2 所示，具体操作过程如图 14-9 所示。

表 14-2 "力矩"载荷

步数	时间	X	Y	Z
1	0	0	0	0
1	1	0	0	0
2	2	1	0	0

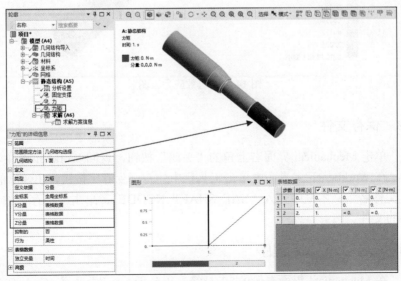

图 14-9 施加"力矩"载荷

步骤4 右击流程树中的"静态结构（A5）"，在弹出的快捷菜单中选择"求解"命令，如图14-10所示。

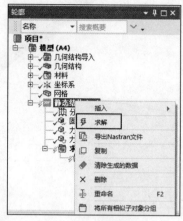

图14-10 "求解"命令

14.2.8 结果后处理

等效应力云图如图14-11所示。

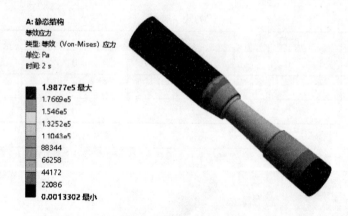

图14-11 等效应力云图

14.2.9 保存文件

步骤1 单击Mechanical界面右上角的"关闭"按钮，返回Workbench主界面。

步骤2 在Workbench主界面中单击工具栏中的 ■（保存）按钮，在弹出的"另存为"对话框的"文件名"文本框中输入"SAE_SHAFT_NCODE"，单击"保存"按钮，保存包含分析结果的文件。

14.2.10 启动nCode程序

步骤1 在Mechanical界面左侧的"工具箱"→"分析系统"中选择nCode EN TimeSeries

（DesignLife），直接拖曳到 A6 "求解"中。

步骤 2　右击 A7 "结果"，在弹出的菜单中选择"更新"，进行计算。

步骤 3　双击 C3 "Solution"，进入 nCode 平台，如图 14-12 所示。

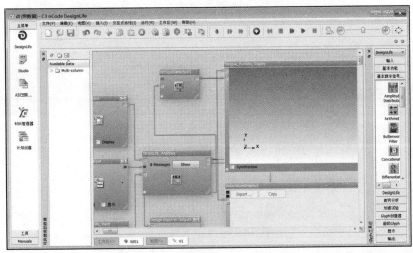

图 14-12　nCode 平台

> 提示：nCode 平台构成这里不详细介绍

步骤 4　单击菜单栏"文件"→"打开数据文件"，在弹出的"打开数据文件"对话框中单击 Browse...按钮，在弹出的 Select Folder 对话框中选择载荷所在文件夹，并单击"OK"按钮，如图 14-13 所示。

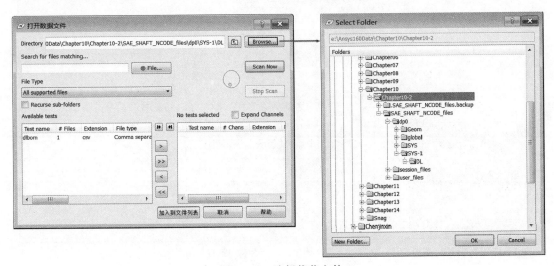

图 14-13　选择载荷文件

步骤 5　单击"打开数据文件"对话框中的 Scan Now 按钮，此时载荷文件被读入 Available tests 列表中，然后单击▶按钮，使载荷文件移动到右侧列表中，并单击下面的"加入文件列表"按钮，如图 14-14 所示。

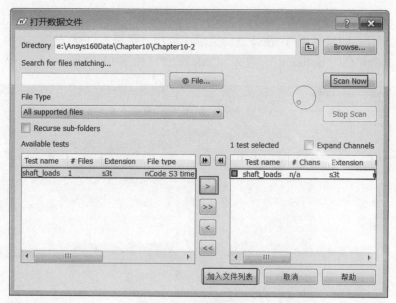

图 14-14　加载载荷文件

14.2.11　疲劳分析

步骤 1　选中图 14-15 所示的 Disp 复选框，此时几何图形会显示在图框中。

步骤 2　右击 StrainLife_Analysis，在弹出的图 14-16 所示的快捷菜单中选择 Edit Load Mapping 命令。

图 14-15　显示几何图形

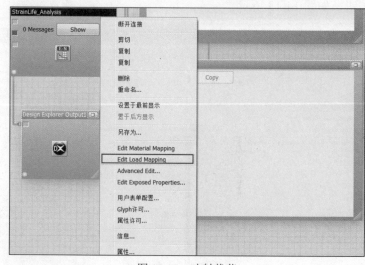

图 14-16　映射载荷

步骤 3　此时的载荷序列如图 14-17 所示。

步骤 4　单击工具栏中的 ▷ 按钮开始计算。

步骤 5　计算完成后如图 14-18 所示，此图中包含几何模型、载荷序列、结果云图、结果数据及它们之间的关系线。

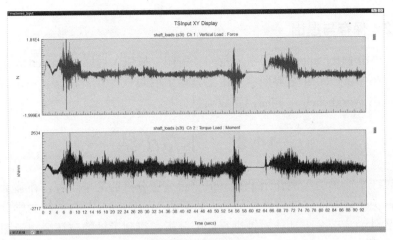

图 14-17 载荷序列

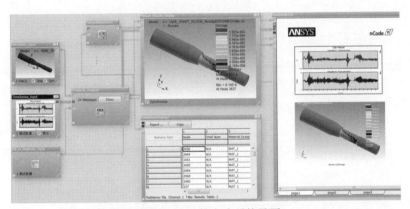

图 14-18 计算完成后的界面

步骤 6 关闭 nCode 软件，返回 Workbench 平台。

步骤 7 双击项目 C 中的 C4 "Results"，弹出图 14-19 所示的后处理云图。

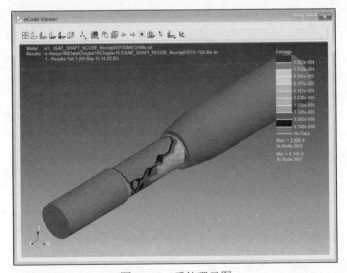

图 14-19 后处理云图

14.2.12 保存与退出

步骤 1 单击 Mechanical 界面右上角的"关闭"按钮，返回 Workbench 主界面。

步骤 2 在 Workbench 主界面中单击工具栏中的▣（保存）按钮。单击右上角的"关闭"按钮，退出 Workbench 主界面，完成项目分析。

14.3 本章小结

本章通过一个简单的实例介绍了 nCode 平台疲劳分析的简单过程，在疲劳分析过程中重要的是材料关于疲劳的属性设置。另外，本章以 Workbench 平台的静力学分析为依据，利用 nCode 软件的疲劳分析功能对轴进行疲劳分析，得到了轴的破坏分布云图。

参 考 文 献

［1］许进峰. ANSYS Workbench 2020 完全自学一本通[M]. 北京：电子工业出版社，2020.

［2］丁伟. ANSYS Fluent 流体计算从入门到精通（2020 版）[M]. 北京：机械工业出版社，2020.

［3］刘成柱. ANSYS Workbench 热力学分析实例演练（2020 版）[M]. 北京：机械工业出版社，2021.

［4］Saeed Moaveni. 有限元分析——ANSYS 理论与应用[M]. 4 版.王蓝婧，邵绪强，姜丽梅，等译. 京：电子工业出版社，2015.

［5］丁学凯，孙立军. ANSYS Icepak 2020 电子散热从入门到精通[M]. 北京：电子工业出版社，2022.

［6］刘斌. ANSYS Fluent 2020 综合应用案例详解[M]. 北京：清华大学出版社，2021.

［7］黄志新. ANSYS Workbench 16.0 超级学习手册[M]. 北京：人民邮电出版社，2016.

［8］唐家鹏.ANSYS FLUENT 16.0 超级学习手册[M]. 北京：人民邮电出版社，2016.

［9］孙纪宁. ANSYS CFX 对流传热数值模拟基础应用教程[M]. 北京：国防工业出版社，2010.